Thermodynamik der Elektrolytlösungen

Springer-Verlag Berlin Heidelberg GmbH

M. Luckas · J. Krissmann

Thermodynamik der Elektrolytlösungen

Eine einheitliche Darstellung der Berechnung komplexer Gleichgewichte

Mit 42 Abbildungen

Springer

Priv.-Doz. Dr.-Ing. Michael Luckas

Fachgebiet Verfahrenstechnik/Umwelttechnik
Gerhard-Mercator-Universität Duisburg
Bismarckstraße 90
47048 Duisburg

Dr.-Ing. Jörg Krissmann

Degussa-AG
Verfahrenstechnik und Engineering
Paul-Baumann-Straße 1
45764 Marl

ISBN 978-3-642-62619-7

Die Deutsche Bibliothek - CIP-Einheitsaufnahme
Luckas, Michael: Thermodynamik der Elektrolytlösungen/Michael Luckas; Jörg Krissmann. -
Berlin; Heidelberg; New York; Barcelona; Hongkong; London; Mailand; Paris; Singapur;
Tokio: Springer, 2001
      ISBN 978-3-642-62619-7   ISBN 978-3-642-56785-8 (eBook)
      DOI 10.1007/978-3-642-56785-8

http://www.springer.de

© Springer-Verlag Berlin Heidelberg 2001
Ursprünglich erschienen bei Springer-Verlag Berlin Heidelberg New York 2001
Softcover reprint of the hardcover 1st edition 2001

Text: Datenerstellung durch Autor
Einbandgestaltung: Medio Technologies AG, Berlin
Gedruckt auf säurefreiem Papier   SPIN: 10772730   68/3020hu -5 4 3 2 1 0-

Für Gordana

Vorwort

Das vorliegende Lehrbuch wendet sich an Ingenieure und Naturwissenschaftler, die sich im industriellen Umfeld oder im Rahmen wissenschaftlicher Forschungsprojekte mit der Modellierung komplexer thermodynamischer Systeme und/oder der Simulation verfahrenstechnischer Prozesse, in denen Elektrolyte auftreten, beschäftigen. Es schließt die Lücke zwischen den klassischen Lehrbüchern der Mischphasenthermodynamik und chemischen Thermodynamik, die Elektrolyte meist nur am Rande behandeln, und den Lehrbüchern der Elektrochemie, die häufig weniger Wert auf die formale Darstellung der Thermodynamik und die Berechnung des Systemverhaltens legen und für Ingenieure daher zumeist schwerer zugänglich sind. Das Ziel des Buches ist die Vermittlung eines einheitlichen Formelgerüstes zur Berechnung kombinierter Phasen- und Reaktionsgleichgewichte in Elektrolytlösungen mit beliebig vielen Komponenten und auftretenden Phasen. Spezielle Begriffe der Elektrolyt-Thermodynamik, wie pH-Wert, Löslichkeitsprodukt, elektromotorische Kraft und v.a. werden ausgehend von den chemischen Potenzialen anschaulich erklärt. Auf Grund der universellen Darstellung ist das Buch darüber hinaus auch eine wertvolle Hilfe für Anwender, die sich mit der Beschreibung komplexer Nichtelektrolytsysteme befassen.

Dem Leser, der sich im wissenschaftlichen Bereich mit der thermodynamischen Modellierung komplexer Gleichgewichte beschäftigen möchte, ist ein vollständiges Durcharbeiten des Buches zu empfehlen. Insbesondere die Kapitel 2 und 5 behandeln grundlegende Beziehungen der Thermodynamik von Elektrolytlösungen. In Kapitel 3 werden die in Kapitel 2 eingeführten Grundlagen der Thermodynamik auf die Berechnung von Phasengleichgewichten und heterogenen chemischen Gleichgewichten einfacher Stoffsysteme angewendet. In Kapitel 6 erfolgt die Verallgemeinerung auf eine beliebige Anzahl von Elektrolyten, Lösungsmitteln und Phasen sowie eine Anpassung der Gleichungssysteme an bekannte Lösungsalgorithmen. In Kapitel 4 werden die bekanntesten Aktivitätskoeffizientenmodelle für Elektrolytsysteme, wie Debye/Hückel, Pitzer und Chen, aus der Sicht des Anwenders beschrieben und diskutiert. Der modulare Aufbau des Buches mit weitgehend autarken Kapiteln ermöglicht aber auch einen Quereinstieg. So ist dem in der Praxis tätigen Ingenieur beispielsweise das Durcharbeiten der Beispiele zu den komplexen Gleichgewichten in Kapitel 6 zu empfehlen. Die Beispiele sind so aufbereitet, dass sie leicht auch mit kommerzieller Simulationssoftware, wie beispielsweise AspenPlus™, umgesetzt werden können. Bei Bedarf können theoretische Grundlagen und Details anschließend in den vorausgegangenen Abschnitten nachgelesen werden.

Für das Verständnis des Buches sind Grundkenntnisse der technischen und chemischen Thermodynamik hilfreich, jedoch nicht zwingend erforderlich. Alle elektrolytspezifischen Eigenschaften und wichtigen Berechnungsgleichungen werden ausführlich erläutert. Die dazu benötigten Grundgleichungen und Definitionen der Thermodynamik, wie z.B. die Energiebilanz, die Gibbssche Fundamentalgleichung oder die Definition partieller molarer Größen werden ohne weitere Erklärung verwendet.

Bei der Anfertigung des Manuskripts wurden wir von verschiedenen Mitarbeitern der Universität Duisburg tatkräftig unterstützt. Wir danken Herrn Dr. rer. nat. Christoph Pasel für zahlreiche wertvolle Anregungen und Diskussionsbeiträge. Frau Maria Templin gilt unser herzlicher Dank für die Erstellung der Abbildungen.

Duisburg und Marl,   *Michael Luckas*
im Frühjahr 2001   *Jörg Krissmann*

Inhaltsverzeichnis

Formelzeichen

Lateinische Buchstaben

Zeichen	Bedeutung	Einheit
A_m	Debye/Hückel-Konstante	$\mathrm{kg^{1/2}\,mol^{-1/2}}$
A_ϕ	Debye/Hückel-Konstante für den osmotischen Koeffizienten	$\mathrm{kg^{1/2}\,mol^{-1/2}}$
a_i^0	Aktivität der Komp. i, bezogen auf den Reinstoffzustand	–
$a_i^{*,m}$	Aktivität der Komponente i, bezogen auf die ideal verdünnte einmolale Lösung	–
a_{ik}	Anzahl der Atome der Sorte i im Molekül k	–
B_m	Debye/Hückel-Konstante	$\mathrm{m^{-1}\,kg^{1/2}\,mol^{-1/2}}$
c_i	Molarität der Komponente i	$\mathrm{mol\,m^{-3}}$
c_L	molare Flüssigkeitsdichte	$\mathrm{mol\,m^{-3}}$
c_p	molare Wärmekapazität	$\mathrm{J\,mol^{-1}\,K^{-1}}$
E	elektromotorische Kraft (EMK)	V
E_0	Standard-EMK	V
E_el	elektrostatische Energie	J
e	Elementarladung	C
F	Faraday-Konstante	$\mathrm{C\,mol^{-1}}$
F	Anzahl der Freiheitsgrade	–
F_{ij}	Kraft zwischen den Molekülen i und j	N
f	Fugazität einer Mischung	kPa
f_{0i}	Fugazität der reinen Komponente i	kPa
f_i	Fugazität der Komponente i im Gemisch	kPa
G	freie Enthalpie (Gibbs-Energie)	J
G^E	freie Exzessenthalpie	J
g^E	partielle molare freie Exzessenthalpie	$\mathrm{J\,mol^{-1}}$
g_{ij}	NRTL-Wechselwirkungsparameter	$\mathrm{J\,mol^{-1}}$
h_i	partielle molare Enthalpie der Komponente i	$\mathrm{J\,mol^{-1}}$
$H_{i,\mathrm{LM}}$	Henry-Koeffizient der Komponente i im Lösungsmittel LM	kPa
$H_{i,\mathrm{LM}}^{m}$	molarer Henry-Koeffizient der Komp. i im Lösungsmittel LM	$\mathrm{kPa\,kg\,mol^{-1}}$
I_x	Ionenstärke, gebildet mit dem Molanteil	–
I_m	Ionenstärke, gebildet mit der Molalität	$\mathrm{mol\,kg^{-1}}$

K	Anzahl der Komponenten	–
$K(T)$	Gleichgewichtskonstante	–
L	Lagrange-Funktion	J
M_i	Molmasse der Komponente i	mol kg^{-1}
m_i	Molalität der Komponente i	mol kg^{-1}
m^*	Einheitsmolalität	mol kg^{-1}
$\widetilde{m}_i$	Masse der Komponente i	kg
N_A	Avogadro-Konstante	mol^{-1}
n	Gesamtstoffmenge	mol
n_i	Stoffmenge der Komponente i im Gemisch	mol
n_{0i}	Stoffmenge der reinen Komponente i	mol
$n_i^{(0)}$	Anfangsstoffmenge der Komponente i	mol
$n_{i,0}$	Startwert für die Stoffmenge der Komponente i	mol
P	Anzahl der Phasen	–
p	Druck	kPa
p_i	Partialdruck der Komponente i	kPa
$p_{0,i}^{lv}$	Dampfdruck der reinen Komponente i	kPa
$p_{0,i}^{sv}$	Sublimationsdruck der reinen Komponente i	kPa
Q	Wämestrom	W
q	elektrische Ladung	C
R	allgemeine Gaskonstante	J mol^{-1} K^{-1}
R	Anzahl der (linear unabhängigen) Reaktionen	–
r	Ortsvektor	m
r_{ij}	skalarer Abstand zwischen den Molekülen i und j	m
S	Entropie	J K^{-1}
s_i	partielle molare Entropie der Komponente i	J mol^{-1} K^{-1}
T	thermodynamische Temperatur	K
U	innere Energie	J
U	elektrische Spannung	V
u_i	partielle molare innere Energie der Komponente i	J mol^{-1}
V	Volumen	m^3
v_{0i}	molares Volumen der reinen Komponente i	m^3 mol^{-1}
W	Arbeit	J
w_i	Massenanteil der Komponente i	–
x_i	Stoffmengenanteil (Molanteil) der Komp. i in der Flüssigkeit	–
X_{ij}	lokaler Molenbruch der Komp. i um ein Molekül der Komp. j	–
y_i	Stoffmengenanteil (Molanteil) der Komp. i in der Gasphase	–
z_i	Ladungszahl der Komponente i	–

Griechische Buchstaben

Zeichen	Bedeutung	Einheit
α	Dissoziationsgrad	–
α_{ij}	Nonrandomness-Faktor	–
ε	relative Dielektrizitätskonstante	–
ε_0	Dielektrizitätskonstante im Vakuum	$C^2\,N^{-1}\,m^{-2}$
ϕ	elektrisches Potenzial	V
ϕ	osmotischer Koeffizient	–
ϕ_i	Fugazitätskoeffizient der Komponente i im Gemisch	–
ϕ_{0i}	Fugazitätskoeffizient der reinen Komponente i	–
φ	Galvanispannung	V
φ_0	Standardspannung	V
φ_s	relative Feuchte	–
Γ^0	reduzierter Aktivitätskoeffizient	–
γ_i^0	Aktivitätskoeffizient der Komp. i, bezogen auf den Reinstoff	–
$\gamma_i^*, \gamma_i^{*,m}$	rationeller Aktivitätskoeffizient der Komponente i	–
$\gamma_{i,\mathrm{LM}}^\infty$	Grenzaktivitätskoeffizient der Komp. i im Lösungsmittel LM	–
η_i	elektrochemisches Potenzial der Komponente i	$J\,mol^{-1}$
Λ	elektrische Leitfähigkeit	$m^2\,\Omega^{-1}\,mol^{-1}$
Λ°	elektrische Grenzleitfähigkeit	$m^2\,\Omega^{-1}\,mol^{-1}$
λ	Lagrangescher Multiplikator	$J\,mol^{-1}$
$\widetilde{\lambda}$	dimesionsloser Lagrangescher Multiplikator	–
λ_{ij}	Pitzer-Parameter	$mol^{-2}\,kg$
μ	Dipolmoment	$J^{1/2}\,m^{3/2}$
μ_i	chemisches Potenzial der Komponente i	$J\,mol^{-1}$
μ_{ijk}	Pitzer-Parameter	mol^{-3}
ν_i	stöchiometrischer Koeffizient der Komponente i	–
Π	osmotischer Druck	kPa
ρ_L	Massendichte der Flüssigkeit	$kg\,m^{-3}$
τ	NRTL-Parameter	–
ξ	Reaktionslaufzahl	mol

Indizes

a	Anion
ai	vollständig ionisiert
aq	wässerige Lösung
c	Kation
DH	Debye/Hückel
dil	Verdünnung (dilution)
E	Exzessgröße
g	gasförmig
ig	ideales Gas
iL	ideale Lösung
ivL	ideal verdünnte Lösung
l	Flüssigkeit (liquid)
L	Lösung
LC	lokale Zusammensetzung (local composition)
LM	Lösungsmittel
LMM	Lösungsmittelgemisch
lv	Dampf-Flüssig (liquid-vapor)
N	Normzustand ($T_N = 273{,}15$ K; $p_N = 101{,}325$ kPa)
N,f	Normzustand, feucht
p	Phase
sv	Fest-Dampf (solid-vapor)
ref	Referenzsystem
s	fest (solid)
sol	Lösung (solution)
stöch	stöchiometrisch (vollständig dissoziiert)
tot	pauschal
u	undissoziiert
v	dampfförmig (vapor)
Δ_f	Bildungswert
Δ_r	Reaktionswert
0	Standardzustand ($T^0 = 298{,}15$ K; $p^0 = 100$ kPa)
$0i$	reine Komponente i
*	ideal verdünnte Lösung bei $x_i = 1$
*,m	ideal verdünnte Lösung bei $m_i = 1$ mol kg^{-1}
$\pm$	mittlere Eigenschaft eines Elektrolyten
∞	unendliche Verdünnung

1 Einleitung

Im industriellen wie auch im wissenschaftlichen Bereich ist seit langen Jahren ein zunehmendes Interesse am thermodynamischen Verhalten von Elektrolytsystemen zu verzeichnen. Dies gilt sowohl für zahlreiche chemische Produktionsprozesse als auch für verschiedene Bereiche der Energie- und Umwelttechnik sowie für wichtige Stoffumwandlungsvorgänge in der Natur, insbesondere in wässerigen Lösungen. Bekannte Beispiele für technische Prozesse, die auf den speziellen Eigenschaften von Elektrolyten basieren, sind u.a.

- die Elektrolyse,
- die Stromerzeugung in Brennstoffzellen,
- der Einsatz von Elektrolytlösungen in Wärmepumpen und -transformatoren,
- die CO_2-Abtrennung aus Synthesegasen,
- die nasse Rauchgasreinigung,
- die Abwasserreinigung und Trinkwasseraufbereitung,
- die Aufarbeitung von Dünnsäure und die Herstellung von Schwefel- oder Salpetersäure,
- die Extraktiv-Rektifikation mit einem Elektrolyten als Schleppmittel,
- verschiedene hydrometallurgische Prozesse,
- die Osmose/Umkehrosmose wässeriger Lösungen und
- die Kristallisation in Elektrolytlösungen.

Auch in der Natur ist das Verhalten von Elektrolytsystemen in vielen Fällen von großer Bedeutung. So wird zum Beispiel das Lösungsverhalten gasförmiger Schadstoffe wie SO_2, SO_3, CO_2, NO_x oder von Schwermetallen wie Quecksilber und Cadmium in wässerigen Lösungen durch die Bildung von Ionen wesentlich beeinflusst. Wichtige Prozesse wie die Bildung des sauren Regens, die Anreicherung von Schadstoffen im Grundwasser, die Übersäuerung offener Gewässer oder das Lösungsverhalten des Treibhausgases CO_2 in Meerwasser sind daher ohne die Kenntnis der elektrolytspezifischen Eigenschaften der betrachteten Systeme nicht beschreibbar. Darüber hinaus spielen Elektrolyte auch in biologischen Systemen wie dem menschlichen Körper eine große Rolle. Typische Beispiele sind hier die lebenswichtige Pufferung des Blutes durch Kohlensäure, die Verschiebung des pH-Wertes durch die Bildung von Milchsäure bei der Muskeltätigkeit, die Hydrolyse von Phosphatestern wie Adenosintriphosphat (ATP) oder das Dissoziationsverhalten von Aminosäuren.

Das wissenschaftliche Verständnis vieler in der Natur ablaufender Vorgänge als auch die ingenieurmäßige Entwicklung und Optimierung technischer Prozesse, an denen Elektrolyte beteiligt sind, setzen grundlegende Kenntnisse über das thermodynamische Gleichgewichtsverhalten von Elektrolytsystemen voraus. Die formale Beschreibung von Elektrolytsystemen unterscheidet sich nur geringfügig von der der Nichtelektrolyte, d.h. es gelten im Wesentlichen dieselben Grundgleichungen der Thermodynamik. Das spezielle Verhalten der Elektrolyte, das aus den elektrostatischen Wechselwirkungen zwischen den Ionen sowie zwischen den Ionen und den ungeladenen Molekülen, insbesondere denen des Lösungsmittels, resultiert, wird in Form geeigneter Referenzzustände und spezieller Ansätze für die Ionenaktivitätskoeffizienten berücksichtigt.

Die in der Praxis auftretenden Elektrolytsysteme enthalten in der Regel eine ganze Vielzahl von Komponenten. Dabei werden neben der stets auftretenden Flüssigphase und der Gasphase oftmals zusätzlich verschiedene feste Phasen und/oder eine weitere flüssige Phase gebildet. Die Komplexität dieser Systeme resultiert dabei nicht so sehr aus der hohen Anzahl der auftretenden Komponenten und Phasen, sondern vielmehr aus der Tatsache, dass diese über die thermodynamischen Gleichgewichtsbeziehungen und Aktivitätskoeffizienten in nichtlinearer Form eng miteinander verknüpft sind. Für die Berechnung des thermodynamischen Systemverhaltens ist daher eine optimale, möglichst universelle Formulierung der Gleichgewichtsbeziehungen von entscheidender Bedeutung. Die folgenden Ausführungen geben eine formal geschlossene Beschreibung des thermodynamischen Gleichgewichts in Elektrolytlösungen und ermöglichen insbesondere die Berechnung komplexer Gleichgewichte aus generalisierten Gleichungssystemen.

2 Grundlagen

2.1 Einige Grundbegriffe

Ein Stoff, der im festen oder flüssigen Zustand elektrischen Strom über Ionen leiten kann, wird als *Elektrolyt* bezeichnet. Ein *Ion* ist ein elektrisch geladenes Atom oder eine elektrisch geladene Atomgruppe. Positiv geladene Ionen werden *Kationen*, negativ geladene *Anionen* genannt. Kristallisiertes Natriumchlorid (NaCl), dessen Gitter aus Natrium- und Chloridionen aufgebaut ist, stellt ein Beispiel für einen festen Elektrolyten dar. Geschmolzenes Natriumchlorid, das weitgehend aus Natrium- und Chloridionen in flüssigem Zustand besteht, ist ein Beispiel für eine Elektrolytschmelze, speziell für eine Salzschmelze. Eine flüssige Mischung aus Schwefelsäure und Wasser oder eine Lösung von Lithiumnitrat in Methanol sind Beispiele für Elektrolytlösungen, d.h. für flüssige Mischphasen, die Elektrolyte und Nichtelektrolyte enthalten. Elektrolytlösungen sind die praktisch wichtigste Klasse ionenhaltiger Phasen.

Seit den Untersuchungen von *Faraday* (1791–1867) ist bekannt, dass jedes Ion eine unveränderliche elektrische Ladung trägt. Diese Ladung ist stets ein ganzzahliges Vielfaches der Elementarladung

$$e = 1{,}602189 \cdot 10^{-19}\,C. \tag{2.1.1}$$

Bezeichnet man die positive oder negative Ladung eines Ions der Sorte i mit $z_i e$, so heißt die Größe z_i *Ladungszahl* der Ionenart i. Man erhält

$$z_i = 1 \text{ für } H^+, \quad z_i = -1 \text{ für } Cl^-, \quad z_i = 2 \text{ für } Ca^{2+}, \quad z_i = -2 \text{ für } SO_4^{2-} \text{ usw.}$$

Auch Elektronen (Teilchenart e) können als Ionen, nämlich als Anionen mit der Ladungszahl $z_i = -1$ aufgefasst werden. Für ungeladene Teilchen gilt $z_i = 0$. Da ein Ion der Sorte i die Ladung $z_i e$ trägt, entspricht der Stoffmenge n_i die Ladung

$$q_i = n_i\, z_i\, N_A\, e. \tag{2.1.2}$$

Das Produkt aus der Avogadro-Konstante N_A und der Elementarladung, d.h. die Ladung eines Mols einwertiger positiver Ionen wird als Faraday-Konstante

$$F = N_A\, e = 9{,}648456 \cdot 10^4\,C\,mol^{-1} \tag{2.1.3}$$

zusammengefasst. 1 Coulomb entspricht 1 Joule·Volt^{-1} (1 C = 1 As = 1 JV^{-1}). Damit erhält man aus Gl. (2.1.2)

$$q_i = F\, n_i\, z_i. \tag{2.1.4}$$

Die gesamte Ladung q eines Systems, das Ionen (einschließlich Elektronen) beliebiger Art und Menge enthält, beträgt nach Gl. (2.1.4)

$$q = \sum_i q_i = F \sum_i n_i z_i.$$

(2.1.5)

q erfasst damit den Überschuss an positiven oder negativen Ladungen im System. Eine solche Überschussladung tritt jedoch nur an der Oberfläche elektrischer Leiter auf. Im Inneren eines elektrischen Leiters, also insbesondere im Inneren eines Metalls oder einer Elektrolytlösung, gibt es keinen Überschuss an positiven oder negativen Ladungen. Demgemäß gilt dort:

$$\sum_i n_i z_i = 0.$$

(2.1.6)

Gleichung (2.1.6) ist der mathematische Ausdruck für die *Elektroneutralität* im Inneren eines beliebigen Leiters.

Die Bildung von Ionen erfolgt in Flüssigkeiten im Wesentlichen durch *Dissoziation*, d.h. durch den Zerfall einer gelösten chemischen Verbindung in elektrisch geladene Atomgruppen. Typische Dissoziationsreaktionen sind z.B.:

$$
\begin{aligned}
HCl(aq) &\rightleftharpoons H^+ + Cl^-, \\
Na_2SO_4(s) &\rightleftharpoons 2\,Na^+ + SO_4^{2-}, \\
CaCl_2(s) &\rightleftharpoons Ca^{2+} + 2\,Cl^-, \\
MgSO_4(s) &\rightleftharpoons Mg^{2+} + SO_4^{2-}.
\end{aligned}
$$

(2.1.7)

Die Angaben in Klammern bezeichnen dabei den Aggregatzustand des jeweiligen Elektrolyten. Der Zusatz (aq) kennzeichnet eine in Wasser gelöste Komponente (aquatic) während die Bezeichnungen (s), (l) und (g) auf den festen (solid), flüssigen (liquid) oder gasförmigen Zustand verweisen. Da die Ionen im Rahmen dieses Buches überwiegend in wässerigen Lösungen auftreten, wird bei ihnen im Folgenden zur Vereinfachung der Darstellung auf den Zusatz (aq) verzichtet.

Entsprechend der Ladungszahlen in den o. a. Dissoziationsgleichungen werden HCl als 1-1-, Na_2SO_4 und $CaCl_2$ als 2-1- und $MgSO_4$ als 2-2-Elektrolyt bezeichnet. Gemäß der Reaktionsstöchiometrie ändert sich bei der Dissoziation die Molzahl. Aus 1 mol eines 1-1-Elektrolyten entstehen bei vollständiger Dissoziation 2 mol Ionen, aus 1 mol eines 2-1-Elektrolyten 3 mol usw.

Einzelne Elektrolyte, wie z.B. Schwefel- oder Phosphorsäure, dissoziieren in mehreren Stufen:

$$
\begin{aligned}
H_2SO_4(aq) &\rightleftharpoons H^+ + HSO_4^-, \\
HSO_4^- &\rightleftharpoons H^+ + SO_4^{2-}, \\[6pt]
H_3PO_4(aq) &\rightleftharpoons H^+ + H_2PO_4^-, \\
H_2PO_4^- &\rightleftharpoons H^+ + HPO_4^{2-}, \\
HPO_4^{2-} &\rightleftharpoons H^+ + PO_4^{3-}.
\end{aligned}
$$

(2.1.8)

Allgemein sind *Säuren* durch eine Abgabe von Protonen (H^+-Ionen) charakterisiert, während Verbindungen, die Protonen aufnehmen, als *Basen* bezeichnet werden. Verbindungen wie HSO_4^-, $H_2PO_4^-$ oder HPO_4^{2-}, die sowohl Protonen abgeben als auch aufnehmen, bezeichnet man als *Ampholyte*.

Außer durch Dissoziation können Ionen auch durch Reaktion eines Elektrolyten mit dem Lösungsmittel entstehen. Dieser Prozess wird in wässeriger Lösung als *Hydrolyse* bezeichnet. Bekannte Beispiele hierfür sind die Hydrolyse von Kohlendioxid, Schwefeldioxid oder Ammoniak:

$$CO_2(aq) + H_2O \;\rightleftharpoons\; HCO_3^- + H^+,$$
$$SO_2(aq) + H_2O \;\rightleftharpoons\; HSO_3^- + H^+, \qquad (2.1.9)$$
$$NH_3(aq) + H_2O \;\rightleftharpoons\; NH_4^+ + OH^-.$$

Die gebildeten Hydrogencarbonat- und Hydrogensulfit-Ionen können in einer zweiten Stufe unter Bildung von Carbonat- bzw. Sulfit-Ionen gemäß

$$HCO_3^- \;\rightleftharpoons\; CO_3^{2-} + H^+,$$
$$HSO_3^- \;\rightleftharpoons\; SO_3^{2-} + H^+ \qquad (2.1.10)$$

weiter dissoziieren.

Eine andere Möglichkeit zur Bildung von Ionen ist der direkte Transfer von Elektronen von oder zu einem elektrischen Leiter. Die Übertragung erfolgt dabei mit Hilfe von *Elektroden*, d.h. Metallkörpern, die in eine Elektrolytlösung eintauchen. Die Aufnahme von Elektronen an der negativ geladenen *Kathode* wird als *Reduktion* und die Abgabe von Elektronen an der positiv geladenen *Anode* als *Oxidation* bezeichnet. Die Einzelreaktionen an den Elektroden sind als *Halbreaktionen* bekannt. Technisch bedeutsame Prozesse, in denen die Elektronenübertragung über Elektroden erfolgt, sind die Elektrolyse und galvanische Prozesse zur Speicherung von elektrischer Energie. Als Beispiel seien hier die Halbreaktionen der Chloralkalielektrolyse zur großtechnischen Gewinnung von Chlor und Natriumhydroxid (NaOH) aus wässeriger NaCl-Lösung genannt:

$$2\,Cl^- - 2\,e^- \;\rightarrow\; Cl_2(g) \qquad \text{Oxidation an der Anode,}$$
$$2\,H_2O + 2\,e^- \rightarrow H_2(g) + 2\,OH^- \qquad \text{Reduktion an der Kathode.} \qquad (2.1.11)$$

Reaktionen, bei denen sich die Ladungszahlen beteiligter Atome oder Atomgruppen durch Übertragung von Elektronen ändern, werden als *Redoxreaktionen* bezeichnet. In der Reaktion

$$2\,Fe^{2+} + Sn^{4+} \;\rightleftharpoons\; 2\,Fe^{3+} + Sn^{2+} \qquad (2.1.12)$$

wird das Eisen oxidiert und das Zinn reduziert. Der Absolutwert der Ladungszahl eines Anions oder Kations entspricht der sog. *Wertigkeit*. In Gl. (2.1.12) wird demnach zweiwertiges Eisen zu dreiwertigem oxidiert, während das vierwertige Zinn zu seiner zweiwertigen Form reduziert wird.

Eine spezielle Form der Redoxreaktion ist die sog. *Disproportionierung*. Dabei wird dasselbe Element sowohl oxidiert als auch reduziert. Ein Beispiel hierfür ist die Disproportionierung des Quecksilbers nach

$$2\,Hg^+ \;\rightleftharpoons\; Hg(aq) + Hg^{2+}, \tag{2.1.13}$$

bei der einwertiges Quecksilber zu elementarem und zweiwertigem Quecksilber disproportioniert.

Ein anderer Typ einer chemischen Reaktion, an der Ionen beteiligt sind, ist die Bildung von *Ionenkomplexen* wie z.B.

$$HgCl_2(aq) + 2\,Cl^- \;\rightleftharpoons\; HgCl_4^{2-},$$
$$Ag^+ + 2\,CN^- \;\rightleftharpoons\; Ag(CN)_2^-. \tag{2.1.14}$$

Eine Vielzahl weiterer komplexer Reaktionen, die in Elektrolytlösungen auftreten, kann als Kombination dieser Grundformen aufgefasst werden. Die Reaktion

$$HgCl_2(aq) + 2\,H_2O(l) + SO_2(aq) \;\rightleftharpoons\; Hg(aq) + 2\,Cl^- + 3\,H^+ + HSO_4^- \tag{2.1.15}$$

ist ein Beispiel für eine Kombination aus Hydrolyse und Redoxreaktion. Dabei wird zweiwertiges Quecksilber durch gelöstes Schwefeldioxid zu elementarem Quecksilber reduziert, während das Schwefeldioxid oxidiert wird und durch Hydrolyse unter Freisetzung von Protonen zu Hydrogensulfat reagiert. Der Schwefel wird dabei von der vierwertigen in die sechswertige Form überführt.

In Abhängigkeit vom Grad der Dissoziation oder Hydrolyse unterscheidet man *starke* und *schwache* Elektrolyte. Starke Elektrolyte dissoziieren bei niedrigen und mittleren Konzentrationen nahezu vollständig, während bei schwachen Elektrolyten nur eine geringe Dissoziation auftritt. Beispiele für starke Elektrolyte sind die Halogensäuren mit Ausnahme des Fluorwasserstoffs, Schwefelsäure, Salpetersäure sowie die meisten leichtlöslichen Salze und Hydroxide. Beispiele für schwache Elektrolyte sind organische Säuren wie z.B. Ameisen- und Essigsäure oder leicht flüchtige Elektrolyte wie SO_2, CO_2, H_2S oder NH_3. Der Dissoziationsgrad hängt dabei nicht nur von der Konzentration des Elektrolyten, sondern auch von der Temperatur und der Art des jeweiligen Lösungsmittels ab. Lösungsmittel, in denen Dissoziationsreaktionen bevorzugt auftreten, sind dipolare Substanzen mit einer hohen Dielektrizitätskonstante wie z.B. Wasser oder Alkohole.

Aus der Stöchiometrie der allgemeinen Dissoziationsreaktion

$$C_{\nu_c} A_{\nu_a} \;\rightarrow\; \nu_c\,C^{z_c} + \nu_a\,A^{z_a} \tag{2.1.16}$$

folgt für die Stoffmengen der gebildeten Ionen:

$$n_c = \nu_c\,(n_{tot} - n_u), \qquad n_a = \nu_a\,(n_{tot} - n_u). \tag{2.1.17}$$

Dabei bezeichnen n_c, n_a die Stoffmengen der Kationen und Anionen, n_{tot} und n_u sind die Stoffmengen des Elektrolyten vor des Dissoziation und des undissoziierten Anteils in der Lösung. Nach Einführung des *Dissoziationsgrades*

$$\alpha = \frac{n_{tot} - n_u}{n_{tot}} \tag{2.1.18}$$

erhält man:

$$n_{\mathrm{c}} = \nu_{\mathrm{c}}\,\alpha\,n_{\mathrm{tot}}, \qquad n_{\mathrm{a}} = \nu_{\mathrm{a}}\,\alpha\,n_{\mathrm{tot}}, \qquad n_{\mathrm{u}} = (1-\alpha)\,n_{\mathrm{tot}}. \tag{2.1.19}$$

Der Dissoziationsgrad kann dabei Werte zwischen Null (keine Dissoziation) und Eins (vollständige Dissoziation) annehmen.

2.2 Konzentrationsmaße

Als Konzentrationsmaß wird in Elektrolytlösungen üblicherweise neben dem Molenbruch x_i, insbesondere bei niedrigen Konzentrationen, die *Molalität* verwendet. Die Molalität m_i einer gelösten Komponente i ist ihre Molmenge n_i bezogen auf 1 kg Lösungsmittel (Index LM):

$$m_i \equiv \frac{n_i}{n_{\mathrm{LM}}\dfrac{M_{\mathrm{LM}}}{1000}} = \frac{x_i}{x_{\mathrm{LM}}\dfrac{M_{\mathrm{LM}}}{1000}}. \tag{2.2.1}$$

Dabei sind n_{LM} die Molmenge, M_{LM} die Molmasse in $\mathrm{g\,mol^{-1}}$ und x_{LM} der Molenbruch (auch Molanteil oder Stoffmengenanteil) des Lösungsmittels. Umgekehrt gilt:

$$x_i = \frac{n_i}{\displaystyle\sum_{j\neq\mathrm{LM}} n_j + n_{\mathrm{LM}}} = \frac{m_i}{\displaystyle\sum_{j\neq\mathrm{LM}} m_j + \dfrac{1000}{M_{\mathrm{LM}}}}. \tag{2.2.2}$$

Für den Molenbruch des Lösungsmittels ergibt sich daraus:

$$x_{\mathrm{LM}} = 1 - \sum_{j\neq\mathrm{LM}} x_j = \frac{1}{1 + \dfrac{M_{\mathrm{LM}}}{1000}\displaystyle\sum_{j\neq\mathrm{LM}} m_j}. \tag{2.2.3}$$

Die Summationen in Gl. (2.2.2), (2.2.3) und allen folgenden erstrecken sich über alle gelösten Spezies, d.h. über alle im Lösungsmittel enthaltenen Ionen und undissoziierten Komponenten. Der zweite Summand im Nenner von Gl. (2.2.2) erfasst die Molmenge des Lösungsmittels.

In verdünnten Lösungen kann der Molenbruch des Lösungsmittels näherungsweise zu Eins gesetzt werden und man erhält

$$m_i \approx x_i\,\frac{1000}{M_{\mathrm{LM}}} \quad (\text{für } x_{\mathrm{LM}} \to 1). \tag{2.2.4}$$

Bei hoher Verdünnung ist die Molalität damit proportional zum Molenbruch.

In der Praxis wird häufig auch die Volumenkonzentration, die als *Molarität* bezeichnet wird, benutzt. Dabei wird die Stoffmenge einer Komponente auf das Gesamtvolumen V_{L} der gesamten Lösung (L) bezogen:

$$c_i = \frac{n_i}{V_L}.$$ (2.2.5)

Infolge der Temperaturabhängigkeit des Volumens ist die Molarität bei konstanten Stoffmengen eine temperaturabhängige Größe. Der Zusammenhang zwischen der Molalität und der Molarität ist gegeben durch

$$m_i = \frac{c_i}{\rho_L\, w_{LM}} = \frac{c_i}{c_L\, x_{LM} \dfrac{M_{LM}}{1000}},$$ (2.2.6)

mit ρ_L und c_L als massen- bzw. molbezogene Flüssigkeitsdichte und w_{LM} als Massenbruch des Lösungsmittels. Für die Umrechnung zwischen dem Massenbruch und der Molalität erhält man

$$w_i = \frac{m_i \dfrac{M_i}{1000}}{\displaystyle\sum_{j \neq LM} m_j \dfrac{M_j}{1000} + 1} \quad \text{bzw.} \quad m_i = \frac{w_i \dfrac{1000}{M_i}}{w_{LM}}.$$ (2.2.7)

Die Summation erfolgt hier wiederum über alle gelösten Komponenten. Für den Massenbruch des Lösungsmittels erhält man aus der Schließbedingung

$$w_{LM} = 1 - \sum_j w_j = \frac{1}{\displaystyle\sum_{j \neq LM} m_j \dfrac{M_j}{1000} + 1}.$$ (2.2.8)

Für die Umrechnung zwischen Massenbruch und Molarität gilt schließlich

$$w_i = \frac{c_i \dfrac{M_i}{1000}}{\rho_L}$$ (2.2.9)

und

$$w_{LM} = 1 - \frac{1}{\rho_L} \sum_{j \neq LM} c_j \frac{M_j}{1000}.$$ (2.2.10)

Bei Elektrolytsystemen unterscheidet man gelegentlich zwischen der „wahren" und einer *stöchiometrischen* sowie einer *pauschalen Spezifizierung* der Lösung. Die „wahre" Spezifizierung berücksichtigt möglichst detailliert die entsprechend dem Dissoziations- oder Hydrolysegleichgewicht gebildeten Ionen sowie die Molanteile der undissoziierten Spezies, während die stöchiometrische Spezifizierung in einer vereinfachten Vorstellung von einer vollständigen Dissoziation der gelösten Elektrolyte ausgeht. Bei mehrfach dissoziierenden Verbindungen wird dabei in der Regel von der höchsten Dissoziationsstufe ausgegangen. Im Rahmen der pauschalen Spezifizierung wird die Bildung von Ionen komplett vernachlässigt und die Elektrolytlösung wie eine Nichtelektrolytlösung behandelt. Die vorgestellten Konzentrationsmaße und Umrechnungsformeln sind universell und können daher für alle Betrachtungsweisen verwendet werden. Die Summation läuft im Falle der stöchiometrischen Spezifizierung sinnvollerweise nicht mehr über alle Einzelionen, sondern nur noch über die Elektrolyte. Die Molalitäten sind dann für jeden Elektrolyten j durch die *stöchiometrische Molalität* $m_{j,\text{stöch}} = (v_{c,j} + v_{a,j})\, m_{j,\text{tot}}$ zu ersetzen, worin $m_{j,\text{tot}}$ die *pauschale Molalität*, d.h. die Molalität des Elektrolyten j in undissoziierter Form bezeichnet[1]. Darüber hinaus können die Umrechnungsformeln natürlich auch im Rahmen der pauschalen Spezifizierung verwendet werden. An die Stelle der Molalitäten m_j der Einzelspezies tritt dann die pauschale Molalität $m_{j,\text{tot}}$ des Elektrolyten. Abbildung 2.1 zeigt eine grafische Darstellung der Relation zwischen der pauschalen Molalität und dem pauschalen Molenbruch x_{tot} des undissoziierten Elektrolyten für den Fall eines einzelnen gelösten Elektrolyten. Zum Vergleich ist die Näherungsformel (2.2.4) aufgetragen, die bis zu Molalitäten von ca. 1 mol kg^{-1} in guter Übereinstimmung mit der exakten Umrechnung steht.

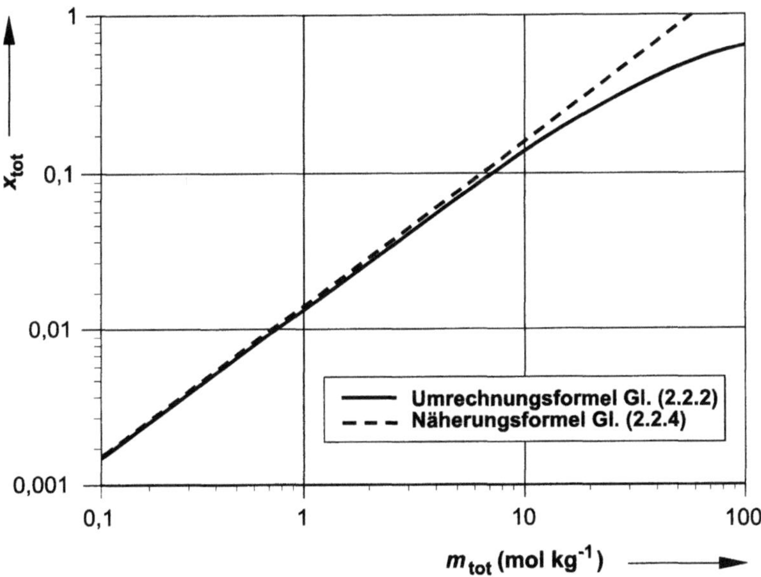

Abb. 2.1. Zusammenhang zwischen pauschaler Molalität und Molenbruch

---

[1] Die pauschale Molalität wird in der Literatur verschiedentlich als stöchiometrische Molalität bezeichnet.

2.3 Molekulare Struktur von Elektrolytlösungen

Die Struktur einer Mischphase wird grundsätzlich durch die zwischen den Molekülen wirkenden Kräfte bestimmt. Allgemein unterscheidet man dabei zwischen elektrostatischen, Induktions- und Dispersionskräften. Die Asymmetrie eines elektrostatischen Kraftfeldes um ein Molekül, d.h. die Abweichung von der kugelsymmetrischen Form, wird im langreichweitigen Bereich durch die sog. Multipolmomente, d.h. das Dipol-, Quadrupol-, Oktopolmoment usw. beschrieben. Als Wechselwirkungen ergeben sich daraus bis zum Quadrupol die Dipol-Dipol-, Dipol-Quadrupol- und die Quadrupol-Quadrupol-Wechselwirkung. Neben den permanenten Abweichungen von der kugelsymmetrischen Ladungsverteilung treten zeitlich fluktuierende Ladungsverschiebungen in den Atomen bzw. Molekülen auf, die ebenfalls zu intermolekularen Kraftwechselwirkungen, der Induktion und Dispersion, führen. Die Induktionskräfte resultieren dabei aus der Wechselwirkung zwischen einem permanenten und einem zeitlich induzierten Multipol, während die Dispersion die Kräfte zwischen induzierten Multipolen berücksichtigt. Im Mittel resultiert aus der Summe dieser langreichweitigen Wechselwirkungsbeiträge eine Anziehung zwischen den Molekülen während im kurzreichweitigen Bereich infolge der Elektronenabstoßung starke Abstoßungskräfte dominieren. Eine ausführliche Darstellung der intermolekularen Kräfte und ihres Einflusses auf die thermodynamischen Zustandseigenschaften wird z.B. in Lucas (1991) gegeben.

Der wesentliche Unterschied zwischen Ionen und ungeladenen Molekülen besteht in den zusätzlich auftretenden, sehr langreichweitigen Coulombschen Kräften, d.h. der Coulomb-Coulomb-, Coulomb-Dipol-, Coulomb-Quadrupol-Wechselwirkung usw. Die Struktur einer Elektrolytlösung in einem dipolaren Lösungsmittel wie z.B. Wasser, Alkohol oder Aceton wird wesentlich von der Coulomb-Dipol-Wechselwirkung zwischen den Ionen und den Lösungsmittelmolekülen beeinflusst. Abbildung 2.2 zeigt als Beispiel schematisch die Verteilung von Wassermolekülen um ein Kation und ein Anion. Wasser ist ein ausgesprochen polares Lösungsmittel. Die hohe Elektronegativität des Sauerstoffatoms führt dazu, dass in der Nähe des Sauerstoffs eine größere negative Ladungsdichte vorhanden ist als an den Wasserstoffatomen. Die elektropositiven Wasserstoffatome orientieren sich daher bevorzugt in Richtung zum negativen Anion, während die elektronegativen Sauerstoffatome zum positiven Kation ausgerichtet sind. Dadurch bildet sich um die Ionen eine Hülle von Lösungsmittelmolekülen (Solvathülle), die bei der Bewegung der Ionen mitgeschleppt wird. Dieser Vorgang wird allgemein als *Solvatation* bzw. bei Wasser als *Hydratation* bezeichnet. Die Anzahl der die Hydrathülle bildenden Wassermoleküle, d.h. die *Hydratationszahl*, liegt für Kationen typischerweise zwischen 5 und 14. Anionen sind im Vergleich dazu wesentlich schwächer hydratisiert. Auf Grund der Coulomb-Dipol-Wechselwirkung werden die Lösungsmittelmoleküle bei der Solvatation näher an die Ionen herangezogen, wodurch, ähnlich wie bei der Kondensation, Energie freigesetzt wird. Die Solvatation ist somit ein stark exothermer Vorgang. Die Dissoziation des Elektrolyten, d.h. das Aufbrechen der Bindung zwischen den Atomen oder Atomgruppen erfordert dagegen einen entsprechenden Energieaufwand. Die Summe aus freiwerdender Solvatationswärme und benötigter Dissoziationsenergie ergibt die Lösungswärme des Elektrolyten, die, mit Ausnahme zahlreicher fester Elektrolyte, in aller Regel negativ ist. Tabelle 2.1 zeigt als Beispiel die Lösungsenthalpie einiger starker Elektrolyte unter Standardbedingungen ($T^0 = 298,15$ K; $p^0 = 0,1$ MPa).

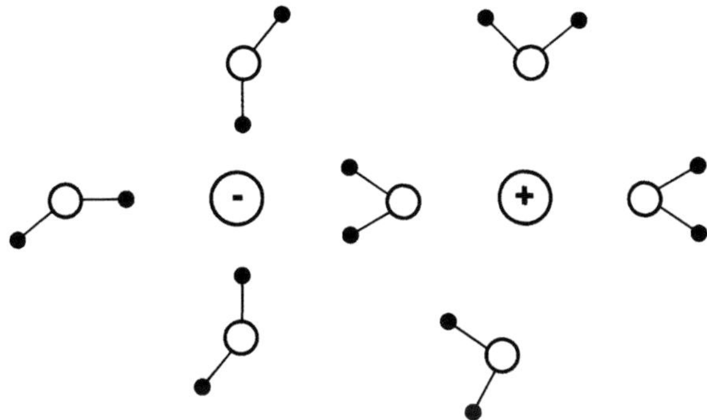

Struktur einer wässerigen Elektrolytlösung

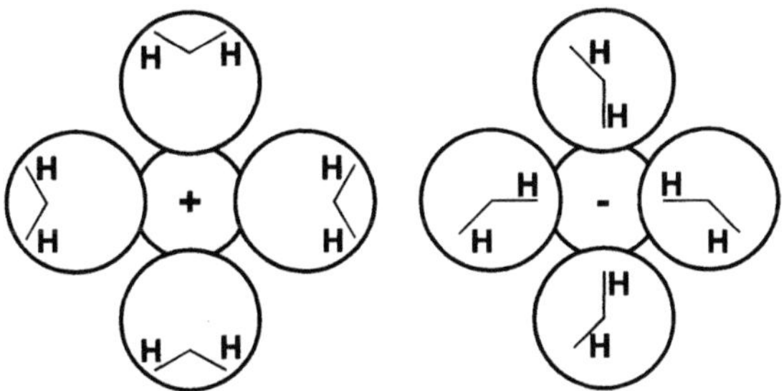

Ion-Wasser-Wechselwirkungsmodell

Abb. 2.2. Molekulare Struktur wässeriger Elektrolytlösungen

Tabelle 2.1. Lösungsenthalpien einiger Elektrolyte bei 25 °C und unendlicher Verdünnung in Wasser[2]

	NaCl(s)	NaOH(s)	HCl(g)	H_2SO_4(g)	SO_3(g)
$\Delta_{sol,\infty}H$ [kJ mol^{-1}]	3,87	-44,51	-74,85	-165,37	-227,72

Die Kondensationsenthalpie von reinem Wasser liegt bei $p^0 = 0,1$ MPa im Vergleich dazu bei 40,66 kJ mol^{-1}.

---

[2] Die für die Berechnung zu Grunde gelegten Standarddaten sind dem Anhang entnommen.

Die Auswahl des Lösungsmittels ist von entscheidender Bedeutung für die Dissoziation des Elektrolyten. Ein wesentlicher Parameter ist dabei neben dem Dipolmoment die auf die *Dielektrizitätskonstante* ε_0 des Vakuums bezogene (relative) Dielektrizitätskonstante ε, die gemäß dem Coulombschen Gesetz

$$F_{ij} = \frac{1}{4\,\pi\,\varepsilon_0\,\varepsilon}\,\frac{q_i\,q_j}{r_{ij}^2} \qquad (\varepsilon_0 = 8{,}854188 \cdot 10^{-12}\,\frac{C^2}{Nm^2}) \qquad (2.3.1)$$

die Kräfte zwischen den Ionen maßgeblich beeinflusst. Die an ein Ion angelagerten Lösungsmittelmoleküle schirmen die Ionen entsprechend ihrer Dielektrizitätskonstante gegenseitig ab und verhindern insbesondere im Bereich niedriger Ionenkonzentrationen, dass sich entgegengesetzt geladene Ionen durch die elektrostatische Anziehung zu neutralen Molekülen oder assoziierten Verbindungen vereinigen. Mit zunehmender Ionenkonzentration nimmt die Anzahl der Lösungsmittelmoleküle, die eine Hydrathülle bilden, kontinuierlich ab. Aus der geringeren Abschirmung der Anziehungskräfte zwischen Anionen und Kationen resultiert in der Folge selbst bei sehr starken Elektrolyten eine Abnahme des Dissoziationsgrades. In Tabelle 2.2 sind die Dielektrizitätskonstanten wichtiger Lösungsmittel zusammengestellt. In Wasser mit dem extrem hohen Wert $\varepsilon = 78{,}54$ (bei 25 °C) ist die Kraft zwischen den Ionen wesentlich geringer als im Vakuum ($\varepsilon = 1$), in Luft ($\varepsilon \approx 1$) oder in Essigsäure ($\varepsilon = 6{,}20$). Daraus folgt, dass starke Elektrolyte wie z.B. HCl, die bei Raumtemperatur in wässeriger Lösung einen sehr hohen Dissoziationsgrad erreichen, in der Gasphase nicht und in Essigsäure nur sehr gering dissoziieren.

Tabelle 2.2. Dielektrizitätskonstante und Dipolmoment verschiedener Lösungsmittel bei 25 °C (1 Debye = 10^{-18} (10^{-13} J m^3)$^{1/2}$) (Barthel et al. 1983; Reid et al. 1987)

Lösungsmittel (Solvent)	ε	μ [Debye]	Lösungsmittel (Solvent)	ε	μ [Debye]
Wasser	78,54	1,8	1-Butanol	17,43	1,8
Nitromethan	38,0	3,1	2-Butanol	16,7	1,7
Nitrobenzol	34,82	4,2	Aceton	20,56	2,9
Methanol	32,63	1,7	Essigsäure	6,25	1,3
Ethanol	24,35	1,7	Diethylether	4,33	1,3
1-Propanol	20,33	1,7	Benzol	2,27	0
2-Propanol	19,40	1,7	Cyclohexan	2,02	0,3

An vielen Dissoziationsreaktionen, insbesondere in wässerigen Lösungen, ist das Wasserstoff-Ion beteiligt. Nach moderner Vorstellung liegt das Proton in Wasser nicht als Wasserstoffion (H^+), sondern in Verbindung mit einem Wassermolekül als sog. *Oxonium-Ion* H_3O^+ vor, das seinerseits wiederum in ein dreidimensionales Netzwerk von Wasserstoffbrücken eingebunden ist. Die genaue Anzahl der an ein H_3O^+-Ion über Wasserstoffbrücken angelagerten Wassermoleküle ist nach aktuellem Stand der Forschung immer noch unbekannt. Während in älteren Arbeiten noch von bis zu 8 Wassermolekülen ausgegangen wurde, weisen neuere Forschungsergebnisse eher auf kleinere Komplexe mit nur 2 bis 3 Wassermolekülen hin. Für thermodynamische Berechnungen ist die Kenntnis der molekularen Feinstrukturen nicht erforderlich, da deren Einfluss in den aus Messdaten gewonnenen tabellierten Stoffdaten der Ionen summarisch enthalten ist. Im Rahmen dieses Buches wird daher aus Gründen der Einfachheit und der Kompatibilität mit den Standardtabellenwerken die Bezeichnung „Wasserstoff-Ion" bzw. „H^+-Ion" verwendet.

2.4 Gibbssche Fundamentalgleichung für Elektrolytsysteme

Jeder elektrisch leitenden Phase α eines Systems kann eine innere Energie $U^{(\alpha)}$ und ein *inneres elektrisches Potenzial* $\phi^{(\alpha)}$ zugeordnet werden. Das innere elektrische Potenzial resultiert dabei aus einem Ladungsüberschuss an der Oberfläche einer Phase und berechnet sich an einer beliebigen Stelle im Fluid aus

$$\phi = \frac{1}{4\pi\,\varepsilon_0\,\varepsilon}\sum_k \frac{q_k}{r_k} \tag{2.4.1}$$

mit r_k als Abstand zur Ladung q_k. Die Entstehung des elektrischen Potenzials sei am Beispiel einer inerten, d.h. nur Elektronen übertragenden Metallelektrode (Redoxelektrode), die in eine Elektrolytlösung eingetaucht ist, erläutert. Je nach Größe der an der Elektrode angelegten Spannung und dem Zustand der Lösung erfolgt an der Elektrodenoberfläche eine Abgabe oder Aufnahme von Elektronen, die zu einer Reduktion oder Oxidation der gelösten Ionen führt. Im Falle der Reduktion verarmt die Elektrode an Elektronen und lädt sich an der Oberfläche positiv auf. Diese positive Oberflächenladung zieht nun die Anionen an und stößt die Kationen ab, so dass, wie in Abb. 2.3 dargestellt, eine negative Raumladung in der Grenzschicht des Elektrolyten entsteht. Diese Ladungsverteilung verursacht ein Potenzialgefälle zwischen Elektrode und dem Elektrolyten, welches die Reduktion der Ionen erschwert und die Oxidation, d.h. die Abgabe von Elektronen an die Elektrode, begünstigt. Schließlich stellt sich ein Gleichgewicht zwischen beiden Reaktionen ein, bei dem im Mittel gleich viele Elektronen in die Elektrode zurückkehren, wie sie verlassen. Einer Oberflächenladung auf der Metallelektrode steht dann eine betragsmäßig gleich große Ladungsdichte in der oberflächennahen flüssigkeitsseitigen Grenzschicht gegenüber. Man spricht in diesem Zusammenhang von einer *elektrolytischen Doppelschicht*. Das elektrische Potenzial ϕ fällt oder steigt in dieser Grenzschicht vom Wert $\phi^{(E)}$ an der Elektrodenoberfläche auf den Wert $\phi^{(L)}$ in der Lösung. Ein analoger Verlauf mit einer entsprechenden Potenzialdifferenz $(\phi^{(\alpha)} - \phi^{(\beta)})$ ergibt sich auch an der Grenzfläche zwischen zwei flüssigen Elektrolytphasen α und β.

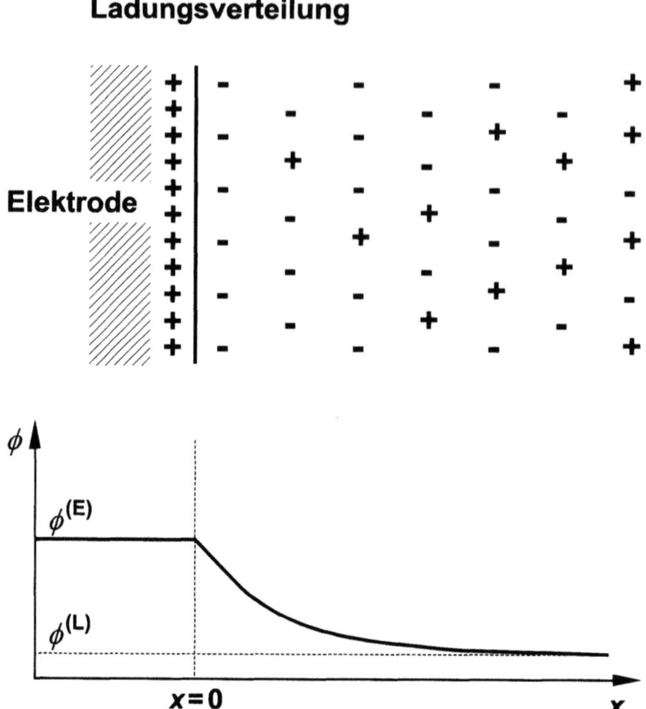

Abb. 2.3. Ladungsverteilung und Potenzialverlauf in einer elektrolytischen Doppelschicht

Die Differenz elektrischer Potenziale ist die bekannte elektrische Spannung. Die elektrische Potenzialdifferenz ($\phi^{(\alpha)}$ - $\phi^{(\beta)}$) wird allgemein als *Galvanispannung* bezeichnet. Die Galvanispannung für ein System aus Elektrode + Elektrolytlösung ist die *Elektrodenspannung (Elektrodenpotenzial)*. Grundsätzlich sind Galvanispannungen nicht absolut messbar. Messtechnisch zugänglich ist hingegen die Spannung einer *galvanischen Kette*, die im einfachsten Fall aus einer Elektrolytlösung und zwei Elektroden besteht, und sich somit aus der Summe verschiedener Galvanispannungen zusammensetzt. Als Bezugselektrode zur Festlegung einer einheitlichen Skala für Elektrodenpotenziale wird für das Lösungsmittel Wasser üblicherweise die sog. *Wasserstoffelektrode* verwendet, deren eigene Elektrodenspannung nach internationaler Vereinbarung im Standardzustand zu Null gesetzt ist. Die Verwendung der Wasserstoffelektrode wird in Abschn. 5.2 am Beispiel der EMK-Messung erläutert.

Die innere Energie eines elektrochemischen Systems ist eine Funktion der thermodynamischen Zustandsvariablen, d.h. der Temperatur $T^{(\alpha)}$, des Volumens $V^{(\alpha)}$ oder des Druckes $p^{(\alpha)}$ und der Stoffmengen aller Komponenten $\{n_i^{(\alpha)}\}$, nicht jedoch des elektrischen Potenzials. Die gesamte Energie $E^{(\alpha)}$ der Phase α ist die Summe aus der inneren Energie $U^{(\alpha)}$ und der elektrostatischen Energie $E_{el}^{(\alpha)}$. Damit gilt auch

$$dE^{(\alpha)} = dU^{(\alpha)} + dE_{\mathrm{el}}^{(\alpha)}. \tag{2.4.2}$$

Das elektrische Potenzial ϕ (Einheit Volt) ist allgemein definiert als die Arbeit W, die beim Transport einer elektrischen Ladung q im elektrischen Feld pro Ladungseinheit aufgebracht werden muss:

$$\phi \equiv \frac{W}{q}. \tag{2.4.3}$$

Die elektrostatische Energie E_{el} ist dann gleich der Arbeit, die beim Transport der Ladung q im elektrischen Feld verrichtet wird:

$$E_{\mathrm{el}}^{(\alpha)} = W = \phi^{(\alpha)} q \;\Rightarrow\; dE_{\mathrm{el}}^{(\alpha)} = \phi^{(\alpha)} \, dq. \tag{2.4.4}$$

Mit Gl. (2.1.5) folgt daraus

$$dE_{\mathrm{el}}^{(\alpha)} = F\phi^{(\alpha)} \sum_i z_i \, dn_i^{(\alpha)}. \tag{2.4.5}$$

Mit Gl. (2.4.2) und (2.4.5) ergibt sich für die gesamte Energieänderung in der Phase α

$$dE^{(\alpha)} = dU^{(\alpha)} + F\phi^{(\alpha)} \sum_i z_i \, dn_i^{(\alpha)}. \tag{2.4.6}$$

Setzt man für die Änderung der inneren Energie die Gibbssche Fundamentalgleichung

$$dU^{(\alpha)} = T^{(\alpha)} \, dS^{(\alpha)} - p^{(\alpha)} \, dV^{(\alpha)} + \sum_i \mu_i^{(\alpha)} \, dn_i^{(\alpha)} \tag{2.4.7}$$

in Gl. (2.4.6) ein, so erhält man

$$dE^{(\alpha)} = T^{(\alpha)} \, dS^{(\alpha)} - p^{(\alpha)} \, dV^{(\alpha)} + \sum_i \eta_i^{(\alpha)} \, dn_i^{(\alpha)}. \tag{2.4.8}$$

Das elektrochemische Potenzial

$$\eta_i^{(\alpha)} \equiv \mu_i^{(\alpha)} + z_i \, F\phi^{(\alpha)} \tag{2.4.9}$$

übernimmt damit in der Fundamentalgleichung für die Gesamtenergie eines Elektrolytsystems die Rolle des chemischen Potenzials μ_i.

2.5 Gleichgewichtsbedingungen in Elektrolytsystemen

Zur Ableitung der Phasengleichgewichtsbedingungen wird ein zweiphasiges abgeschlossenes System ohne chemische Reaktionen betrachtet. Allgemein gilt für abgeschlossene Systeme

$$
\begin{aligned}
dE &= dE^{(\alpha)} + dE^{(\beta)} = 0, \\
dV &= dV^{(\alpha)} + dV^{(\beta)} = 0, \\
dn_i &= dn_i^{(\alpha)} + dn_i^{(\beta)} = 0.
\end{aligned}
\tag{2.5.1}
$$

Im Gleichgewichtszustand erreicht die Entropie des Gesamtsystems nach dem zweiten Hauptsatz der Thermodynamik ihr Maximum, d.h.

$$
dS = dS^{(\alpha)} + dS^{(\beta)} = 0.
\tag{2.5.2}
$$

Die Addition der Gibbsschen Fundamentalgleichungen für beide Phasen liefert unter Berücksichtigung von Gl. (2.5.1) und (2.5.2):

$$
(T^{(\alpha)} - T^{(\beta)})\, dS^{(\alpha)} + (p^{(\alpha)} - p^{(\beta)})\, dV^{(\alpha)} + \sum_i (\eta_i^{(\alpha)} - \eta_i^{(\beta)})\, dn_i^{(\alpha)} = 0.
\tag{2.5.3}
$$

Die Variationen $dS^{(\alpha)}$, $dV^{(\alpha)}$ und $dn_i^{(\alpha)}$ sind voneinander unabhängig und können beliebige Werte annehmen. Demnach müssen im Falle des thermodynamischen Gleichgewichts alle Klammerausdrücke verschwinden, und man erhält somit folgende Bedingungen:

$$
T^{(\alpha)} = T^{(\beta)} \qquad \text{(thermisches Gleichgewicht)},
\tag{2.5.4}
$$

$$
p^{(\alpha)} = p^{(\beta)} \qquad \text{(mechanisches Gleichgewicht)},
\tag{2.5.5}
$$

$$
\eta_i^{(\alpha)} = \eta_i^{(\beta)} \qquad \text{(elektrochemisches Gleichgewicht)}.
\tag{2.5.6}
$$

Mit der Definitionsgleichung für das elektrochemische Potenzial ergibt sich für das elektrochemische Gleichgewicht

$$
\mu_i^{(\alpha)} - \mu_i^{(\beta)} = -z_i\, F(\phi^{(\alpha)} - \phi^{(\beta)}).
\tag{2.5.7}
$$

Für ungeladene Spezies geht Gl. (2.5.7) in die bekannte Beziehung $\mu_i^{(\alpha)} = \mu_i^{(\beta)}$ für das stoffliche Phasengleichgewicht über. Technisch wichtige Systeme, bei denen Ionen in zwei Phasen im Gleichgewicht stehen, sind insbesondere Fest-Flüssig-Gleichgewichte, wie z.B. zwischen einer Elektrode und einer wässerigen Lösung, oder Flüssig-Flüssig-Gleichgewichte zwischen zwei nicht mischbaren flüssigen Elektrolytphasen. Voraussetzung für die Gleichgewichtseinstellung ist dabei stets die Durchlässigkeit der Phasengrenze für die jeweils betrachtete Ionensorte i.

Die Einstellung des elektrochemischen Gleichgewichts kann am Beispiel einer Metallelektrode, die mit einer Elektrolytlösung in Kontakt gebracht wird, die dieselben Metallionen enthält, anschaulich erläutert werden. Wenn z.B. eine Kupferelektrode in eine wässerige Kupfersulfatlösung eingetaucht wird, ist die Gleichgewichtsbedingung (2.5.6) für die Kupferionen im Augenblick des Eintauchens im Allgemeinen nicht erfüllt, d.h.

$$\eta_{Cu^{2+}}^{(\text{Lösung})} \neq \eta_{Cu^{2+}}^{(\text{Elektrode})} .$$

Damit setzt in Abhängigkeit der angelegten Spannung und des Zustands der Lösung eine Diffusion von Kupferionen in die Lösung (Metallauflösung) oder umgekehrt in die Metallelektrode (Metallabscheidung) ein. Wandern Metallkationen in die Lösung, so lädt sich die Lösungsgrenzschicht positiv auf, während die zurückgebliebenen überschüssigen Elektronen eine negative Aufladung der Elektrode bewirken (Abb. 2.4a). Die auf diese Weise entstehende elektrolytische Doppelschicht behindert in zunehmendem Maße die Abscheidung der Metallionen. Schließlich kommt der Diffusionsprozess vollständig zum Erliegen – das elektrochemische Gleichgewicht ist erreicht. Läuft der Transport der Metallionen nach dem Eintauchen der Elektrode in die andere Richtung ab, so erhält man eine Ladungsverschiebung mit umgekehrtem Vorzeichen, die schließlich ebenfalls zu einer Gleichgewichtseinstellung führt (Abb. 2.4b).

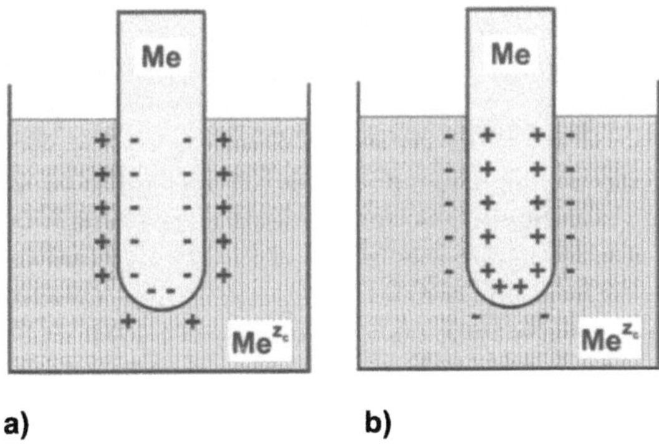

Abb. 2.4. Entstehung einer Potenzialdifferenz zwischen Elektrode und Elektrolyt

Durch Anlegen einer äußeren elektrischen Spannung kann das elektrische Potenzial und damit nach Gl. (2.5.7) auch das elektrochemische Phasengleichgewicht verändert werden.

Zur Ableitung einer Beziehung für das chemische Gleichgewicht wird ein abgeschlossenes einphasiges System betrachtet. Im Gleichgewicht folgt mit $dS = 0$ sowie $dV = 0$ und $dE = 0$ aus Gl. (2.4.8)

$$\sum_i \eta_i \, d_r n_i = \sum_i \mu_i \, d_r n_i + F\phi \sum_i z_i \, d_r n_i = 0. \tag{2.5.8}$$

Der Index r berücksichtigt, dass die Änderung der Stoffmengen nur durch chemische Reaktionen erfolgt. Unter Berücksichtigung der Elektroneutralität bei chemischen Reaktionen

$$\sum_i z_i \, \mathrm{d}_r n_i = 0 \tag{2.5.9}$$

erhält man aus Gl. (2.5.8)

$$\sum_i \mu_i \, \mathrm{d}_r n_i = 0. \tag{2.5.10}$$

In einer chemischen Reaktion der allgemeinen Form

$$|v_A|\,A + |v_B|\,B \; \rightleftharpoons \; |v_C|\,C + |v_D|\,D \tag{2.5.11}$$

sind die Änderungen der einzelnen Stoffmengen der beteiligten Komponenten über die stöchiometrischen Koeffizienten v_i und den Reaktionsfortschritt miteinander verknüpft. Die stöchiometrischen Koeffizienten der Edukte (linke Seite) sind dabei negativ, die der Produkte (rechte Seite) positiv. Unter Einführung der *Reaktionslaufzahl* ξ gilt für die Änderung der Stoffmengen infolge der chemischen Reaktion

$$\mathrm{d}_r n_i = v_i \, \mathrm{d}\xi. \tag{2.5.12}$$

Durch Einsetzen von Gl. (2.5.12) in Gl. (2.5.10) folgt mit $\mathrm{d}\xi \neq 0$

$$\sum_i v_i \, \mu_i = 0. \tag{2.5.13}$$

Diese Beziehung für das chemische Gleichgewicht in Elektrolytsystemen ist identisch mit der Formulierung für Nichtelektrolytsysteme. Sie gilt im Übrigen nicht nur für homogene Reaktionen, sondern kann z.B. auch auf die Dissoziation eines festen oder gasförmigen Elektrolyten in einem flüssigen Lösungsmittel angewandt werden. In einem System mit mehreren chemischen Reaktionen muss Gl. (2.5.13) zur Berechnung des sich einstellenden Gleichgewichts für jede Einzelreaktion formuliert werden.

Eine wichtige Voraussetzung bei der Berechnung und Messung thermodynamischer Gleichgewichte ist die Kenntnis der Anzahl an Freiheitsgraden, die ein System besitzt. Unter dem Begriff des Freiheitsgrades versteht man dabei die Anzahl der frei wählbaren <u>intensiven</u>, d.h. von der Größe des Systems unabhängigen Zustandsgrößen eines Systems. Für Nichtelektrolyte berechnen sich diese für ein System mit K Komponenten, P koexistierenden Phasen und R voneinander unabhängigen Reaktionen aus der *Gibbsschen Phasenregel* zu

$$F = K - P - R + 2. \tag{2.5.14}$$

In Elektrolytsystemen stellt die Elektroneutralitätsbeziehung, Gl. (2.1.6), für jede Phase P^*, in der Ionen auftreten, eine Verringerung der Freiheitsgrade um Eins dar. Als neue Intensitätsgröße tritt die elektrische Potenzialdifferenz $(\phi^{(\alpha)} - \phi^{(\beta)})$ zwischen jeweils zwei Elektrolytphasen auf. Der Verringerung der Freiheitsgrade um P^* steht somit eine Erhöhung um P^*-1 gegenüber. Insgesamt ergibt sich damit für die Gibbssche Phasenregel in Elektrolytsystemen

$$F = K - P - R + 2 - P^* + (P^* - 1) = K - P - R + 1. \qquad (2.5.15)$$

Als Berechnungsgleichungen für die intensiven Zustandsgrößen stehen neben den Gleichgewichtsbeziehungen die Schließbedingungen für die Molenbrüche in den auftretenden Mischphasen und die Elektroneutralitätsbeziehung zur Verfügung.

Das *Duhem-Theorem*, das eine Aussage über die in einem geschlossenen System frei wählbaren <u>intensiven und extensiven</u> Zustandsgrößen macht, gilt hingegen in unveränderter Form. Danach besitzt ein System bei Vorgabe der Anfangsstoffmengen aller Komponenten $\{n_i^{(0)}\}$ nur zwei frei wählbare (intensive oder extensive) Zustandsgrößen. In vielen praktischen Anwendungen wählt man dazu die Temperatur und den Druck des Systems. Die Einzelstoffmengen $\{n_i\}$ der Spezies im Gleichgewicht ergeben sich dann aus den abgeleiteten Beziehungen für die Phasen- und Reaktionsgleichgewichte sowie den Stoff- oder, in reaktiven Systemen, den Atombilanzen.

2.6 Referenzzustand, Referenzsystem und Standardzustand

Zur Erstellung von Energiebilanzen sowie insbesondere zur Berechnung von Phasen- und Reaktionsgleichgewichten werden kalorische Stoffeigenschaften, d.h. Enthalpien, Entropien und spezifische Wärmekapazitäten sowie das pvT-Verhalten fester, flüssiger und gasförmiger Reinstoffe und Gemische benötigt. Die experimentelle Bestimmung der benötigten Gemischdaten ist nur im Einzelfall durchführbar, da sich der Messaufwand entsprechend der Anzahl der betrachteten Komponenten potenziert. Aus diesem Grund werden in der Chemischen Thermodynamik die Gemischeigenschaften unter Einführung geeigneter Referenzsysteme zunächst auf Reinstoffdaten oder, insbesondere bei Elektrolytlösungen, auf ein binäres Referenzgemisch zurückgeführt. Die Konzentrationsabhängigkeit dieser hypothetischen Systeme ist exakt definiert und lässt sich, wie im Folgenden gezeigt wird, aus den für die entsprechenden Referenzzustände tabellierten Daten leicht berechnen. Die Abweichungen vom realen Systemverhalten werden für jedes Referenzsystem durch geeignete, ebenfalls exakt definierte Korrekturfunktionen erfasst.

Als Referenzsysteme haben sich in der Thermodynamik das *ideale Gas* (Index ig), die *ideale Lösung* (Index iL) und die *ideal verdünnte Lösung* (Index ivL) etabliert. Die dazugehörigen Referenzzustände sind der Reinstoff im Idealgaszustand, als Flüssigkeit (Index l) oder Feststoff (Index s) sowie die ideal verdünnte Lösung bei einer festgelegten Bezugskonzentration.

Molekulartheoretisch unterliegt der Modellvorstellung des idealen Gases die Annahme, dass zwischen den Molekülen des Systems keine Wechselwirkungen stattfinden. In der Realität ist diese Hypothese nur bei Gasen im Bereich niedriger Partialdrücke und/oder hoher Temperaturen näherungsweise erfüllt. Im Gegensatz zu allen anderen Referenzsystemen ist bei idealen Gasen nicht nur das Mischungsverhalten, sondern durch das ideale Gasgesetz auch das thermische Zustands-verhalten genau bekannt.

Das Modell der idealen Lösung basiert auf der Vorstellung, dass die Wechsel-wirkungen zwischen allen Molekülen in einer Mischphase gleich sind. Dies gilt in der Realität nur für Mischungen, in denen die einzelnen Komponenten chemisch sehr ähnlich aufgebaut sind, wie z.B. in Isotopen- oder Edelgasgemischen. Nähe-rungsweise findet man ein ideales Lösungsverhalten auch zwischen Komponenten einer homologen Reihe sowie zwischen Molekülen, deren Unterschiede in den verschiedenen Wechselwirkungskräften sich zufälligerweise gegenseitig weitge-hend kompensieren. Das ideale Gas verhält sich auf Grund der fehlenden Wech-selwirkungen und der daraus resultierenden Gleichheit aller Moleküle hinsichtlich seines Mischungsverhaltens ebenfalls wie eine ideale Lösung. Der praktische Nut-zen des Konzeptes der idealen Lösung besteht in der Tatsache, dass unbekannte Gemischeigenschaften aus bekannten oder leicht messbaren Reinstoffeigenschaf-ten ermittelt werden können. Damit wird ein wesentlicher Anteil der Temperatur- und Druckabhängigkeit von Mischungseigenschaften erfasst. Die Abweichungen, die reale Systeme in ihrem Mischungsverhalten von dem der idealen Lösung auf-weisen, müssen durch geeignete Hilfsfunktionen erfasst werden. Bezüglich der Konzentrationsabhängigkeit der kalorischen Eigenschaften von Gemischen gilt für das ideale Gas und die ideale Lösung:

$$u^{\text{ig}}(T,\{x_k\}) = u^{\text{iL}}(T,p,\{x_k\}) = \sum_i^K x_i\, u_{0i}(T,p),$$

$$h^{\text{ig}}(T,\{x_k\}) = h^{\text{iL}}(T,p,\{x_k\}) = \sum_i^K x_i\, h_{0i}(T,p),$$

$$s^{\text{ig}}(T,p,\{x_k\}) = s^{\text{iL}}(T,p,\{x_k\}) = \sum_i^K x_i\, s_{0i}(T,p) \;-\; \text{R}\sum_i^K x_i \ln x_i,$$

$$\mu^{\text{ig}}(T,p,\{x_k\}) = \mu^{\text{iL}}(T,p,\{x_k\}) = \sum_i^K x_i\, \mu_{0i}(T,p) + \text{R}\,T\sum_i^K x_i \ln x_i,$$

$$a^{\text{ig}}(T,p,\{x_k\}) = a^{\text{iL}}(T,p,\{x_k\}) = \sum_i^K x_i\, a_{0i}(T,p) + \text{R}\,T\sum_i^K x_i \ln x_i.$$

$$(2.6.1)$$

Der Index $0i$ bezeichnet dabei die reine Komponente i. Die Verwendung des Modells der idealen Lösung ist nur sinnvoll, wenn alle Komponenten sowohl in der Mischung als auch im Reinstoffzustand im selben Aggregatzustand vorlie-gen.

Das Modell der ideal verdünnten Lösung basiert, ähnlich wie das des idealen Gases, auf der Vorstellung, dass zwischen den in einem Lösungsmittel gelösten Komponenten keine intermolekularen Wechselwirkungen auftreten. Diese An-nahme ist nur bei unendlicher Verdünnung, d.h. wenn die Konzentrationen aller gelösten Substanzen gegen Null gehen, exakt erfüllt. Da Ionen auf Grund der niedrigen Dielektrizitätskonstanten von Gasen bei niedrigen und mittleren Temperaturen nicht in der Gasphase gebildet werden und infolge der Elektroneutralitätsbedingung auch nicht als reine Stoffe existieren, stellen weder das ideale Gasgemisch noch die ideale Lösung sinnvolle Referenzsysteme für eine Elektrolytlösung dar. Daher wird für Ionen und gelöste Komponenten, die meist nur in geringer Konzentration vorliegen, als neuer Referenzzustand die ideal verdünnte Lösung bei definierter Bezugskonzentration eingeführt. Wählt man als solche die Einheitsmolalität, d.h. $m^* = 1$ mol kg^{-1}, so spricht man von einer ideal verdünnten einmolalen Lösung. Da sich reale Lösungen bei einer Konzentration von 1 mol kg^{-1} nicht mehr ideal verhalten, handelt es sich bei diesem Referenzzustand um einen hypothetischen Zustand, der durch Extrapolation des Verhaltens bei unendlicher Verdünnung erreicht wird. Dieser Aspekt wird in Zusammenhang mit der Einführung der Henry-Konstante in Abschn. 2.7 noch verdeutlicht.

In einer typischen Elektrolytlösung liegen die Ionen und gelösten Komponenten in verdünnter Form vor, während das Lösungsmittel (LM) die dominierende Komponente ist. Da sich das Mischungsverhalten bei niedrigen Konzentrationen dem Grenzfall der ideal verdünnten Lösung und bei sehr hohen Konzentrationen dem der idealen Lösung annähert, empfiehlt sich zur Beschreibung von Lösungen eine Kombination beider Referenzsysteme. Für die gelösten Spezies wird daher die ideal verdünnte einmolale Lösung und für das Lösungsmittel die reine Komponente als Referenzzustand zu Grunde gelegt. Diese Wahl der Referenzsysteme bzw. -zustände wird als *unsymmetrische Normierung* bezeichnet. Für die kalorischen Eigenschaften einer ideal verdünnten Lösung mit K gelösten Komponenten gilt damit:

$$u^{\text{ivL}} = x_{\text{LM}}\, u_{0,\text{LM}}^{1} + \sum_{i \neq \text{LM}}^{K} x_i\, u_i^{*,m},$$

$$h^{\text{ivL}} = x_{\text{LM}}\, h_{0,\text{LM}}^{1} + \sum_{i \neq \text{LM}}^{K} x_i\, h_i^{*,m},$$

$$s^{\text{ivL}} = x_{\text{LM}}\, (s_{0,\text{LM}}^{1} - \text{R}\ln x_{\text{LM}}) + \sum_{i \neq \text{LM}}^{K} x_i\left(s_i^{*,m} - \text{R}\ln(m_i / m^*)\right), \quad (2.6.2)$$

$$\mu^{\text{ivL}} = x_{\text{LM}}\, (\mu_{0,\text{LM}}^{1} + RT\ln x_{\text{LM}}) + \sum_{i \neq \text{LM}}^{K} x_i\left(\mu_i^{*,m} + RT\ln(m_i / m^*)\right),$$

$$a^{\text{ivL}} = x_{\text{LM}}\, (a_{0,\text{LM}}^{1} + RT\ln x_{\text{LM}}) + \sum_{i \neq \text{LM}}^{K} x_i\left(a_i^{*,m} + RT\ln(m_i / m^*)\right).$$

$\underbrace{\hphantom{a^{\text{ivL}}}}_{\text{Lösung}}\quad\underbrace{\hphantom{x_{\text{LM}} (a_{0,\text{LM}}^{1} + RT\ln x_{\text{LM}})}}_{\text{Lösungsmittel}}\quad\underbrace{\hphantom{\sum x_i (a_i + RT\ln(m_i/m))}}_{\text{gelöste Spezies}}$

Die für den Referenzzustand der ideal verdünnten einmolalen Lösung tabellierten Daten erhält man, wie in Kap. 5 gezeigt wird, aus der Extrapolation von Messwerten, die bei hohen Verdünnungen ermittelt werden.

Die Berechnung der kalorischen Eigenschaften eines Fluids erfolgt ausgehend von den Referenzzuständen (ref). Dieser sollte stets so nahe wie möglich am aktuellen Zustand der jeweiligen Komponenten liegen. Zur Ermittlung der kalorischen Eigenschaften gasförmiger Komponenten empfiehlt sich daher das ideale Gas als Referenzsystem, während zur Berechnung der kalorischen Eigenschaften flüssiger und fester Mischphasen in der Regel die ideale bzw. ideal verdünnte Lösung im entsprechenden Aggregatzustand als Referenzsystem verwendet wird (s. Tabelle 2.3). Stehen für den flüssigen oder festen Reinstoff keine experimentellen Daten zur Verfügung, so kann, wie im nächsten Abschnitt gezeigt wird, auch für die Berechnung des kalorischen Zustandsverhaltens von Flüssigkeiten und Feststoffen der Idealgaszustand als Referenzzustand gewählt werden.

Tabelle 2.3. Referenzzustände und Referenzsysteme

Mischphase	Referenzzustand		Referenzsystem	
Gase	reine Komponente im Ideal-gaszustand bei T und p	z_{0i}^{ig}	ideales Gas	z^{ig}
Flüssigkeiten, Feststoffe	reine Flüssigkeit, reiner Feststoff bei T und p	z_{0i}^{l}	ideale Lösung	z^{iL}
Gelöste Gase und Ionen	ideal verdünnte Lösung bei T, p und einer festgelegten Bezugskonzentration	$z_i^{*,m}, z_i^{*}$	ideal verdünnte Lösung	z^{ivL}

Die Daten für den Referenzzustand lassen sich für beliebige Werte von Temperatur und Druck angeben. Sie werden üblicherweise bei Standardbedingungen, d.h. $T = T^0 = 298{,}15$ K und $p = p^0 = 0{,}1$ MPa tabelliert. Solche Daten werden dann als Standarddaten, der entsprechende Referenzzustand als Standardzustand bezeichnet. Das Vorliegen der Standardbedingungen (T^0 und p^0) wird im Folgenden durch eine hochgestellte Null gekennzeichnet. Die wichtigsten Stoffdaten im Standardzustand sind die freie Standardbildungsenthalpie $\Delta_{\mathrm{f}}G^0$, die Standardbildungsenthalpie $\Delta_{\mathrm{f}}H^0$ und die Standardentropie S^0.[3] Mit Hilfe der molaren Wärmekapazität können die kalorischen Daten von diesem Standardzustand bei konstantem Druck auf die jeweilige Systemtemperatur umgerechnet werden. Allgemein gilt:

$$\mu_i^{\mathrm{ref}}(T, p^0) = h_i^{\mathrm{ref}}(T, p^0) - T\, s_i^{\mathrm{ref}}(T, p^0) \qquad (2.6.3)$$

mit

---

[3] Zur Vereinfachung der Schreibweise bezeichnen hier $\Delta_{\mathrm{f}}G^0$, $\Delta_{\mathrm{f}}H^0$ und S^0 die Zustandsgrößen bei p^0 <u>und</u> T^0. In IUPAC-Nomenklatur lauten die entsprechenden Variablen $\Delta_{\mathrm{f}}G_{T^0}^0$, $\Delta_{\mathrm{f}}H_{T^0}^0$ und $S_{T^0}^0$.

$$h_i^{\text{ref}}(T, p^0) = \Delta_{\text{f}} H_i^0(\text{ref}) + \int_{T^0}^{T} c_{p,i}^{\text{ref}}(T, p^0)\,\mathrm{d}T, \tag{2.6.4}$$

$$s_i^{\text{ref}}(T, p^0) = S_i^0(\text{ref}) + \int_{T^0}^{T} \frac{c_{p,i}^{\text{ref}}(T, p^0)}{T}\,\mathrm{d}T. \tag{2.6.5}$$

Durch die Verwendung der Standardbildungsenthalpien wird automatisch die für diese Werte gewählte Nullpunktsfestlegung, d.h. $\Delta_{\text{f}} H^0 = 0$ für alle Elemente bzw. gleichatomigen Moleküle übernommen. Die Berechtigung für diese Nullpunktskonvention folgt aus der Tatsache, dass sich die Elemente aus den Bilanzgleichungen auf Grund der Elementerhaltung stets herauskürzen. Die Entropie ist eine absolute Größe und kann bei Kenntnis ihres Wertes am absoluten Nullpunkt aus geeigneten kalorischen Daten berechnet werden. Aus den Standarddaten für die Bildungsenthalpie und die Entropie kann die freie Standardbildungsenthalpie ohne weitere Nullpunktsfestlegung berechnet werden. In verschiedenen Tabellenwerken wird analog zur Standardbildungsenthalpie jedoch auch die freie Standardbildungsenthalpie der Elemente bzw. gleichatomigen Moleküle und damit gemäß

$$\Delta_{\text{f}} S_i^0 = \frac{\Delta_{\text{f}} H_i^0 - \Delta_{\text{f}} G_i^0}{T^0} \neq S_i^0 \tag{2.6.6}$$

auch die Standardentropie im Sinne einer Bildungsentropie zu Null gesetzt. Die Rechtfertigung für diese Nullpunktsfestlegung folgt wiederum aus dem Prinzip der Atomerhaltung. Ersetzen von $S_i^0(\text{ref})$ in Gl. (2.6.5) durch Gl. (2.6.6) liefert als Berechnungsgleichung für das chemische Potenzial der Komponente i

$$\mu_i^{\text{ref}}(T, p^0) = \Delta_{\text{f}} G_i^0(\text{ref})\,\frac{T}{T^0} + \Delta_{\text{f}} H_i^0(\text{ref})\left(1 - \frac{T}{T^0}\right)$$
$$+ \int_{T^0}^{T} c_{p,i}^{\text{ref}}(T)\,\mathrm{d}T - T\int_{T^0}^{T} \frac{c_{p,i}^{\text{ref}}(T)}{T}\,\mathrm{d}T. \tag{2.6.7}$$

Für praktische Rechnungen empfiehlt es sich, für alle auftretenden Stoffe entweder einheitlich mit Bildungs- und freien Bildungsenthalpien, Gl. (2.6.4), (2.6.7) und (2.6.3) (für die Entropie), oder nur mit Bildungsenthalpien und absoluten Entropien, Gl. (2.6.3) bis (2.6.5), zu arbeiten. Bei der gleichzeitigen Verwendung von freien Bildungsenthalpien und absoluten Entropien müssen die Werte zunächst auf einen gemeinsamen Nullpunkt umgerechnet werden. In Beispiel 2.3 wird dazu die Berechnung der freien Standardbildungsenthalpie aus Daten der Standardbildungsenthalpie und der absoluten Entropie erläutert.

Auf Grund der Tatsache, dass infolge der Elektroneutralität in jeder flüssigen Phase stets mindestens zwei verschiedene Ionensorten vorhanden sind, können für ein einzelnes Anion oder Kation prinzipiell keine Bildungsenthalpien bestimmt werden. Dies ist erst dann möglich, wenn für ein bestimmtes Ion ein Wert willkürlich festgelegt wird. Als Konvention wird die freie Enthalpie bei der Bildung von Wasserstoffionen in der ideal verdünnten einmolalen wässerigen Lösung beim Standarddruck p^0 für **alle** Temperaturen zu Null gesetzt. Dies bedeutet gemäß

$$h = \frac{\partial(\mu/T)}{\partial(1/T)}, \qquad s = -\frac{\partial\mu}{\partial T}, \tag{2.6.8}$$

dass gleichzeitig auch die Enthalpie und Entropie bei der Bildung von H^+-Ionen für alle Temperaturen gleich Null sind, d.h.

$$\Delta_f G^0_{H^+} = \Delta_f H^0_{H^+} = S^0_{H^+} = 0 \tag{2.6.9}$$

und damit

$$c^{*,m}_{p,H^+}(T,p^0) = 0. \tag{2.6.10}$$

Auf dieser Basis können, z.B. aus EMK-Messungen (s. Kap. 5), konsistente Werte für die freie Enthalpie der übrigen Ionen ermittelt werden. Aus der Temperaturabhängigkeit dieser Daten lassen sich dann wiederum nach Gl. (2.6.8) konsistente Enthalpie- und Entropiewerte sowie spezifische Wärmekapazitäten für die Einzelionen berechnen.

Dieselbe Nullpunktskonvention wie für die H^+-Ionen gilt im Übrigen auch für die Elektronen in der Lösung, d.h.

$$\Delta_f G^0_{e^-} = \Delta_f H^0_{e^-} = S^0_{e^-} = c_{p,e^-}(T,p^0) = 0. \tag{2.6.11}$$

Diese Festlegung wird zur Berechnung der freien Reaktionsenthalpie von Halbreaktionen wie z.B. Gl. (2.1.11), in denen Elektronen explizit als Reaktionspartner auftreten, benötigt. Aus Gl. (2.6.9) und (2.6.11) folgt, dass die freie Reaktionsenthalpie der an der Wasserstoffelektrode ablaufenden Reaktion

$$2\,H^+ + 2\,e^- \rightleftharpoons H_2(g)$$

unter Standardbedingungen ebenfalls gleich Null ist.

Thermodynamische Standarddaten sind für zahlreiche Elektrolyte und Nichtelektrolyte in verschiedenen Datensammlungen zusammengefasst (z.B. Wagman et al. 1982; Bard et al. 1985; Reid et al. 1987; Knacke et al. 1991; VDI-Wärmeatlas 2000). Außerdem können Bildungswerte im Idealgaszustand über Inkrement-Methoden abgeschätzt werden (z.B. Reid et al. 1987). Die chemischen Potenziale im flüssigen oder gelösten Zustand können hieraus berechnet werden (s. Abschn. 2.8). Auch zur Abschätzung von Bildungswerten für Ionen, insbesondere ihrer Temperaturabhängigkeit, existieren verschiedene Modelle in der Literatur (Criss u. Cobble 1964; Shock u. Helgeson 1988; Tanger u. Helgeson 1988).

Die tabellierten Werte für gelöste Substanzen beziehen sich nahezu ausschließlich auf das Lösungsmittel Wasser und sind mit der Abkürzung 'aq' oder 'ao' gekennzeichnet. Für starke Elektrolyte, die in hoch verdünnten Lösungen praktisch nicht in undissoziierter Form vorliegen, werden auch Standardwerte auf der Basis vollständiger Dissoziation angegeben. Diese ergeben sich aus einer Kombination der Einzelionenbeiträge und werden für Berechnungen mit stöchiometrischer Spezifizierung benötigt. Um eine Verwechslung mit den Daten für die undissoziierten Spezies zu vermeiden, werden die Daten der stöchiometrischen Betrachtungsweise in den NBS-Tabellen von Wagman et al. (1982) mit 'ai' bezeichnet. In der Datensammlung von Bard et al. (1985) wird auf diese Kennzeichnung verzichtet. Stattdessen sind die undissoziierten Spezies durch das Attribut 'Undiss.' markiert. Das *mittlere chemische Potenzial* des vollständig dissoziierten Elektrolyten und die Verwendung der entsprechenden Standarddaten wird in Abschn. 2.9 und in den Beispielen erläutert.

2.7 Fugazitäts- und Aktivitätskoeffizienten

Das reale Zustandsverhalten der Komponenten wird unter Bezugnahme auf die genannten Referenzsysteme durch Einführung dimensionsloser Hilfsfunktionen, die aus experimentellen Daten ermittelt oder mit theoretischen Methoden abgeschätzt werden können, beschrieben. Diese Hilfsgrößen sind, wie in diesem Kapitel gezeigt wird, die Fugazitäts- und Aktivitätskoeffizienten. Die Fugazitätskoeffizienten berücksichtigen dabei die Abweichungen vom Idealgasverhalten für Reinstoffe und Gemische, während die Aktivitätskoeffizienten die Abweichungen vom Verhalten der idealen bzw. ideal verdünnten Lösung erfassen.

Ausgangspunkt aller folgenden Überlegungen ist das chemische Potenzial. Als Funktion der in der Technik üblicherweise verwendeten Zustandsgrößen Temperatur, Druck und Zusammensetzung ist das chemische Potenzial in der Thermodynamik eine fundamentale Größe, aus der alle übrigen Zustandsgrößen durch Ableitung gewonnen werden können. Für die Druckabhängigkeit des chemischen Potenzials gilt allgemein

$$d\mu = v\, dp \qquad (T, \{x_k\} = \text{const.}). \tag{2.7.1}$$

Im idealen Gas erhält man mit $v^{ig} = RT/p$ daraus

$$d\mu^{ig} = \frac{RT}{p}\, dp = RT\, d\ln p, \tag{2.7.2a}$$

bzw.

$$d\mu_i^{ig} = \frac{RT}{p_i}\, dp_i = RT\, d\ln p_i. \tag{2.7.2b}$$

Um diese grundsätzliche, logarithmische Abhängigkeit auch auf reale Fluide anwenden zu können, wird der Druck in Gl. (2.7.2) formal durch eine neue, zunächst unbekannte Größe, die sog. *Fugazität f*, ersetzt. Man erhält so

$$d\mu(T, p, \{x_k\}) = RT\, d\ln f(T, p, \{x_k\}) \qquad (T, \{x_k\} = \text{const.}), \tag{2.7.3a}$$

bzw.

$$d\mu_i(T, p, \{x_k\}) = RT\, d\ln f_i(T, p, \{x_k\}) \qquad (T, \{x_k\} = \text{const.}). \tag{2.7.3b}$$

Gleichung (2.7.3) ist die Definitionsgleichung für die Fugazität, die hier die freie Enthalpie formal ersetzt und damit auch ihre fundamentalen Eigenschaften übernimmt. Aus einem Vergleich zwischen Gl. (2.7.2) und (2.7.3) wird deutlich, dass die Fugazität im Falle des idealen Gases gleich dem Systemdruck p bzw. dem Partialdruck p_i ist, d.h.

$$f^{ig} = f_{0i}^{ig} = p, \qquad (2.7.4a)$$

bzw.

$$f_i^{ig} = p_i. \qquad (2.7.4b)$$

Die Fugazität ist damit ein korrigierter Druck, der gegenüber dem physikalischen Systemdruck p gerade so festgelegt ist, dass Gl. (2.7.3) erfüllt wird.

Die Integration von Gl. (2.7.3) von einem beliebigen Referenzzustand bis zum aktuellen Zustand liefert:

$$\mu - \mu(\text{ref}) = RT \ln\left(\frac{f}{f(\text{ref})}\right), \qquad (2.7.5a)$$

bzw.

$$\mu_i - \mu_i(\text{ref}) = RT \ln\left(\frac{f_i}{f_i(\text{ref})}\right). \qquad (2.7.5.b)$$

Gleichung (2.7.5) ist eine fundamentale Grundgleichung der Chemischen Thermodynamik und Ausgangspunkt für die praktische Berechnung der chemischen Potenziale. Der Referenzzustand kann dabei völlig frei gewählt werden. Nimmt man beispielsweise das ideale Gasgemisch bei T und p als Bezugszustand, so erhält man aus Gl. (2.7.5)

$$\mu(T,p,\{x_k\}) - \mu^{ig}(T,p,\{x_k\}) = RT \ln\left[\frac{f(T,p,\{x_k\})}{f^{ig}(T,p,\{x_k\})}\right] \qquad (2.7.6)$$
$$= RT \ln \phi(T,p,\{x_k\}).$$

In Gl. (2.7.6) wurde der *Fugazitätskoeffizient* ϕ eingeführt, der in dimensionsloser Form die Abweichungen vom Idealgasverhalten ausdrückt. Für ideale Gase nimmt er den Wert Eins an:

$$\phi^{ig}(T,p,\{x_k\}) = 1. \qquad (2.7.7)$$

Analog erhält man für die Fugazitätskoeffizienten der reinen Komponenten und die Fugazitätskoeffizienten der Komponenten im Gemisch

$$\mu_{0i}(T,p) - \mu_{0i}^{ig}(T,p) = RT \ln\left[\frac{f_{0i}(T,p)}{f_{0i}^{ig}(T,p)}\right] = RT \ln \phi_{0i}(T,p), \qquad (2.7.8)$$

$$\mu_i(T,p,\{x_k\}) - \mu_i^{\text{ig}}(T,p,\{x_k\}) = RT \ln\left[\frac{f_i(T,p,\{x_k\})}{f_i^{\text{ig}}(T,p,\{x_k\})}\right] \tag{2.7.9}$$

$$= RT \ln \phi_i(T,p,\{x_k\}).$$

mit $\phi_{0i}^{\text{ig}} = \phi_i^{\text{ig}} = 1$. Für die Fugazitäten folgt aus Gl. (2.7.6), (2.7.8) und (2.7.9)

$$f = \phi\, p, \tag{2.7.10}$$

$$f_{0i} = \phi_{0i}\, p, \tag{2.7.11}$$

$$f_i = x_i\, \phi_i\, p. \tag{2.7.12}$$

Wird in Gl. (2.7.5) der Reinstoffzustand bei T und p im selben Aggregatzustand als Bezugszustand gewählt, so ergibt sich

$$\mu_i(T,p,\{x_k\}) - \mu_{0i}(T,p) = RT \ln\left[\frac{f_i(T,p,\{x_k\})}{f_{0i}(T,p)}\right] \tag{2.7.13}$$

$$= RT \ln a_i^0(T,p,\{x_k\}).$$

Gleichung (2.7.13) ist die Definitionsgleichung für die *Aktivität* $a_i^0 \equiv f_i/f_{0i}$ einer Komponente in einer Mischphase. Der Index 0 kennzeichnet dabei, dass die Aktivität auf den Reinstoffzustand der Komponente bezogen ist. Für Reinstoffe gilt dementsprechend

$$a_i^0(T,p,x_i = 1) = 1. \tag{2.7.14}$$

Die Definition der Aktivität ist nur dann sinnvoll, wenn die Komponente i aktuell im selben Aggregatzustand wie im Referenzzustand vorliegt. Das Referenzsystem der idealen Lösung ist per definitionem gegeben durch

$$f_i^{\text{iL}}(T,p,x_i) \equiv x_i\, f_{0i}(T,p). \tag{2.7.15}$$

Damit erhält man für die Aktivität der idealen Lösung

$$a_i^{\text{iL}} = \frac{f_i^{\text{iL}}}{f_{0i}} = x_i. \tag{2.7.16}$$

Die Aktivität einer Komponente in einer realen Mischphase kann somit als korrigierter Molenbruch aufgefasst werden. Aus diesem Grund wird die Aktivität sinnvollerweise in das Produkt aus dem Molenbruch und dem *Aktivitätskoeffizienten* γ_i^0 aufgespalten:

$$a_i^0(T,p,\{x_k\}) = x_i\, \gamma_i^0(T,p,\{x_k\}). \tag{2.7.17}$$

Der Aktivitätskoeffizient erfasst somit die Abweichungen vom Mischungsverhalten der idealen Lösung. Er ist jedoch nur dann eine sinnvolle Größe, wenn die betrachtete Komponente im Gemisch und im Reinstoffzustand bei T und p im selben Aggregatzustand vorliegt. Für die Fugazität einer Komponente erhält man:

$$f_i(T,p,\{x_k\}) = a_i^0(T,p,\{x_k\}) f_{0i}(T,p) = x_i \gamma_i^0 f_{0i}. \qquad (2.7.18)$$

Wie der Vergleich zwischen Gl. (2.7.15) und (2.7.18) zeigt, nimmt der Aktivitätskoeffizient in der idealen Lösung erwartungsgemäß den Wert Eins an. Darüber folgt aus Gl. (2.7.14) und (2.7.17), dass der Aktivitätskoeffizient auch im Reinstoff gleich Eins ist:

$$\gamma_i^0(T,p,x_i=1) = 1. \qquad (2.7.19)$$

Im Referenzsystem der ideal verdünnten Lösung gilt per definitionem für die Fugazität einer in einem flüssigen Lösungsmittel oder Lösungsmittelgemisch LM gelösten Komponente i[4]

$$f_i^{\mathrm{ivL}}(T,p,x_i) = \lim_{x_{\mathrm{LM}} \to 1} f_i^1(T,p,\{x_k\}) \equiv x_i H_{i,\mathrm{LM}}(T,p), \qquad (2.7.20a)$$

bzw.

$$f_i^{\mathrm{ivL}}(T,p,x_i) = \lim_{\Sigma x_{\mathrm{LM}} \to 1} f_i^1(T,p,\{x_k\}) \equiv x_i H_{i,\mathrm{LM}}(T,p). \qquad (2.7.20b)$$

In Systemen mit einem einzelnen Lösungsmittel wird häufig die Molalität als Konzentrationsmaß verwendet. In diesem Falle gilt analog zu Gl. (2.7.20a)

$$f_i^{\mathrm{ivL}}(T,p,m_i) = \lim_{x_{\mathrm{LM}} \to 1} f_i^1(T,p,\{m_k\}) \equiv m_i H_{i,\mathrm{LM}}^m(T,p). \qquad (2.7.21)$$

In diesen Definitionsgleichungen, die als *Henrysches Gesetz* bekannt sind, bezeichnen $H_{i,\mathrm{LM}}$ und $H_{i,\mathrm{LM}}^m$ den auf den Molenbruch bzw. die Molalität bezogenen *Henry-Koeffizienten*, der ein Maß für die Löslichkeit einer Komponente i in einem Lösungsmittel oder Lösungsmittelgemisch darstellt. Der Henry-Koeffizient einer gelösten Komponente ist damit nicht nur eine Funktion von Temperatur und Druck, sondern hängt zudem auch von der Art des jeweiligen Lösungsmittels ab. Das Henrysche Gesetz ist das Grenzgesetz für die Konzentrationsabhängigkeit der Fugazität bei unendlicher Verdünnung. Für die Umrechnung zwischen den Henry-Koeffizienten gilt unter Berücksichtigung von Gl. (2.2.4)

$$\frac{H_{i,\mathrm{LM}}^m}{H_{i,\mathrm{LM}}} = \lim_{x_{\mathrm{LM}} \to 1} \frac{f_i^1/m_i}{f_i^1/x_i} = \lim_{x_{\mathrm{LM}} \to 1} \frac{x_i}{m_i} = \frac{M_{\mathrm{LM}}}{1000}. \qquad (2.7.22)$$

---

[4] Die Schreibweise $x_{\mathrm{LM}} \to 1$ bzw. $\Sigma\, x_{\mathrm{LM}} \to 1$ an Stelle der üblichen Formulierung $x_i \to 0$ soll darauf hinweisen, dass im Zustand der unendlichen Verdünnung keine weiteren Komponenten gelöst sind.

Analog zu Gl. (2.7.18) werden die Abweichungen vom Verhalten der ideal verdünnten Lösung durch Einführung weiterer Aktivitätskoeffizienten erfasst. Es gilt

$$f_i^{l}(T,p,\{x_k\}) = x_i\,\gamma_i^{*}\,H_{i,\mathrm{LM}},\qquad(2.7.23)$$

bzw.

$$f_i^{l}(T,p,\{x_k\}) = m_i\,\gamma_i^{*,m}\,H_{i,\mathrm{LM}}^{m}.\qquad(2.7.24)$$

Die auf die ideal verdünnte Lösung bezogenen Aktivitätskoeffizienten γ_i^{*} und
$\gamma_i^{*,m}$ werden als *rationelle Aktivitätskoeffizienten* bezeichnet. Gleichsetzen von
Gl. (2.7.23) und (2.7.24) liefert unter Berücksichtigung von Gl. (2.2.1) und
(2.7.22)

$$\gamma_i^{*,m} = x_{\mathrm{LM}}\,\gamma_i^{*}.\qquad(2.7.25)$$

Im Falle unendlicher Verdünnung gehen Gl. (2.7.23) und (2.7.24) in das Henrysche Grenzgesetz der ideal verdünnten Lösung über. Damit folgt für die rationellen Aktivitätskoeffizienten der gelösten Komponenten

$$\gamma_i^{*}(T,p,x_{\mathrm{LM}}=1) = \gamma_i^{*,m}(T,p,x_{\mathrm{LM}}=1) = 1,\qquad(2.7.26a)$$

bzw. in einem Lösungsmittelgemisch

$$\gamma_i^{*}(T,p,\textstyle\sum x_{\mathrm{LM}}=1) = 1.\qquad(2.7.26b)$$

Der Henry-Koeffizient stellt gemäß Gl. (2.7.23) und (2.7.26) die Steigung der
Konzentrationsabhängigkeit der Fugazität im Grenzzustand der unendlichen Verdünnung dar:

$$H_{i,\mathrm{LM}} = \lim_{x_{\mathrm{LM}}\to1}\frac{f_i^{l}}{x_i}\quad\text{bzw.}\quad H_{i,\mathrm{LM}} = \lim_{\sum x_{\mathrm{LM}}\to1}\frac{f_i^{l}}{x_i}.\qquad(2.7.27)$$

Einsetzen von Gl. (2.7.18) liefert

$$H_{i,\mathrm{LM}}(T,p) = \lim_{x_{\mathrm{LM}}\to1}\gamma_i^{0}f_{0i}^{l} = f_{0i}^{l}\lim_{x_{\mathrm{LM}}\to1}\gamma_i^{0}$$
$$= f_{0i}^{l}\,\gamma_{i,\mathrm{LM}}^{\infty} = \gamma_{i,\mathrm{LM}}^{\infty}(T,p)\,\phi_{0i}^{l}(T,p)\,p.\qquad(2.7.28)$$

Der Aktivitätskoeffizient $\gamma_{i,\mathrm{LM}}^{\infty}$ der Komponente i bei unendlicher Verdünnung
wird als *Grenzaktivitätskoeffizient* bezeichnet. Er ist genau wie der Henry-
Koeffizient ein Maß für die Löslichkeit einer Komponente i in einem Lösungsmittel oder Lösungsmittelgemisch und stellt eine wichtige Kenngröße bei der
Auswahl von Lösungsmitteln dar. Experimentelle Werte sind u. a. in Gmehling et
al. (1986, 1994) zusammengestellt. Gleichsetzen von Gl. (2.7.18) und (2.7.23) liefert unter Berücksichtigung von Gl. (2.7.28) eine Verknüpfung zwischen dem auf
den Reinstoff bezogenen und dem rationellen Aktivitätskoeffizienten:

$$\gamma_i^* \, H_{i,\mathrm{LM}} \;=\; \gamma_i^0 \, f_{0i}^1 \qquad \rightarrow \qquad \gamma_i^* \;=\; \frac{\gamma_i^0}{\gamma_{i,\mathrm{LM}}^\infty}. \tag{2.7.29}$$

Gleichung (2.7.29) ist eine wichtige Beziehung zur Umrechnung der unterschiedlich normierten Aktivitätskoeffizienten.

Die Fugazität im Bezugszustand der ideal verdünnten einmolalen Lösung ist gegeben durch

$$f_i^{*,m}(T,p) \;=\; m^* \, H_{i,\mathrm{LM}}^m(T,p), \quad \text{mit} \quad m^* = 1\,\mathrm{mol\,kg^{-1}}. \tag{2.7.30}$$

Abbildung 2.5 zeigt am Beispiel des Systems Wasser(1) + Methanol(2) die Grenzgesetze der idealen und ideal verdünnten Lösung im Vergleich zum realen Mischungsverhalten. Die Zustandsgrößen der ideal verdünnten Lösung lassen sich experimentell durch konzentrationsabhängige Messungen bei niedrigen Konzentrationen und anschließende Extrapolation auf die unendliche Verdünnung bestimmen. Diese Vorgehensweise wird bei der Bestimmung chemischer Potenziale und Aktivitätskoeffizienten aus EMK- und ISE-Messungen in Kap. 5 anschaulich dargestellt. Die Lage des Bezugszustandes der ideal verdünnten einmolalen Lösung in Abb. 2.5 verdeutlicht, dass dieser Referenzzustand durch die Extrapolation des bei unendlicher Verdünnung geltenden Henryschen Gesetzes erreicht wird und somit hypothetischer Natur ist.

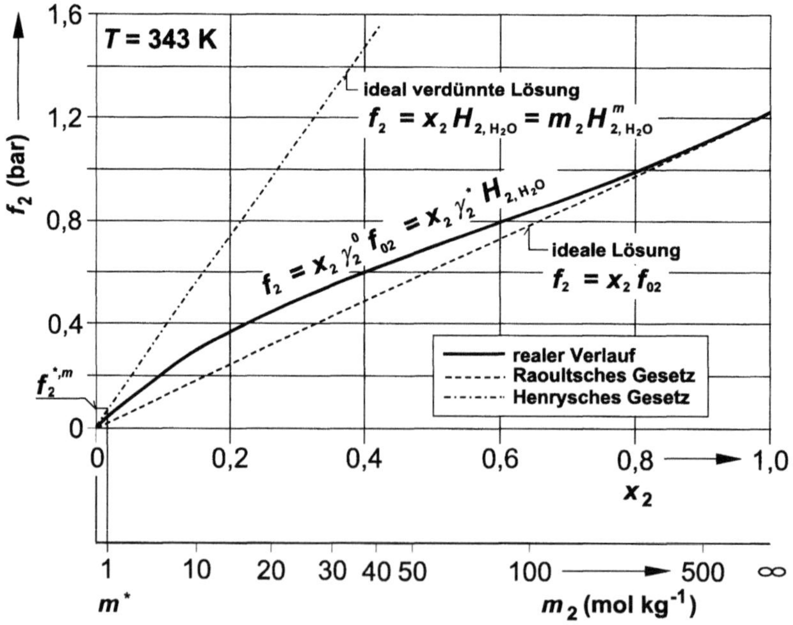

Abb. 2.5. Konzentrationsabhängigkeit der Fugazität von Methanol in Wasser bei 70 °C

Unter Bezugnahme auf die ideal verdünnte einmolale Lösung und Verwendung des Henry-Koeffizienten erhält man mit Gl. (2.7.24) aus Gl. (2.7.5)

$$\mu_i^1(T,p,\{x_k\}) - \mu_i^{*,m}(T,p) = RT\ln\left[\frac{f_i^1(T,p,\{x_k\})}{f_i^{*,m}(T,p)}\right]$$

$$= RT\ln\left[\frac{m_i\,\gamma_i^{*,m}\,H_{i,\mathrm{LM}}^m}{m^*\,H_{i,\mathrm{LM}}^m}\right] = RT\ln\left(\frac{m_i}{m^*}\gamma_i^{*,m}\right) \qquad (2.7.31)$$

In verschiedenen Anwendungsfällen ist die Verwendung des Molenbruchs praktischer als die der Molalität. Dazu wird als Bezugskonzentration für das chemische Potenzial an Stelle der Einheitsmolalität m^* der Molenbruch $x_i^* = 1$ gewählt. Analog zu Gl. (2.7.31) erhält man somit

$$\mu_i^1(T,p,\{x_k\}) - \mu_i^*(T,p) = RT\ln\left[\frac{f_i^1(T,p,\{x_k\})}{f_i^*(T,p)}\right]$$

$$= RT\ln\left[\frac{x_i\,\gamma_i^*\,H_{i,\mathrm{LM}}}{x_i^*\,H_{i,\mathrm{LM}}}\right] = RT\ln(x_i\,\gamma_i^*) \qquad (2.7.32)$$

Das chemische Potenzial μ_i^* der Komponente i in der ideal verdünnten Lösung bei $x_i^* = 1$ ist üblicherweise nicht tabelliert, sondern muss aus den Daten für die ideal verdünnte einmolale Lösung ermittelt werden. Der Vergleich von Gl. (2.7.31) und Gl. (2.7.32) liefert mit Gl. (2.2.1) und (2.7.25) für die Umrechnung

$$\mu_i^*(T,p) = \mu_i^{*,m}(T,p) - RT\ln\left(\frac{M_{\mathrm{LM}}\,m^*}{1000}\right) \qquad (2.7.33)$$

Die Verwendung von Fugazitäts- und Aktivitätskoeffizienten ist prinzipiell nicht an spezielle Phasen geknüpft. Aus praktischen Gründen werden Aktivitätskoeffizienten jedoch überwiegend zur Beschreibung des Mischungsverhaltens flüssiger und fester Phasen verwendet, während für die Zustandsabhängigkeit gasförmiger Komponenten zumeist Fugazitätskoeffizienten eingesetzt werden. Die Berechnung des Realgasverhaltens von Reinstoffen und Gemischen erfolgt auf der Basis thermischer Zustandsgleichungen, während für die Ermittlung von Aktivitätskoeffizienten für die flüssige Mischphase zumeist spezielle Mischungsmodelle verwendet werden. Diese Modelle werden, wie in Kap. 4 gezeigt wird, zumeist für die *freie Exzessenthalpie* G^E entwickelt, die als Differenz zwischen dem chemischen Potenzial einer Mischphase und der entsprechenden idealen Lösung definiert ist:

$$G^{\mathrm{E}} \equiv n\left\{\mu(T,p,\{x_k\}) - \mu^{\mathrm{iL}}(T,p,\{x_k\})\right\}$$

$$= \sum_i^K n_i\left(\mu_{0i} + RT\ln a_i^0\right) - \sum_i^K n_i\left(\mu_{0i} + RT\ln x_i\right) \qquad (2.7.34)$$

$$= RT\sum_i^K n_i \ln\gamma_i^0 \, ,$$

bzw. für Lösungen

$$G^{\mathrm{E}} = \sum_{\mathrm{LM}} n_{\mathrm{LM}}\left(\mu_{0,\mathrm{LM}} + RT\ln a_{\mathrm{LM}}^0\right) + \sum_{i\neq\mathrm{LM}}^K n_i\left(\mu_i^{*,m}(T,p) + RT\ln a_i^{*,m}\right)$$

$$- \left\{\sum_{\mathrm{LM}} n_{\mathrm{LM}}\left(\mu_{0,\mathrm{LM}} + RT\ln x_{\mathrm{LM}}\right) + \sum_{i\neq\mathrm{LM}}^K n_i\left(\mu_i^{*,m}(T,p) + RT\ln\frac{m_i}{m^*}\right)\right\}$$

$$= RT\left(\sum_{\mathrm{LM}} n_{\mathrm{LM}}\ln\gamma_{\mathrm{LM}}^0 + \sum_{i\neq\mathrm{LM}}^K n_i\ln\gamma_i^{*,m}\right). \qquad (2.7.35)$$

Für die partielle molare freie Exzessenthalpie der Lösungsmittel folgt daraus

$$(\mu_{\mathrm{LM}}^{\mathrm{E}})^0 = \frac{\partial G^{\mathrm{E}}}{\partial n_{\mathrm{LM}}} = \frac{\partial(ng^{\mathrm{E}})}{\partial n_{\mathrm{LM}}} = RT\ln\gamma_{\mathrm{LM}}^0 \, , \qquad (2.7.36)$$

und für die gelösten Komponenten

$$(\mu_i^{\mathrm{E}})^{*,m} = \frac{\partial G^{\mathrm{E}}}{\partial n_i} = \frac{\partial(ng^{\mathrm{E}})}{\partial n_i} = RT\ln\gamma_i^{*,m} \, . \qquad (2.7.37)$$

Abschließend sei darauf hingewiesen, dass Aktivitäts- und Fugazitätskoeffizienten leicht ineinander umgerechnet werden können. Es gilt

$$a_i^0 = x_i\gamma_i^0 = \frac{f_i}{f_{0i}} = \frac{x_i\,\phi_i\,p}{\phi_{0i}\,p} = x_i\frac{\phi_i}{\phi_{0i}}$$

$$\rightarrow \quad \gamma_i^0 = \frac{\phi_i}{\phi_{0i}}. \qquad (2.7.38)$$

2.8 Die praktische Berechnung chemischer Potenziale

Die Berechnung von Phasen- und Reaktionsgleichgewichten setzt die Kenntnis der chemischen Potenziale aller in den verschiedenen Phasen auftretenden Komponenten voraus. Die Bestimmung der chemischen Potenziale erfolgt ausgehend von den tabellierten Werten der kalorischen Daten in den verschiedenen Standardzuständen. Ausgangspunkt aller folgenden Überlegungen ist wiederum Gl. (2.7.5). Wählt man den Reinstoffzustand im idealen Gas beim Standarddruck p^0 als Bezugspunkt, so erhält man daraus mit Gl. (2.7.4) und (2.7.12) für das chemische Potenzial einer in einer Mischphase gelösten Komponente

$$\mu_i(T,p,\{x_k\}) = \mu_{0i}^{\mathrm{ig}}(T,p^0) + RT \ln\left[\frac{f_i(T,p,\{x_k\})}{f_{0i}^{\mathrm{ig}}(T,p^0)}\right]$$

$$= \mu_{0i}^{\mathrm{ig}}(T,p^0) + RT \ln\left(\frac{x_i\,\phi_i\,p}{p^0}\right). \tag{2.8.1}$$

Gleichung (2.8.1) gilt nicht nur für die Gasphase, sondern kann grundsätzlich auch zur Berechnung der chemischen Potenziale vom Komponenten in flüssigen Mischphasen eingesetzt werden. Voraussetzung dafür ist jedoch eine thermische Zustandsgleichung, die sowohl den Gas- als auch den Flüssigkeitsbereich mit hinreichender Genauigkeit beschreibt. Dabei muss neben der Temperatur- und Druckabhängigkeit insbesondere auch die Konzentrationsabhängigkeit im gesamten Zustandsbereich gut wiedergegeben werden. Im Bereich unterkritischer Temperaturen und mäßiger Drücke, bei denen die Druckabhängigkeit des Flüssigkeitsvolumens vernachlässigt werden kann, ist die Kombination einer einfachen Zustandsgleichung, die nur für die Gasphase gilt, und eines Aktivitätskoeffizientenmodells, das das Mischungsverhalten der Flüssigphase beschreibt, in der Regel wesentlich effizienter. Die Annahme einer konstanten Flüssigkeitsdichte vereinfacht darüber hinaus den Rechenaufwand erheblich.

Nach Einführung des Aktivitätskoeffizienten erhält man aus Gl. (2.7.5) unter Bezugnahme auf die reine Komponente im flüssigen Zustand mit Gl. (2.7.18) für die Flüssigkeit:

$$\mu_i^1(T,p,\{x_k\}) = \mu_{0i}^1(T,p) + RT \ln\left[\frac{f_i^1(T,p,\{x_k\})}{f_{0i}^1(T,p)}\right]$$

$$= \mu_{0i}^1(T,p) + RT \ln a_i^0(T,p,\{x_k\}) \tag{2.8.2}$$

$$= \mu_{0i}^1(T,p) + RT \ln[x_i\,\gamma_i^0(T,p,\{x_k\})].$$

Für die Umrechnung auf den Standarddruck p^0 folgt durch Integration von Gl. (2.7.1) mit v_{0i}^1 als molarem Volumen der reinen Komponente im flüssigen Zustand:

$$\mu_{0i}^{\mathrm{l}}(T,p) = \mu_{0i}^{\mathrm{l}}(T,p^0) + \int_{p^0}^{p} v_{0i}^{\mathrm{l}}\,\mathrm{d}p \tag{2.8.3}$$

und somit

$$\mu_{i}^{\mathrm{l}}(T,p,\{x_k\}) = \mu_{0i}^{\mathrm{l}}(T,p^0) + RT\ln(x_i\,\gamma_i^0) + \int_{p^0}^{p} v_{0i}^{\mathrm{l}}\,\mathrm{d}p. \tag{2.8.4}$$

In vielen praktischen Fällen erweist es sich als günstig, für das chemische Potenzial der Flüssigkeit nicht die reine Flüssigkeit, sondern den Idealgaszustand der reinen Komponente als Bezugszustand zu wählen. Zur Elimination von μ_{0i}^{l} wird in Gl. (2.8.4) zunächst als Bezugsdruck der Dampfdruck p_{0i}^{lv} der reinen Komponente an Stelle des Standarddruckes gewählt:

$$\mu_{i}^{\mathrm{l}}(T,p,\{x_k\}) = \mu_{0i}^{\mathrm{l}}(T,p_{0i}^{\mathrm{lv}}) + RT\ln(x_i\,\gamma_i^0) + \int_{p_{0i}^{\mathrm{lv}}}^{p} v_{0i}^{\mathrm{l}}\,\mathrm{d}p. \tag{2.8.5}$$

Für das Dampf-Flüssig-Phasengleichgewicht der reinen Komponente gilt

$$\begin{aligned}
\mu_{0i}^{\mathrm{l}}(T,p_{0i}^{\mathrm{lv}}) &= \mu_{0i}^{\mathrm{g}}(T,p_{0i}^{\mathrm{lv}}) \\
&= \mu_{0i}^{\mathrm{ig}}(T,p^0) + RT\ln\!\left(\frac{\phi_{0i}^{\mathrm{lv}}\,p_{0i}^{\mathrm{lv}}}{p^0}\right).
\end{aligned} \tag{2.8.6}$$

Im zweiten Teil der Gleichung wurde von Gl. (2.8.1) mit $x_i = 1$ und $p = p_{0i}^{\mathrm{lv}}$ Gebrauch gemacht. Der Fugazitätskoeffizient des Reinstoffes beim Sättigungszustand ist dabei durch $\phi_{0i}^{\mathrm{lv}}(T,p_{0i}^{\mathrm{lv}})$ gegeben. Einsetzen von Gl. (2.8.6) in Gl. (2.8.5) liefert schließlich als praktische Berechnungsgleichung

$$\begin{aligned}
\mu_{i}^{\mathrm{l}}(T,p,\{x_k\}) = {}&\mu_{0i}^{\mathrm{ig}}(T,p^0) + RT\ln(\phi_{0i}^{\mathrm{lv}}\,p_{0i}^{\mathrm{lv}}/p^0) \\
&+ RT\ln(x_i\,\gamma_i^0) + \int_{p_{0i}^{\mathrm{lv}}}^{p} v_{0i}^{\mathrm{l}}\,\mathrm{d}p.
\end{aligned} \tag{2.8.7}$$

Gleichung (2.8.7) enthält den Dampfdruck p_{0i}^{lv} der reinen Komponente i und kann somit nur für unterkritische Temperaturen ausgewertet werden. Die Berechnung der Löslichkeit überkritischer Komponenten oder schwach löslicher Gase erfolgt unter Bezug auf den Idealgaszustand üblicherweise mit Hilfe des Henry-Koeffizienten. Wählt man den Idealgaszustand der reinen Komponente beim Standarddruck p^0 als Bezugszustand der Integration, so erhält man aus Gl. (2.7.3) mit Gl. (2.7.24):

$$\mu_i^1(T, p, \{x_k\}) = \mu_{0i}^{\mathrm{ig}}(T, p^0) + RT \ln\left[\frac{f_i^1(T, p, \{x_k\})}{f_{0i}^{\mathrm{ig}}(T, p^0)}\right]$$

$$= \mu_{0i}^{\mathrm{ig}}(T, p^0) + RT \ln\left[\frac{m_i\, \gamma_i^{*,m}\, H_{i,\mathrm{LM}}^m}{p^0}\right],$$

(2.8.8)

bzw. mit Gl. (2.7.23):

$$\mu_i^1(T, p, \{x_k\}) = \mu_{0i}^{\mathrm{ig}}(T, p^0) + RT \ln\left[\frac{x_i\, \gamma_i^*\, H_{i,\mathrm{LM}}}{p^0}\right].$$

(2.8.9)

Unter Bezugnahme auf die ideal verdünnte einmolale Lösung beim Standard-druck erhält man aus Gl. (2.7.31) für das chemische Potenzial der gelösten Ionen und undissoziierten Spezies:

$$\mu_i^1(T, p, \{x_k\}) = \mu_i^{*,m}(T, p^0) + RT \ln\left(\frac{m_i}{m^*}\gamma_i^{*,m}\right) + \int_{p^0}^{p} v_i^* \, \mathrm{d}p.$$

(2.8.10)

Darin bezeichnet $v_i^* = v_i^{*,m}$ das partielle molare Volumen der Komponente i bei unendlicher Verdünnung. Bei Verwendung von Molenbrüchen an Stelle von Mo-lalitäten folgt aus Gl. (2.7.32)

$$\mu_i^1(T, p, \{x_k\}) = \mu_i^*(T, p^0) + RT \ln(x_i \gamma_i^*) + \int_{p^0}^{p} v_i^* \, \mathrm{d}p.$$

(2.8.11)

Für den Henry-Koeffizienten $H_{i,\mathrm{LM}}^m$ folgt durch Gleichsetzen von Gl. (2.8.8) und (2.8.10) unter Vernachlässigung der Druckabhängigkeit:

$$H_{i,\mathrm{LM}}^m(T, p^0) = \frac{p^0}{m^*} \exp\{[\mu_i^{*,m}(T, p^0) - \mu_{0i}^{\mathrm{ig}}(T, p^0)]/RT\}$$

(2.8.12)

Der Henry-Koeffizient ist damit keine neue, unabhängige Größe, sondern stellt im Wesentlichen eine Kombination chemischer Potenziale in verschiedenen Refe-renzzuständen dar.

Bei der Anwendung der Gln. (2.8.8) bis (2.8.12) auf Systeme, die mehrere Lö-sungsmittel enthalten, ist unbedingt zu beachten, dass die Größen $\mu_i^{*,m}$, $H_{i,\mathrm{LM}}^m$ und $\gamma_i^{*,m}$ bzw. μ_i^*, $H_{i,\mathrm{LM}}$ und γ_i^* jeweils auf einen einheitlichen Referenzzu-stand bezogen sein müssen. Neben der Normierung auf die ideal verdünnte ein-molale Lösung im Lösungsmittelgemisch bietet sich in der Praxis bei Systemen mit Wasser auf Grund des dafür vorliegenden umfangreichen Datenmaterials auch der Bezug auf die ideal verdünnte einmolale wässerige Lösung an. Die Normierung der rationellen Aktivitätskoeffizienten erfolgt nach Gl. (2.7.29) dementsprechend entweder mit dem Grenzaktivitätskoeffizienten im Lösungsmittelgemisch oder dem in reinem Wasser.

Für feste Phasen können analoge Beziehungen zur Berechnung der chemischen Potenziale verwendet werden. Als Bezugszustand wird in Gl. (2.8.4) an Stelle der reinen Flüssigkeit der des reinen Feststoffs verwendet. Das molare Flüssigkeitsvolumen ist durch das des reinen Feststoffs zu ersetzen. In Gl. (2.8.7) tritt der Sublimationsdruck p_{0i}^{sv} an die Stelle des Dampfdruckes. Die Aktivitätskoeffizienten beziehen sich entsprechend auf die feste Mischphase. Als praktische Berechnungsgleichungen erhält man somit

$$\mu_i^s(T,p,\{x_k^s\}) = \mu_{0i}^s(T,p^0) + RT\ln[x_i^s\,\gamma_i^{0,s}(T,p,\{x_k^s\})] + \int_{p^0}^{p} v_{0i}^s\,\mathrm{d}p \qquad (2.8.13)$$

und

$$\mu_i^s(T,p,\{x_k^s\}) = \mu_{0i}^{ig}(T,p^0) + RT\ln(\phi_{0i}^{sv}\,p_{0i}^{sv}/p^0)$$

$$+ RT\ln(x_i^s\,\gamma_i^{0,s}) + \int_{p_{0i}^{sv}}^{p} v_{0i}^s\,\mathrm{d}p. \qquad (2.8.14)$$

Insgesamt ist die Berechnung chemischer Potenziale in Gasen, Flüssigkeiten und Feststoffen damit auf tabellierte Standarddaten und Reinstoffeigenschaften sowie auf Aktivitäts- und Fugazitätskoeffizienten zurückgeführt worden. Welche Gleichung im Einzelfall die günstigste ist, hängt ganz wesentlich von dem jeweils vorhandenen Datenmaterial ab. Grundsätzlich sollte das gewählte Referenzsystem möglichst nahe am aktuellen Systemzustand liegen. Insbesondere für Komponenten, die nur in geringer Konzentration gelöst sind, empfiehlt sich daher die ideal verdünnte einmolale Lösung als Referenzzustand. Dies bietet den Vorteil, dass der Einfluss der dabei zu verwendenden rationellen Aktivitätskoeffizienten $\gamma_i^{*,m}$ oder γ_i^{*} wesentlich geringer ist als der Einfluss der auf den Reinstoff bezogenen Aktivitätskoeffizienten γ_i^0.

Bei mäßigen Drücken können die Fugazitätskoeffizienten in der Gasphase näherungsweise zu Eins gesetzt werden. Weiterhin ist die Druckkorrektur in diesem Fall vernachlässigbar. Die Aktivitätskoeffizienten weichen dagegen, wie in Kap. 4 gezeigt wird, in Elektrolytlösungen schon bei sehr niedrigen Konzentrationen deutlich von Eins ab und können daher in aller Regel nicht vernachlässigt werden.

2.9 Das mittlere chemische Potenzial des Elektrolyten

Wie in Kap. 3 gezeigt wird, ist es bei der Entwicklung praktischer Berechnungsgleichungen für Phasen- und Reaktionsgleichgewichte in vielen Fällen günstig, diese nicht für die Einzelionen, sondern für den Elektrolyten zu formulieren. Dasselbe gilt bei der Verwendung publizierter Messdaten für Elektrolyte, die unter der Annahme vollständiger Dissoziation angegeben sind.

Für das chemische Potenzial eines Kations und Anions gilt per definitionem

$$\mu_c \equiv \left(\frac{\partial G}{\partial n_c}\right)_{T,p,n_a,n_{LM},n_u} \quad , \quad \mu_a \equiv \left(\frac{\partial G}{\partial n_a}\right)_{T,p,n_c,n_{LM},n_u} \tag{2.9.1}$$

Dabei bezeichnet n_c, n_a die Stoffmengen der Kationen und Anionen, n_{LM} und n_u sind die Stoffmengen des Lösungsmittels und des undissoziierten Elektrolyten. Anhand von Gl. (2.9.1) wird deutlich, dass die experimentelle Bestimmung der Einzelpotenziale μ_c und μ_a und aller daraus ableitbaren Größen infolge der Änderung der Stoffmenge einer Ionensorte bei Konstanz aller übrigen gegen die Bedingung der Elektroneutralität verstoßen würde und somit nicht oder nur mit Einschränkungen möglich ist.

Das mittlere chemische Potenzial eines Elektrolyten, der gemäß

$$C_{v_c} A_{v_a} \rightarrow v_c C^{z_c} + v_a A^{z_a} \tag{2.9.2}$$

in einem Lösungsmittel vollständig dissoziiert ($n_u = 0$), erhält man aus

$$\mu_{\pm} \equiv \left(\frac{\partial G}{\partial n_{tot}}\right)_{T,p,n_{LM}} = \left(\frac{\partial G}{\partial n_c}\right)\left(\frac{\partial n_c}{\partial n_{tot}}\right) + \left(\frac{\partial G}{\partial n_a}\right)\left(\frac{\partial n_a}{\partial n_{tot}}\right) \tag{2.9.3}$$

$$= v_c \mu_c + v_a \mu_a$$

mit n_{tot} als Gesamtstoffmenge des Elektrolyten. Gleichung (2.9.3) verdeutlicht, dass die Linearkombination der chemischen Potenziale der Ionen eine experimentell zugängliche Größe ist, da die Variation der Stoffmenge des Elektrolyten bei Konstanz von Temperatur, Druck und der Lösungsmittelmenge die Elektroneutralität nicht verletzt.

Durch Einsetzen von Gl. (2.8.10) in Gl. (2.9.3) erhält man für das mittlere chemische Potenzial des dissoziierten Elektrolyten unter Vernachlässigung der Druckabhängigkeit den Ausdruck

$$\mu_{\pm} = v_c \mu_c^{*,m} + v_a \mu_a^{*,m} + v_{\pm} RT \ln\left(\frac{m_{\pm}}{m^*}\gamma_{\pm}^{*,m}\right) \tag{2.9.4}$$

mit

$$v_{\pm} = v_c + v_a \tag{2.9.5}$$

als Gesamtzahl der Ionen des Elektrolyten. Der mittlere Ionenaktivitätskoeffizient $\gamma_{\pm}^{*,m}$ und die mittlere Molalität des Elektrolyten $m_{\pm}$ sind definiert als

$$\gamma_{\pm}^{*,m} \equiv \left[(\gamma_c^{*,m})^{\nu_c} (\gamma_a^{*,m})^{\nu_a} \right]^{1/\nu_{\pm}} \tag{2.9.6}$$

und

$$m_{\pm} \equiv \left(m_c^{\nu_c} \, m_a^{\nu_a} \right)^{1/\nu_{\pm}}. \tag{2.9.7}$$

Die mittlere Molalität ist eine praktische Rechengröße, die, wie im weiteren noch gezeigt wird, zusammen mit dem mittleren Ionenaktivitätskoeffizienten in den Berechnungsgleichungen für das chemische Gleichgewicht auftritt. Sie ist für 1-1-Elektrolyte bei vollständiger Dissoziation identisch mit der pauschalen Molalität m_{tot} des Elektrolyten. Allgemein gilt

$$m_{\pm} = \left(\nu_c^{\nu_c} \, \nu_a^{\nu_a} \right)^{1/\nu_{\pm}} m_{tot}. \tag{2.9.8}$$

Nach Einführung der mittleren Ionenaktivität

$$a_{\pm}^{*,m} \equiv \frac{m_{\pm}}{m^*} \gamma_{\pm}^{*,m} \tag{2.9.9}$$

erhält man für das mittlere chemische Potenzial des Elektrolyten

$$\begin{aligned} \mu_{\pm} &= \nu_c \, \mu_c^{*,m} + \nu_a \, \mu_a^{*,m} + \nu_{\pm} \, RT \ln a_{\pm}^{*,m} \\ &= \mu_{\pm}^{*,m} + \nu_{\pm} \, RT \ln a_{\pm}^{*,m}. \end{aligned} \tag{2.9.10}$$

Für praktische Rechnungen wird das mittlere chemische Potenzial des Elektrolyten im Standardzustand genau wie für die Ionen und die undissoziierten Spezies gleich der freien Standardbildungsenthalpie gesetzt:

$$\mu_{\pm}^{*,m}(T^0, p^0) = \Delta_f G_{ca(ai)}^0(*,m) = \nu_c \, \Delta_f G_c^0(*,m) + \nu_a \, \Delta_f G_a^0(*,m). \tag{2.9.11}$$

Die Bezeichnung 'ai' kennzeichnet dabei in den Tabellenwerken, dass der Elektrolyt vollständig dissoziiert vorliegt. Die eingeführten mittleren Größen $\gamma_{\pm}^{*,m}$, $m_{\pm}$ und $\mu_{\pm}^{*,m}$ können jedoch auch unabhängig von der Annahme vollständiger Dissoziation verwendet werden. Sie erlauben die Kombination der mittleren Elektrolytgrößen aus den Einzelionengrößen sowohl auf Basis stöchiometrischer Spezifizierung, d.h. vollständiger Dissoziation, als auch auf Basis der wahren Zusammensetzung.

Bei einer Reihe von Elektrolyten, wie z.B. $CaSO_4 \cdot (\tfrac{1}{2}H_2O)$ oder $Ba(OH)_2 \cdot (8H_2O)$ ist im festen Zustand eine Anzahl von Wassermolekülen als Kristallwasser angelagert. Bei der Auflösung werden diese Hydratmoleküle gemäß

$$C_{\nu_c} A_{\nu_a} \cdot (h\,H_2O) \rightarrow \nu_c C^{z_c} + \nu_a A^{z_a} + h\,H_2O \tag{2.9.12}$$

abgespalten. Für das mittlere chemische Potenzial gilt in diesem Fall

$$\mu_{ca} \equiv \left(\frac{\partial G}{\partial n_{tot}}\right)_{T,p,n_{LM}}$$

$$= \left(\frac{\partial G}{\partial n_c}\right)\left(\frac{\partial n_c}{\partial n_{tot}}\right) + \left(\frac{\partial G}{\partial n_a}\right)\left(\frac{\partial n_a}{\partial n_{tot}}\right) + \left(\frac{\partial G}{\partial n_{H_2O}}\right)\left(\frac{\partial n_{H_2O}}{\partial n_{tot}}\right) \qquad (2.9.13)$$

$$= \nu_c \mu_c + \nu_a \mu_a + h\mu_{H_2O}$$

und damit

$$\mu_{\pm} = \nu_c \mu_c^{*,m} + \nu_a \mu_a^{*,m} + \nu_{\pm} RT \ln a_{\pm}^{*,m} + h(\mu_{0,H_2O}^{l} + RT \ln a_{H_2O}^{0}). \qquad (2.9.14)$$

2.10 Der osmotische Koeffizient

Zur Beschreibung von Elektrolytlösungen wird häufig als weitere Funktion der *osmotische Koeffizient* ϕ des Lösungsmittels benutzt. Definitionsgemäß gilt für das Lösungsmittel:

$$\mu_{LM}^{l}(T,p,\{x_k\}) = \mu_{0,LM}^{l}(T,p) + \phi RT \ln x_{LM}. \qquad (2.10.1)$$

Der Vergleich mit Gl. (2.8.2) liefert

$$\phi \equiv \frac{\ln a_{LM}^{0}}{\ln x_{LM}}. \qquad (2.10.2)$$

Der osmotische Koeffizient weicht besonders bei hohen Verdünnungen viel stärker von Eins ab als der Aktivitätskoeffizient γ_{LM}^{0} des Lösungsmittels und ist ein wesentlich empfindlicheres Maß für die Abweichungen des Lösungsmittels vom idealen Mischungsverhalten. Im Grenzfall der unendlichen Verdünnung nimmt er den Wert Eins an, d.h.:

$$\phi(x_{LM} = 1) = 1. \qquad (2.10.3)$$

Üblicherweise wird der osmotische Koeffizient nicht in der oben angegebenen exakten Formulierung, sondern in Form einer Näherungsgleichung verwendet, in der der Logarithmus des Molenbruchs der Lösungsmittels durch eine nach dem ersten Glied abgebrochene Taylorentwicklung approximiert wird. Nach Gl. (2.2.3) gilt

$$\ln x_{LM} \equiv -\ln\left(1 + \frac{M_{LM}}{1000}\sum_{j \neq LM} m_j\right) \approx -\frac{M_{LM}}{1000}\sum_{j \neq LM} m_j. \qquad (2.10.4)$$

Einsetzen von Gl. (2.10.4) in Gl. (2.10.2) liefert schließlich den bekannten Ausdruck

$$\phi \equiv -\frac{1000}{M_{LM} \sum\limits_{j \neq LM} m_j} \ln a_{LM}^0 .$$

(2.10.5)

In der Praxis wird Gl. (2.10.5) heute üblicherweise nicht nur bei hohen Verdünnungen, sondern an Stelle der ursprünglichen Definition im gesamten Konzentrationsbereich verwendet.

Das chemische Potenzial des Lösungsmittels, und damit auch seine Aktivität und der osmotische Koeffizient, ist über die bekannte *Gibbs/Duhem*-Gleichung

$$\sum\limits_{i}^{K} x_i \, d\mu_i = 0 \qquad (T, p = \text{const.}),$$

(2.10.6)

d.h.

$$x_{LM} \, d\ln a_{LM}^0 + \sum\limits_{i \neq LM} x_i \, d\ln a_i^{*,m} = 0 \qquad (T, p = \text{const.}),$$

(2.10.7)

mit den Aktivitäten der gelösten Komponenten verknüpft. Unter Berücksichtigung von Gl. (2.2.1) erhält man damit

$$d\ln a_{LM}^0 = -\frac{M_{LM}}{1000} \sum\limits_{i \neq LM} m_i \, d\ln\left(\frac{m_i}{m^*} \gamma_i^{*,m}\right).$$

(2.10.8)

Die Differenziation von Gl. (2.10.5) liefert nach Einsetzen in Gl. (2.10.8):

$$d\left(\sum\limits_{i} m_i \, \phi\right) = \sum\limits_{i} m_i \, d\ln\left(\frac{m_i}{m^*} \gamma_i^{*,m}\right) = \sum\limits_{i} d m_i + \sum\limits_{i} m_i \, d\ln\gamma_i^{*,m}$$

(2.10.9)

Nach Integration erhält man daraus:

$$\phi = 1 + \frac{1}{\sum\limits_{j \neq LM} m_j} \sum\limits_{i \neq LM} \int\limits_{0}^{m_i} m_i \, d\ln\gamma_i^{*,m} .$$

(2.10.10)

Unter der Annahme vollständiger Dissoziation, d.h. $\sum\limits_{j \neq LM} m_j = \nu_\pm \, m_{tot}$, folgt aus Gl. (2.10.9) für einen einzelnen Elektrolyten

$$d(m_{tot} \, \phi) = d m_{tot} + m_{tot} \, d\ln\gamma_\pm^{*,m} ,$$

(2.10.11)

bzw.

$$d\ln\gamma_\pm^{*,m} = d\phi + \frac{\phi - 1}{m_{tot}} d m_{tot} .$$

(2.10.12)

Durch Integration von $m_{tot} = 0$ bis zur aktuellen Konzentration m_{tot} erhält man aus Gl. (2.10.11)

$$\phi \;=\; 1 + \frac{1}{m_{\mathrm{tot}}} \int_0^{m_{\mathrm{tot}}} m_{\mathrm{tot}} \; \mathrm{d}\ln\gamma_{\pm}^{*,m}\,,$$

(2.10.13)

und aus Gl. (2.10.12)

$$\ln\gamma_{\pm}^{*,m} \;=\; \phi - 1 + \int_0^{m_{\mathrm{tot}}} \frac{\phi - 1}{m_{\mathrm{tot}}}\, \mathrm{d}m_{\mathrm{tot}}\,.$$

(2.10.14)

Für eine numerische Integration ist Gl. (2.10.14) ungeeignet, da sich der Ausdruck (ϕ -1) im Bereich hoher Verdünnung proportional zu $\sqrt{m}$ verhält, und der Integrand an der unteren Integrationsgrenze daher eine Singularität besitzt, d.h.[5]

$$\lim_{m_{\mathrm{tot}}\to 0} \frac{\phi - 1}{m_{\mathrm{tot}}} \;=\; -\infty\,.$$

(2.10.15)

Ersetzt man die Integrationsvariable m_{tot} durch $\sqrt{m_{\mathrm{tot}}}$, so kann diese Singularität behoben werden. Als numerisch auswertbare Beziehung erhält man an Stelle von Gl. (2.10.14)

$$\ln\gamma_{\pm}^{*,m} \;=\; \phi - 1 + 2 \int_0^{\sqrt{m_{\mathrm{tot}}}} \frac{\phi - 1}{\sqrt{m_{\mathrm{tot}}}}\, \mathrm{d}\sqrt{m_{\mathrm{tot}}}$$

(2.10.16)

mit

$$\lim_{m_{\mathrm{tot}}\to 0} \frac{\phi - 1}{\sqrt{m_{\mathrm{tot}}}} \;=\; \mathrm{const.}$$

(2.10.17)

Beispiel 2.11 zeigt die Überlegenheit von Gl. (2.10.16) gegenüber Gl. (2.10.14).

2.11 Die Berechnung der Enthalpien

Formal können die Enthalpien mit Hilfe der bekannten *Gibbs/Helmholtz*-Gleichung

$$h_i \;=\; -T^2 \frac{\partial \mu_i / T}{\partial T}\,.$$

(2.11.1)

direkt aus den angegebenen Beziehungen für die chemischen Potenziale berechnet werden. Aus Gl. (2.8.1), (2.8.4), (2.8.7), (2.8.10) und (2.8.11) erhält man beispielsweise

---

[5] Die Grenzwertbetrachtungen in Gl. (2.10.15) und (2.10.17) können mit den in Abschn. 4.1 vorgestellten Beziehungen für das Grenzgesetz von Debye u. Hückel nachvollzogen werden.

$$h_i(T,p,\{x_k\}) = h_{0i}^{\mathrm{ig}}(T) - RT^2 \frac{\partial \ln \phi_i}{\partial T}, \tag{2.11.2}$$

$$h_i^{\mathrm{l}}(T,p,\{x_k\}) = h_{0i}^{\mathrm{ig}}(T)$$

$$- RT^2 \left(\frac{\partial \ln \gamma_i^0}{\partial T} + \frac{\partial \ln(\phi_{0i}^{\mathrm{lv}}\, p_{0i}^{\mathrm{lv}}\, / p^0)}{\partial T} + \frac{\partial}{\partial T}\frac{1}{RT} \int\limits_{p_{0i}^{\mathrm{lv}}}^{p} v_{0i}^{\mathrm{l}}\, \mathrm{d}p \right), \tag{2.11.3}$$

$$h_i^{\mathrm{l}}(T,p,\{x_k\}) = h_{0i}^{\mathrm{l}}(T,p^0) - RT^2 \left(\frac{\partial \ln \gamma_i^0}{\partial T} + \frac{\partial}{\partial T} \int\limits_{p^0}^{p} v_{0i}^{\mathrm{l}} / RT\, \mathrm{d}p \right), \tag{2.11.4}$$

$$h_i^{\mathrm{l}}(T,p,\{x_k\}) = h_i^{*,m}(T,p^0) - RT^2 \left(\frac{\partial \ln \gamma_i^{*,m}}{\partial T} + \frac{\partial}{\partial T} \int\limits_{p^0}^{p} v_i^{*} / RT\, \mathrm{d}p \right), \tag{2.11.5}$$

$$h_i^{\mathrm{l}}(T,p,\{x_k\}) = h_i^{*}(T,p^0) - RT^2 \left(\frac{\partial \ln \gamma_i^{*}}{\partial T} + \frac{\partial}{\partial T} \int\limits_{p^0}^{p} v_i^{*} / RT\, \mathrm{d}p \right). \tag{2.11.6}$$

Für das ideale Gas erhält man aus Gl. (2.11.2)

$$h_i^{\mathrm{ig}}(T,\{x_k\}) = h_{0i}^{\mathrm{ig}}(T). \tag{2.11.7}$$

Für die ideale ($\gamma_i^0 = 1$) bzw. ideal verdünnte Lösung ($\gamma_i^{*,m} = \gamma_i^{*} = 1$) liefern Gl. (2.11.4), (2.11.5) und (2.11.6) unter Vernachlässigung der Druckabhängigkeit

$$h_i^{\mathrm{iL}}(T,p,\{x_k\}) = h_{0i}^{\mathrm{l}}(T,p^0), \tag{2.11.8}$$

$$h_i^{\mathrm{ivL}}(T,p,\{x_k\}) = h_i^{*,m}(T,p^0) = h_i^{*}(T,p^0). \tag{2.11.9}$$

Die Gleichungen (2.11.7) bis (2.11.9) verdeutlichen, dass die partiellen molaren Enthalpien der Komponenten in den verschiedenen Referenzsystemen konzentrationsunabhängig sind. Daraus folgt insbesondere, dass die Enthalpie, und damit auch die molare Wärmekapazität, im Referenzzustand der ideal verdünnten einmolalen Lösung gleich der Enthalpie bei unendlicher Verdünnung ist:

$$h_i^{*,m}(T,p^0) = h_i^{*}(T,p^0) = h_i^{\infty}(T,p^0),$$

$$c_{p,i}^{*,m}(T,p^0) = c_{p,i}^{*}(T,p^0) = c_{p,i}^{\infty}(T,p^0). \tag{2.11.10}$$

Dies gilt nicht für die Entropie und das chemische Potenzial.

In Gl. (2.11.2) bis (2.11.6) treten die Temperaturgradienten der Fugazitäts- und Aktivitätskoeffizienten sowie des molaren Flüssigkeitsvolumens auf. Für eine hinreichend genaue Berechnung der Enthalpien werden insbesondere für die Aktivitätskoeffizienten präzise Temperaturfunktionen benötigt. Da diese nur selten zur Verfügung stehen, wird für praktische Rechnungen in der Regel auf Enthalpiewerte zurückgegriffen, die in einfachen kalorimetrischen Versuchen mit guter Genauigkeit experimentell bestimmt werden können. Für reine Elektrolyte wie z.B. gasförmiges HCl oder feste Salze und Hydroxide wird als sog. *Lösungsenthalpie* oder *Lösungswärme (enthalpy* oder *heat of solution)*, die Enthalpiedifferenz gemessen, die bei der Lösung von 1 mol eines Elektrolyten in einer unendlichen Menge Lösungsmittel auftritt. Für Elektrolytlösungen wird dagegen als *integrale Verdünnungsenthalpie (enthalpy of dilution)* stets die Enthalpieänderung angegeben, die bei der Verdünnung der Ausgangslösung mit einer unendlichen Menge an Lösungsmittel entsteht. Zumeist sind diese Daten für den Standardzustand tabelliert. Die Enthalpiewerte sind dabei in der Regel auf die Stoffmenge des Elektrolyten und nicht der Ausgangslösung bezogen. In beiden Fällen wird als Endlösung die unendliche Verdünnung erreicht, in der sich Lösungsmittel und Gelöstes ideal bzw. ideal verdünnt verhalten. Die Enthalpie des Lösungsmittels ist daher in diesem Zustand entsprechend Gl. (2.11.8) durch den Reinstoffwert und die Enthalpie des gelösten Elektrolyten gemäß Gl. (2.11.9) durch den Wert der ideal verdünnten einmolalen Lösung gegeben.

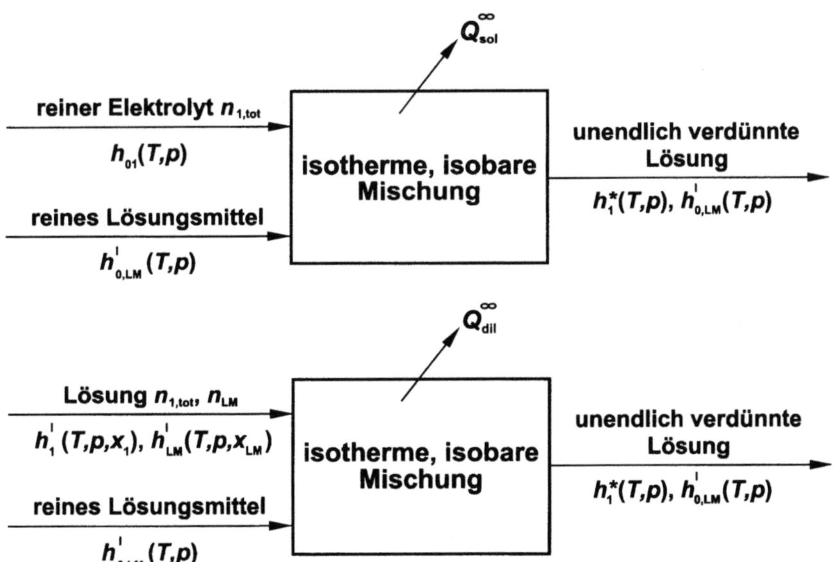

Abb.2.6. Energiebilanz bei isothermer, isobarer Lösung und Verdünnung eines Elektrolyten

Für die Lösungswärme, die bei der Lösung oder Verdünnung von 1 mol eines reinen gasförmigen oder festen Elektrolyten (Komponente 1) bis zur unendlichen Verdünnung in einem reinem Lösungsmittel unter isothermen, isobaren Bedingungen entsteht, ergibt sich aus der Energiebilanz des in Abb. 2.6 dargestellten Mischungsprozesses unter der Voraussetzung vollständiger Dissoziation

$$Q_{\text{sol}}^{\infty}(T,p) \;=\; n_{\text{c}}\, h_{\text{c}}^{\infty}(T,p) + n_{\text{a}}\, h_{\text{a}}^{\infty}(T,p) - n_{1,\text{tot}}\, h_{01}(T,p) \tag{2.11.11}$$

bzw.

$$\begin{aligned}
\Delta_{\text{sol},\infty}H(T,p) &= \frac{Q_{\text{sol}}^{\infty}(T,p)}{n_{1,\text{tot}}} = v_{\text{c}}\, h_{\text{c}}^{\infty}(T,p) + v_{\text{a}}\, h_{\text{a}}^{\infty}(T,p) - h_{01}(T,p) \\
&= v_{\text{c}}\, h_{\text{c}}^{*}(T,p) + v_{\text{a}}\, h_{\text{a}}^{*}(T,p) - h_{01}(T,p).
\end{aligned} \tag{2.11.12}$$

Die Enthalpie des Lösungsmittels tritt in diesen Gleichungen nicht auf, da sich diese nicht verändert, sondern vor und nach der Lösung des Elektrolyten gleich dem Reinstoffwert ist.

Für die in Abb. 2.6 ebenfalls dargestellte Verdünnung einer Lösung mit einem einzelnen Elektrolyten der Konzentration x_1 liefert der 1. Hauptsatz

$$\begin{aligned}
Q_{\text{dil}}^{\infty}(T,p,x_1) \;=\;& n_{1,\text{tot}}\, \{h_1^{\infty}(T,p) - h_1^{1}(T,p,x_1)\} \\
&+ n_{\text{LM}}\, \{h_{0,\text{LM}}^{1}(T,p) - h_{\text{LM}}^{1}(T,p,x_1)\}
\end{aligned} \tag{2.11.13}$$

und somit

$$\begin{aligned}
\Delta_{\text{dil},\infty}H(T,p,x_1) \;=\;& \frac{Q_{\text{dil}}^{\infty}(T,p,x_1)}{n_{1,\text{tot}}} \\[1em]
=\;& \{h_1^{\infty}(T,p) - h_1^{1}(T,p,x_1)\} \\[1em]
&+ \frac{x_{\text{LM}}}{x_1}\, \{h_{0,\text{LM}}^{1}(T,p) - h_{\text{LM}}^{1}(T,p,x_1)\} \\[1em]
=\;& \{h_1^{*}(T,p) - h_1^{1}(T,p,x_1)\} \\[1em]
&+ \frac{x_{\text{LM}}}{x_1}\, \{h_{0,\text{LM}}^{1}(T,p) - h_{\text{LM}}^{1}(T,p,x_1)\}
\end{aligned} \tag{2.11.14}$$

mit

$$x_{\text{LM}} \;=\; 1 - x_{1,\text{tot}}.$$

Gleichung (2.11.14) verdeutlicht, dass sich die integrale Verdünnungsenthalpie $\Delta_{\text{dil},\infty}H$ aus zwei Beiträgen zusammensetzt, die aus der Lösung des Elektrolyten (Komponente 1) und der Verdünnung des Lösungsmittels der Ausgangslösung resultieren. Die Enthalpie des zur Verdünnung zugesetzten Lösungsmittels bleibt auch hier unverändert. Der erste Klammerausdruck wird gelegentlich als *differenzielle Lösungsenthalpie* bezeichnet, während der zweite als *differenzielle Verdün-*

nungsenthalpie bekannt ist. Formal handelt es sich bei beiden Klammerausdrük-
ken um die (mit einem Minuszeichen multiplizierten) partiellen molaren *Exzess-
enthalpien* des gelösten Elektrolyten und des Lösungsmittels. Die integrale Verdünnungswärme $Q_{\mathrm{dil}}^{\infty}$ entspricht daher betragsmäßig auch der Exzessenthalpie der
Elektrolytlösung.

Unter der Annahme vollständiger Dissoziation ist die partielle molare Enthalpie
h_1^{l} des Elektrolyten gleich der mittleren Enthalpie $h_{\pm}$, d.h.

$$h_1^{\mathrm{l}} = h_{\pm} = \nu_{\mathrm{c}}\, h_{\mathrm{c}}\,(T,p,\{x_{\mathrm{K}}\}) + \nu_{\mathrm{a}}\, h_{\mathrm{a}}(T,p,\{x_{\mathrm{K}}\}). \qquad (2.11.15)$$

Analog zur freien Enthalpie wird die mittlere Enthalpie eines Elektrolyten im
Standardzustand für praktische Rechnungen gleich der Standardbildungsenthalpie
im Zustand vollständiger Dissoziation gesetzt:

$$\begin{aligned}
h_{\pm}^{*}(T^0,p^0) &= \nu_{\mathrm{c}}\, h_{\mathrm{c}}^{*}(T^0,p^0) + \nu_{\mathrm{a}}\, h_{\mathrm{a}}^{*}(T^0,p^0) = h_{\pm}^{\infty}(T^0,p^0) \\
&= \Delta_{\mathrm{f}} H_{\mathrm{ca(ai)}}^{0}(*,m) = \nu_{\mathrm{c}}\, \Delta_{\mathrm{f}} H_{\mathrm{c}}^{0}(*,m) + \nu_{\mathrm{a}}\, \Delta_{\mathrm{f}} H_{\mathrm{a}}^{0}(*,m).
\end{aligned} \qquad (2.11.16)$$

Wird eine Elektrolytlösung der Konzentration $x_{1,\alpha}$ nicht bis zur unendlichen
Verdünnung, sondern durch Zugabe der Lösungmittelmenge n_{LM} auf einen endlichen Wert $x_{1,\beta}$ verdünnt, so berechnet sich die Verdünnungswärme aus der Differenz der entsprechenden integralen Verdünnungswärmen:

$$\begin{aligned}
Q_{\mathrm{dil},\alpha\beta} &= n_{1,\mathrm{tot}}\, h_1^{\mathrm{l}}(T,p,x_{1,\beta}) + (n_{\mathrm{LM},\alpha} + n_{\mathrm{LM}})\, h_{\mathrm{LM}}^{\mathrm{l}}(T,p,x_{1,\beta}) \\[2mm]
&\quad - n_{1,\mathrm{tot}}\, h_1^{\mathrm{l}}(T,p,x_{1,\alpha}) \\[2mm]
&\quad - n_{\mathrm{LM},\alpha}\, h_{\mathrm{LM}}^{\mathrm{l}}(T,p,x_{1,\alpha}) - n_{\mathrm{LM}}\, h_{0,\mathrm{LM}}^{\mathrm{l}}(T,p) \\[3mm]
&= n_{1,\mathrm{tot}}\, \{h_1^{\mathrm{l}}(T,p,x_{1,\beta}) - h_1^{\infty}(T,p)\} \\[2mm]
&\quad + (n_{\mathrm{LM},\alpha} + n_{\mathrm{LM}})\, \{h_{\mathrm{LM}}^{\mathrm{l}}(T,p,x_{1,\beta}) - h_{0,\mathrm{LM}}^{\mathrm{l}}(T,p)\} \\[2mm]
&\quad - n_{1,\mathrm{tot}}\, \{h_1^{\mathrm{l}}(T,p,x_{1,\alpha}) - h_1^{\infty}(T,p)\} \\[2mm]
&\quad - n_{\mathrm{LM},\alpha}\, \{h_{\mathrm{LM}}^{\mathrm{l}}(T,p,x_{1,\alpha}) - h_{0,\mathrm{LM}}^{\mathrm{l}}(T,p)\}, \\[3mm]
&= -Q_{\mathrm{dil},\beta}^{\infty}(T,p,x_{1,\beta}) + Q_{\mathrm{dil},\alpha}^{\infty}(T,p,x_{1,\alpha}) \\[2mm]
&= Q_{\mathrm{dil},\alpha}^{\infty} - Q_{\mathrm{dil},\beta}^{\infty}
\end{aligned} \qquad (2.11.17)$$

bzw.

$$
\begin{aligned}
\Delta_{\mathrm{dil},\alpha\beta} H &= \frac{Q_{\mathrm{dil},\alpha\beta}}{n_{1,\mathrm{tot}}} = \{h_1^{\mathrm{l}}(T,p,x_{1,\beta}) - h_1^{\infty}(T,p)\} \\
&\quad + \frac{x_{\mathrm{LM},\beta}}{x_{1,\beta}} \{h_{\mathrm{LM}}^{\mathrm{l}}(T,p,x_{1,\beta}) - h_{0,\mathrm{LM}}^{\mathrm{l}}(T,p)\} \\
&\quad - \{h_1^{\mathrm{l}}(T,p,x_{1,\alpha}) - h_1^{\infty}(T,p)\} \\
&\quad - \frac{x_{\mathrm{LM},\alpha}}{x_{1,\alpha}} \{h_{\mathrm{LM}}^{\mathrm{l}}(T,p,x_{1,\alpha}) - h_{0,\mathrm{LM}}^{\mathrm{l}}(T,p)\} \\
&= -\Delta_{\mathrm{dil},\infty,\beta} H + \Delta_{\mathrm{dil},\infty,\alpha} H = \Delta_{\mathrm{dil},\infty,\alpha} H - \Delta_{\mathrm{dil},\infty,\beta} H .
\end{aligned}
\tag{2.11.18}
$$

Die bei der isothermen, isobaren Lösung eines reinen Elektrolyten in einer endlichen Lösungsmittelmenge zu- oder abzuführende Wärme ergibt sich nach dem 1. Hauptsatz aus der Differenz der Lösungsenthalpie und der integralen Verdünnungsenthalpie:

$$
Q_{\mathrm{sol}}(T,p,x_1) = n_{1,\mathrm{tot}}(\Delta_{\mathrm{sol},\infty} H(T,p) - \Delta_{\mathrm{dil},\infty} H(T,p,x_1))
\tag{2.11.19}
$$

Für praktische Rechnungen sind die Lösungs- und Verdünnungsenthalpien wichtiger Elektrolyte als Funktion der Konzentration tabelliert (z.B. Engels 1990; Lide 1999). Darüber hinaus werden für Elektrolytlösungen auch konzentrationsabhängige Werte der *„scheinbaren Bildungsenthalpie"* $\Delta_{\mathrm{f}}\widetilde{H}^{\mathrm{l}}$ (apparent enthalpy of formation) angegeben (z.B. Wagman et al. 1982). Diese ist definiert durch

$$
\begin{aligned}
H^{\mathrm{l}} &= n_{1,\mathrm{tot}} h_1^{\mathrm{l}}(T,p,x_1) + n_{\mathrm{LM}}\, h_{\mathrm{LM}}^{\mathrm{l}}(T,p,x_1) \\
&= n_{1,\mathrm{tot}}\, \Delta_{\mathrm{f}}\widetilde{H}_1^{\mathrm{l}}(T,p,x_1) + n_{\mathrm{LM}}\, h_{0,\mathrm{LM}}^{\mathrm{l}}(T,p).
\end{aligned}
\tag{2.11.20}
$$

Dies bedeutet, dass der gesamte Betrag einer beobachteten Enthalpieänderung „scheinbar" allein durch den Elektrolyten verursacht und diesem zugewiesen wird. Im Falle der unendlichen Verdünnung ist die partielle molare Enthalpie der Lösungsmittels $h_{\mathrm{LM}}^{\mathrm{l}}$ gleich der des reinen Lösungsmittels $h_{0,\mathrm{LM}}^{\mathrm{l}}$. Somit gilt

$$
\Delta_{\mathrm{f}}\widetilde{H}_1^{\mathrm{l},\infty}(T,p) = h_1^{\mathrm{l},\infty}(T,p) = h_1^{*}(T,p),
\tag{2.11.21}
$$

d.h. im Grenzfall der unendlichen Verdünnung bzw. der ideal verdünnten einmolalen Lösung ist die scheinbare Enthalpie des gelösten Elektrolyten gleich seiner partiellen molaren Enthalpie. Nach Einsetzen von Gl. (2.11.20) und (2.11.21) in Gl. (2.11.13), (2.11.14) und (2.11.18) erhält man

$$
Q_{\mathrm{dil}}^{\infty} = n_{1,\mathrm{tot}} (\Delta_{\mathrm{f}}\widetilde{H}_1^{\mathrm{l},\infty} - \Delta_{\mathrm{f}}\widetilde{H}_1^{\mathrm{l}}),
\tag{2.11.22}
$$

$$\Delta_{\text{dil},\infty} H \ = \ \frac{Q_{\text{dil}}^{\infty}}{n_{1,\text{tot}}} \ = \ \Delta_{\text{f}} \widetilde{H}_{1}^{1,\infty} - \Delta_{\text{f}} \widetilde{H}_{1}^{1} \tag{2.11.23}$$

und

$$\Delta_{\text{dil},\alpha\beta} H \ = \ \Delta_{\text{dil},\infty,\alpha} H - \Delta_{\text{dil},\infty,\beta} H \ = \ \Delta_{\text{f}} \widetilde{H}_{1,\beta}^{1} - \Delta_{\text{f}} \widetilde{H}_{1,\alpha}^{1} \ . \tag{2.11.24}$$

Abbildung 2.7 zeigt als Beispiel den Verlauf der scheinbaren Standardbildungs-enthalpie von HCl in wässeriger Lösung bei 25 °C als Funktion des Molanteils des gelösten Elektrolyten. Bei unendlicher Verdünnung wird asymptotisch der Standardwert der ideal verdünnten Lösung erreicht. Die Differenz zwischen diesem Grenzwert und dem aktuellen Wert bei einer Konzentration x entspricht gemäß Gl. (2.11.23) der integralen Verdünnungsenthalpie $\Delta_{\text{dil},\infty} H$ bei dieser Konzentration.

Die Anwendung der in diesem Abschnitt entwickelten Beziehungen zur Beschreibung von Wärmeeffekten wird in Beispiel 2.12 veranschaulicht.

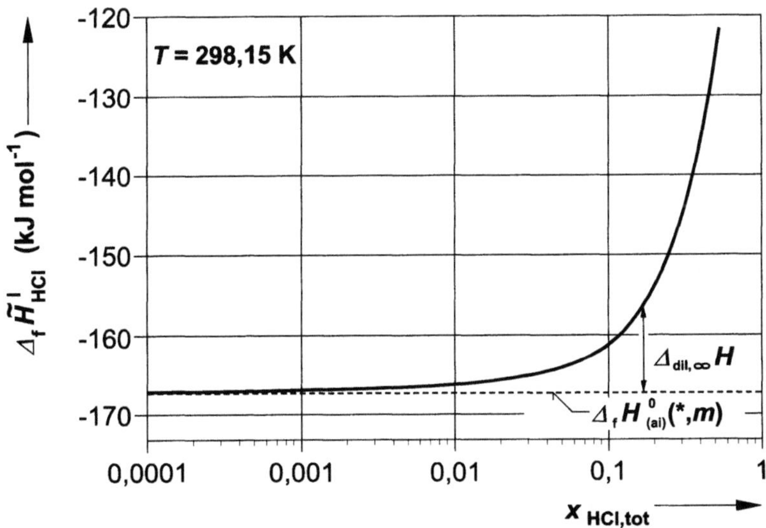

Abb. 2.7. Konzentrationsabhängigkeit der scheinbaren Bildungsenthalpie von HCl in wässeriger Lösung bei 25 °C (Exp. Werte aus Wagman et al. (1982))

2.12 Beispiele

Beispiel 2.1

Gegeben ist eine 5-molale wässerige Calciumchlorid-Lösung bei 20 °C. Berechnen Sie den pauschalen Mol- und Massenanteil sowie die Molarität von $CaCl_2$ und den (wahren) Molanteil der Ionen und des Wassers unter der Annahme vollständiger Dissoziation. Wie groß ist die Molalität des Wassers?

<u>Stoffdaten:</u> $\rho_L = 1{,}346\ kg\ dm^{-3}$

$M_{CaCl_2} = 110{,}98\ g\ mol^{-1}$, $M_{H_2O} = 18{,}015\ g\ mol^{-1}$

Lösung

Der pauschale Molanteil folgt durch Einsetzen in Gl. (2.2.2) zu

$$x_{CaCl_2,tot} = \frac{m_{CaCl_2,tot}}{m_{CaCl_2,tot} + \dfrac{1000}{M_{H_2O}}} = 5 / (5 + 1000 / 18{,}015) = 0{,}0826.$$

Den pauschalen Massenanteil erhält man aus Gl. (2.2.7)

$$w_{CaCl_2,tot} = \frac{m_{CaCl_2,tot} \dfrac{M_{CaCl_2}}{1000}}{m_{CaCl_2,tot} \dfrac{M_{CaCl_2}}{1000} + 1} = (5 \cdot 0{,}11098) / (5 \cdot 0{,}11098 + 1) = 0{,}3569.$$

Im Gegensatz zu Molalität, Molanteil und Massenanteil ist die Molarität von der Dichte der betrachteten Lösung (L) abhängig. Aus Gl. (2.2.6) erhält man

$$c_{CaCl_2,tot} = m_{CaCl_2,tot}\ \rho_L\ (1 - w_{CaCl_2,tot}).$$

Hierbei wurde die Schließbedingung für die Massenanteile des binären Systems verwendet. Man erhält durch Einsetzen:

$$c_{CaCl_2,tot} = 5\ mol\ kg^{-1} \cdot 1{,}346\ kg\ dm^{-3} \cdot (1 - 0{,}3569) = 4{,}329\ mol\ dm^{-3}.$$

Bei Verwendung der Molarität als Konzentrationsmaß ist zu beachten, dass sich diese auf das Volumen der <u>Lösung</u> und nicht – wie die Molalität – auf die Masse des <u>Lösungsmittels</u> bezieht.

Der Molanteil der Ionen berechnet sich nach Gl. (2.2.2) aus

$$x_{Ca^{2+}} = \frac{m_{Ca^{2+}}}{m_{Ca^{2+}} + m_{Cl^-} + \dfrac{1000}{M_{H_2O}}} = 5 / (5 + 10 + 1000 / 18{,}015) = 0{,}0709$$

$$x_{\text{Cl}^-} = \frac{m_{\text{Cl}^-}}{m_{\text{Ca}^{2+}} + m_{\text{Cl}^-} + \dfrac{1000}{M_{\text{H}_2\text{O}}}} = 10 / (5 + 10 + 1000 / 18{,}015) = 0{,}1418.$$

Für den (wahren) Molanteil des Wassers ergibt sich aus der Schließbedingung

$$x_{\text{H}_2\text{O}} = 1 - 0{,}0709 - 0{,}1418 = 0{,}7873.$$

Dieser Wert ist auf Grund der durch die Dissoziation verursachten Stoffmengenzunahme des Elektrolyten deutlich niedriger als der Wert, der sich aus dem pauschalen Molenbruch berechnet.

Die Molalität des Wassers ist in einer wässerigen Lösung stets konstant und beträgt definitionsgemäß nach Gl. (2.2.1)

$$m_{\text{H}_2\text{O}} = \frac{n_{\text{H}_2\text{O}}}{n_{\text{H}_2\text{O}} \dfrac{M_{\text{H}_2\text{O}}}{1000}} = \frac{1000}{M_{\text{H}_2\text{O}}} = (1000 / 18{,}015) = 55{,}509 \ \text{mol kg}^{-1}.$$

Beispiel 2.2

Es werde die Löslichkeit von Schwefeldioxid in Wasser betrachtet. Das Stoffsystem besteht aus einer Dampfphase mit den Komponenten SO_2 und H_2O, die sich im Gleichgewicht mit einer wässerigen Lösung befindet. In der Flüssigphase sind dabei folgende chemische Reaktionen zu berücksichtigen

$$H_2O(l) \rightleftharpoons H^+ + OH^-,$$
$$SO_2(aq) + H_2O(l) \rightleftharpoons HSO_3^- + H^+,$$
$$HSO_3^- \rightleftharpoons SO_3^{2-} + H^+.$$

Bestimmen Sie die Anzahl der für eine Gleichgewichtsrechnung vorzugebenden Freiheitsgrade, d.h. die frei wählbaren intensiven Zustandsgrößen des Systems.

Lösung

Unter Berücksichtigung der oben aufgeführten chemischen Reaktionen treten im Gleichgewicht folgende Spezies auf

$$H_2O, \ SO_2, \ H^+, \ OH^-, \ HSO_3^-, \ SO_3^{2-}.$$

Für die Anzahl der Freiheitsgrade ergibt sich mit 6 Komponenten, 2 Phasen und 3 Reaktionsgleichungen aus Gl. (2.5.15)

$$F = K - P - R + 1 = 6 - 2 - 3 + 1 = 2,$$

d.h. zur Berechnung des kombinierten Phasen- und Reaktionsgleichgewichts müssen zwei Intensitätsgrößen, z.B. die Temperatur und der SO_2-Molanteil in der Gasphase, vorgegeben werden. Als Berechnungsgleichungen für die verbleibenden 8 der insgesamt 10 unbekannten intensiven Variablen $\{x_K\}$, y_{H_2O}, y_{SO_2}, T und p stehen 2 Phasengleichgewichts- und 3 Reaktionsgleichgewichtsbedingungen, sowie die Elektroneutralitätsbeziehung und die beiden Schließbedingungen für die Molenbrüche in der Dampf- und Flüssigphase zur Verfügung.

Behandelt man die SO_2-Löslichkeit in Wasser wie ein Nichtelektrolytsystem, so treten nur die Komponenten SO_2 und H_2O auf. Die Anzahl der Reaktionsgleichungen ist Null. Aus der Gibbsschen Phasenregel für Nichtelektrolyte, Gl. (2.5.14), folgt damit für die Anzahl der Freiheitsgrade

$$F = K - P + 2 = 2 - 2 + 2 = 2.$$

Es ergeben sich wiederum zwei Freiheitsgrade. Dieses Beispiel zeigt, dass die Gibbssche Phasenregel hinsichtlich der Systembeschreibung völlig unabhängig ist.

Beispiel 2.3

Vervollständigen Sie die folgende Tabelle mit thermodynamischen Standarddaten.

Spezies	Referenz-zustand	$\Delta_f G^0$ [kJ mol^{-1}]	$\Delta_f H^0$ [kJ mol^{-1}]	S^0 [J mol^{-1} K^{-1}]
$H_2O(l)$	0,1	-237,129	-285,830	69,91
H^+	*, m	?	?	?
OH^-	*, m	?	-229,994	-10,75

Lösung

Die thermodynamischen Standarddaten für das H^+-Ion folgen direkt aus der zusätzlichen Nullpunktskonvention für Elektrolytsysteme

$$\Delta_f G^0_{H^+} = \Delta_f H^0_{H^+} = S^0_{H^+} = 0. \tag{2.6.9}$$

Infolge der unterschiedlichen Nullpunkte von Standardentropie und freier Standardbildungsenthalpie ist eine einfache Berechnung von $\Delta_f G^0_{OH^-}$ aus $\Delta_f H^0_{OH^-}$ und $S^0_{OH^-}$ nicht möglich. Es gilt:

$$\Delta_f S^0_{OH^-} = \frac{\Delta_f H^0_{OH^-} - \Delta_f G^0_{OH^-}}{T^0} \neq S^0_{OH^-}. \tag{2.6.6}$$

Zur Bestimmung der freien Standardbildungsenthalpie aus Standardbildungsenthalpie und Standardentropie ist daher die Formulierung einer fiktiven Bildungsre-
aktion für das OH$^-$-Ion notwendig, die nur die in der Tabelle angegebenen Substanzen enthält. Als solche bietet sich an:

$$H_2O(l) \;\rightleftharpoons\; H^+ + OH^- \,.$$

Die Unterschiede in den Nullpunkten heben sich als Folge der Atomerhaltung bei
der Betrachtung chemischer Reaktionen heraus. Insbesondere muss gelten

$$\Delta_f S^0_{H^+} + \Delta_f S^0_{OH^-} - \Delta_f S^0_{H_2O}(l) \;\overset{!}{=}\; S^0_{H^+} + S^0_{OH^-} - S^0_{H_2O}(l). \qquad (B2.3.1)$$

Die gesuchte freie Standardbildungsenthalpie des Hydroxidions erhält man unter
Berücksichtigung von Gl. (B2.3.1) in (2.6.6) zu

$$\Delta_f G^0_{OH^-} = \Delta_f H^0_{OH^-} - T^0 \Delta_f S^0_{OH^-}$$

$$= \Delta_f H^0_{OH^-} - T^0 \left(\Delta_f S^0_{H_2O}(l) - \Delta_f S^0_{H^+} + [S^0_{H^+} + S^0_{OH^-} - S^0_{H_2O}(l)] \right)$$

$$= \Delta_f H^0_{OH^-} - T^0 \left(\frac{\Delta_f H^0_{H_2O}(l) - \Delta_f G^0_{H_2O}(l)}{T^0} - \frac{\Delta_f H^0_{H^+} - \Delta_f G^0_{H^+}}{T^0} \right)$$

$$- T^0 (S^0_{H^+} + S^0_{OH^-} - S^0_{H_2O}(l))$$

$$= (\Delta_f G^0_{H_2O}(l) - \Delta_f G^0_{H^+}) + (\Delta_f H^0_{H^+} + \Delta_f H^0_{OH^-} - \Delta_f H^0_{H_2O}(l))$$

$$- T^0 (S^0_{H^+} + S^0_{OH^-} - S^0_{H_2O}(l))$$

Durch Einsetzen in die Endgleichung erhält man den gesuchten Zahlenwert zu

$$\Delta_f G^0_{OH^-} = -157{,}244 \ \text{kJ mol}^{-1}.$$

Beispiel 2.4

Aus kalorimetrischen Messungen ($T = 298,15$ K) erhält man folgende Werte für die partielle molare Wärmekapazität von Quecksilber(II)chlorid in wässeriger Lösung (Landolt-Börnstein 1977):

$m_{HgCl_2,tot}$	$c_{p,HgCl_2(aq)}$
[mol kg^{-1}]	[J mol^{-1} K^{-1}]
0,075	190,8
0,151	198,6
0,231	257,4

Bestimmen Sie hieraus die molare Wärmekapazität von HgCl$_2$(aq) im Referenzzustand der ideal verdünnten einmolalen Lösung. Die Dissoziation des HgCl$_2$ kann im Messbereich vernachlässigt werden.

Lösung

Zur Bestimmung der molaren Wärmekapazität im Standardzustand ist eine formale Extrapolation der gemessenen Werte auf den Zustand der unendlichen Verdünnung erforderlich. Diese erfolgt grafisch und ist in Abb. B2.1 dargestellt.

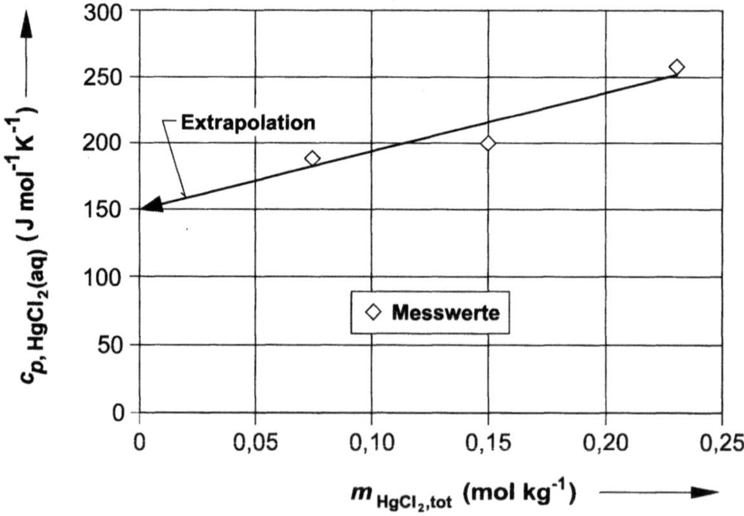

Abb. B2.1. Grafische Ermittlung der molaren Wärmekapazität von HgCl$_2$(aq) im Referenzzustand der ideal verdünnten Lösung

Als Endergebnis erhält man

$$c^{*,m}_{p,\mathrm{HgCl_2(aq)}} = c^{*}_{p,\mathrm{HgCl_2(aq)}} = 151 \; \mathrm{J \; mol^{-1} \; K^{-1}} \, .$$

Beispiel 2.5

Für eine flüssige Mischung aus Methanol ($x_{\mathrm{CH_3OH}} = 0{,}01$) und Wasser bei $p = 100$ kPa und $T = 300$ K erhält man unter Verwendung des NRTL-Modells folgende Werte für den Aktivitätskoeffizienten des Methanols und seinen Grenzaktivitätskoeffizienten:

$$\gamma^0_{\mathrm{CH_3OH}} = 2{,}495 \, , \quad \gamma^\infty_{\mathrm{CH_3OH, \, H_2O}} = 2{,}577.$$

Berechnen Sie daraus die Aktivitätskoeffizienten $\gamma^{*}_{\mathrm{CH_3OH}}$, $\gamma^{*,m}_{\mathrm{CH_3OH}}$ und die Fugazität des Methanols $f_{\mathrm{CH_3OH}}$. Vergleichen Sie diesen Wert mit der Fugazität, die sich auf Basis des Referenzsystems der idealen Lösung $f^{\mathrm{iL}}_{\mathrm{CH_3OH}}$ bzw. der ideal verdünnten Lösung $f^{\mathrm{ivL}}_{\mathrm{CH_3OH}}$ ergibt.

Der Reinstoffdampfdruck des Methanols beträgt $p^{\mathrm{lv}}_{0,\mathrm{CH_3OH}}$ (300 K) = 18,64 kPa.

Lösung

Die Umnormierung der Aktivitätskoeffizienten kann mit Hilfe von Gl. (2.7.29) erfolgen

$$\gamma^{*}_{\mathrm{CH_3OH}} = \frac{\gamma^0_{\mathrm{CH_3OH}}}{\gamma^\infty_{\mathrm{CH_3OH, \, H_2O}}} = (2{,}495 \, / \, 2{,}577) = 0{,}968.$$

Den Aktivitätskoeffzient bezogen auf die ideal verdünnte einmolale Lösung ergibt sich nach Gl. (2.7.25) zu

$$\gamma^{*,m}_{\mathrm{CH_3OH}} = x_{\mathrm{H_2O}} \cdot \gamma^{*}_{\mathrm{CH_3OH}} = (1 - 0{,}01) \cdot 0{,}968 = 0{,}958.$$

Die Fugazität des Methanols erhält man aus Gl. (2.7.18) unter Vernachlässigung des Fugazitätskoeffizienten und der Druckabhängigkeit, d.h. $f_{0i}(T,p) = p^{\mathrm{lv}}_{0i}(T)$, zu

$$f^{\mathrm{l}}_{\mathrm{CH_3OH}} = x_{\mathrm{CH_3OH}} \, \gamma^0_{\mathrm{CH_3OH}} \, p^{\mathrm{lv}}_{0,\mathrm{CH_3OH}} = 0{,}01 \cdot 2{,}495 \cdot 18{,}64 \; \mathrm{kPa} = 0{,}465 \; \mathrm{kPa}.$$

Unter Vernachlässigung des Aktivitätskoeffizienten gelangt man zur Fugazität im Referenzsystem der idealen Lösung:

$$f^{iL}_{CH_3OH} = x_{CH_3OH} \cdot 1 \cdot p^{lv}_{0,CH_3OH} = 0,01 \cdot 18,64 \text{ kPa} = 0,1864 \text{ kPa}.$$

Der Aktivitätskoeffizient $\gamma^0_{CH_3OH}$ weicht bei der gegebenen Konzentration stark von Eins ab. Bei der hoher Verdünnung, in der das Methanol hier vorliegt, ist das Referenzsystem der idealen Lösung offensichtlich keine geeignete Näherung mehr.

Die Fugazität im Referenzsystem der ideal verdünnten Lösung bedeutet eine formale Extrapolation des realen Zustandes bei unendlicher Verdünnung auf die endliche Konzentration $x_{CH_3OH} = 0,01$. Nach Einsetzen von Gl. (2.7.28) in Gl. (2.7.20a) erhält man, wiederum unter Vernachlässigung des Fugazitätskoeffizienten und der Druckabhängigkeit, die Fugazität auf Basis des Referenzsystems der ideal verdünnten Lösung zu

$$f^{ivL}_{CH_3OH} = x_{CH_3OH} H_{CH_3OH,H_2O} = x_{CH_3OH}\, \gamma^\infty_{CH_3OH,H_2O}\, p^{lv}_{0,CH_3OH}$$

$$= 0,01 \cdot 2,577 \cdot 18,64 \text{ kPa} = 0,480 \text{ kPa}.$$

Dies entspricht beinahe dem tatsächlichen Wert von 0,465 kPa. Das Referenzsystem der ideal verdünnten Lösung liegt im vorliegenden Fall näher am realen Zustand, als das Referenzsystem der idealen Lösung. Dies erkennt man auch daran, dass die zuvor ermittelten Aktivitätskoeffizienten $\gamma^*_{CH_3OH}$ und $\gamma^{*,m}_{CH_3OH}$ näher an Eins lagen, als der Aktivitätskoeffizient $\gamma^0_{CH_3OH}$.

Beispiel 2.6

Es werde die physikalische Löslichkeit von elementarem Quecksilber in Wasser betrachtet. Folgende thermodynamische Standarddaten sind bekannt:

Spezies	Referenz-zustand	$\Delta_f G^0$ [kJ mol^{-1}]	$\Delta_f H^0$ [kJ mol^{-1}]	C_p^0 [J mol^{-1} K^{-1}]
Hg(g)	ig	31,820	61,317	20,80
Hg(aq)	*	47,201	21,776	154,2

Transformieren Sie die in der Tabelle gegebenen Standardbildungswerte für Hg(aq) in den Referenzzustand der ideal verdünnten einmolalen Lösung und berechnen Sie anschließend die molalitätsbezogene Henry-Konstante H^m_{Hg,H_2O} bei 60 °C und 100 kPa. Wie groß sind die freie Standardbildungsenthalpie und die

Standardbildungsenthalpie im flüssigen Reinstoffzustand, d.h. für Hg(l)? Die molaren Wärmekapazitäten dürfen in erster Näherung als temperaturunabhängig angesehen werden.

Lösung

Die thermodynamischen Standarddaten in beiden Referenzzuständen lassen sich formal nach Gl. (2.7.33) und (2.11.10) umrechnen zu

$$\Delta_f G_{\mathrm{Hg}}^0(*,m) = \Delta_f G_{\mathrm{Hg}}^0(*) + RT^0 \ln\left(\frac{M_{\mathrm{H_2O}}\, m^*}{1000}\right)$$

$$= 47{,}201 \text{ kJ mol}^{-1} + 8{,}3145 \cdot 10^{-3} \text{ kJ mol}^{-1} \text{ K}^{-1} \cdot 298{,}15 \text{ K} \cdot \ln(18{,}015 \cdot 1 \,/\, 1000)$$

$$= 37{,}244 \text{ kJ mol}^{-1},$$

$$\Delta_f H_{\mathrm{Hg}}^0(*,m) = \Delta_f H_{\mathrm{Hg}}^0(*) = 21{,}776 \text{ kJ mol}^{-1},$$

$$C_{p,\mathrm{Hg}}^0(*,m) = C_{p,\mathrm{Hg}}^0(*) = 154{,}2 \text{ J mol}^{-1} \text{ K}^{-1}.$$

Die Henry-Konstante auf Molalitätsbasis folgt nach Gl. (2.8.12) aus den chemischen Potenzialen im Referenzzustand der ideal verdünnten einmolalen Lösung und des idealen Gases nach

$$H_{\mathrm{Hg,H_2O}}^m(T,p^0) = \frac{p^0}{m^*} \exp\{[\mu_{\mathrm{Hg}}^{*,m}(T,p^0) - \mu_{0,\mathrm{Hg}}^{\mathrm{ig}}(T,p^0)]/RT\}.$$

Die chemischen Potenziale bei der Temperatur T erhält man unter Annahme konstanter Wärmekapazitäten aus Gl. (2.6.7) zu

$$\mu_{\mathrm{Hg}}^{*,m}(T,p^0) = \Delta_f G_{\mathrm{Hg}}^0(*,m)\,\frac{T}{T^0} + \Delta_f H_{\mathrm{Hg}}^0(*,m)\left(1 - \frac{T}{T^0}\right)$$

$$+ C_{p,\mathrm{Hg}}^0(*,m)\left(T - T^0 - T\ln\left(\frac{T}{T^0}\right)\right)$$

$$= 37{,}244 \text{ kJ mol}^{-1} \cdot (333{,}15 \,/\, 298{,}15) + 21{,}776 \text{ kJ mol}^{-1} \cdot (1 - 333{,}15 \,/\, 298{,}15) +$$

$$54{,}2 \cdot 10^{-3} \cdot (333{,}15 - 298{,}15 - 333{,}15 \cdot \ln(333{,}15 \,/\, 298{,}15)) \text{ kJ mol}^{-1}$$

$$= 38{,}755 \text{ kJ mol}^{-1}.$$

Analog erhält man für den Wert im Idealgaszustand

$$\mu_{0,\mathrm{Hg}}^{\mathrm{ig}}(T,p^0) = 28{,}316 \text{ kJ mol}^{-1}.$$

Die gesuchte Henry-Konstante folgt damit zu

$$H^m_{Hg,H_2O}(T, p^0) = 100 \text{ kPa} / (1 \text{ mol kg}^{-1}) \exp[(38{,}755 - 28{,}316) /$$
$$(8{,}3145 \cdot 10^{-3} \cdot 333{,}15)]$$
$$= 4{,}332 \text{ MPa kg mol}^{-1}.$$

Reines Quecksilber ist ein Element und liegt bei Standardbedingungen als Flüssigkeit vor. Es gilt daher definitionsgemäß:

$$\Delta_f G^0_{Hg}(l) = \Delta_f H^0_{Hg}(l) = 0.$$

Beispiel 2.7

Berechnen Sie die freien Standardbildungsenthalpien von Wasser (H_2O) und Essigsäure (CH_3COOH) im flüssigen Reinstoffzustand. Verwenden Sie dazu die Angaben in der folgenden Tabelle.

Spezies	$p^{lv}_{0i}(T^0)$	$\phi_{0i}(T^0, p^{lv}_{0i})$	$\Delta_f G^0_i(ig)$	v^l_{0i}
	[kPa]		[kJ mol^{-1}]	[cm^3 mol^{-1}]
H_2O	3,158	1	-228,572	18,07
CH_3COOH	2,114	0,181	-374,000	57,54

Lösung

Das chemische Potenzial für eine reine flüssige Komponente ist aus dem chemischen Potenzial im Gaszustand und dem Reinstoffdampfdruck der betrachteten Komponente berechenbar. Für einen Reinstoff ($x_i = 1$) erhält man aus Gl. (2.8.7):

$$\mu^l_{0i}(T, p) = \mu^{ig}_{0i}(T, p) + RT \ln(\phi^{lv}_{0i} \, p^{lv}_{0i} / p^0) + \int_{p^{lv}_{0i}}^{p} v^l_{0i} \, dp. \tag{B2.7.1}$$

Das chemische Potenzial darf bei praktischen Berechnungen gleich der freien Bildungsenthalpie gesetzt werden. Das chemische Potenzial im Standardzustand ist insbesondere gleich der freien Standardbildungsenthalpie. Mit

$$\mu^{ig}_{0i}(T^0, p^0) = \Delta_f G^0_i(ig) \quad \text{und} \quad \mu^l_{0i}(T^0, p^0) = \Delta_f G^0_i(l)$$

erhält man aus (B2.7.1) unter der Annahme einer inkompressiblen Flüssigkeit die gesuchte Umrechnungsformel für die freien Standardbildungsenthalpien zu

$$\Delta_f G^0_i(l) = \Delta_f G^0_i(ig) + RT^0 \ln(\phi^{lv}_{0i} \, p^{lv}_{0i} / p^0) + v^l_{0i}(p^0 - p^{lv}_{0i}). \tag{B2.7.2}$$

Mit den gegebenen Zahlenwerten folgt für das Wasser

$$\Delta_f G^0_{H_2O}(l) = -228,572 \text{ kJ mol}^{-1}$$

$$+ 8,3145 \cdot 10^{-3} \text{ kJ mol}^{-1} \text{ K}^{-1} \cdot 298,15 \text{ K } \ln(1 \cdot 3,158 / 100)$$

$$+ 18,07 \text{ cm}^3 \text{ mol}^{-1} \cdot 10^{-6} \text{ m}^3 \text{ cm}^{-3} (100 - 3,158) \cdot 10^3 \text{ N m}^{-2} \cdot 10^{-3} \text{ kJ J}^{-1}$$

$$= -237,135 \text{ kJ mol}^{-1}.$$

Für die Essigsäure, die in der Gasphase eine starke Assoziation und damit eine starke negative Abweichung vom Idealgasverhalten aufweist ($\phi^{lv}_{0i} \ll 1$), erhält man aus Gl. (B2.7.2) mit den angegebenen Daten:

$$\Delta_f G^0_{CH_3COOH}(l) = -387,792 \text{ kJ mol}^{-1}.$$

Beispiel 2.8

Die Dissoziation der Schwefelsäure verläuft in zwei Stufen

$$H_2SO_4(aq) \ \rightleftharpoons \ H^+ + HSO_4^-, \qquad (R1)$$

$$HSO_4^- \ \rightleftharpoons \ H^+ + SO_4^{2-}. \qquad (R2)$$

Da die erste Reaktion in verdünnter Lösung nahezu vollständig abläuft, treten in einer wässerigen Schwefelsäurelösung die Ionen H^+, HSO_4^- und SO_4^{2-} auf. Da die Sulfat-Ionen (SO_4^{2-}) in hochverdünnten Lösungen dominant sind, wird die Schwefelsäure formal meist als 2-1-Elektrolyt behandelt. Berechnen Sie das chemische Potenzial der Schwefelsäure im Standardzustand, d.h. $\Delta_f G^0_{H_2SO_4(ai)}(2-1)$, und in einer 2-molalen wässerigen Lösung, jeweils bei 25 °C. Der mittlere Ionenaktivitätskoeffizient beträgt bei dieser Konzentration $\gamma^{*,m}_{H_2SO_4,\pm} = 0,1276$.

Lösung

Die Schwefelsäure soll formal als 2-1-Elektrolyt behandelt werden. d.h.

$$H_2SO_4(aq) \ \rightleftharpoons \ 2\,H^+ + SO_4^{2-}.$$

Das zugehörige mittlere chemische Potenzial im Standardzustand ergibt sich nach Gl. (2.9.13) aus den freien Standardbildungsenthalpien der Einzelionen. Mit den Werten aus dem Anhang erhält man

$$\mu^{*,m}_{H_2SO_4,\pm}(T^0, p^0) = \Delta_f G^0_{H_2SO_4(ai)}(2-1) = 2\Delta_f G^0_{H^+} + \Delta_f G^0_{SO_4^{2-}}$$

$$= 0 + (-744,530 \text{ kJ mol}^{-1}) = -744,530 \text{ kJ mol}^{-1}.$$

Zur Berechnung des mittleren chemischen Potenzials in einer 2-molalen Lösung muss zunächst die mittlere Molalität bekannt sein. Durch Einsetzen in Gl. (2.9.8) erhält man

$$m_{H_2SO_4,\pm} = \left(\nu_{H^+}^{\nu_{H^+}}\, \nu_{SO_4^{2-}}^{\nu_{SO_4^{2-}}}\right)^{1/(\nu_{H^+}+\nu_{SO_4^{2-}})} m_{H_2SO_4,\mathrm{tot}}$$

$$= \left(2^2 \cdot 1^1\right)^{1/(1+2)} \cdot 2\ \mathrm{mol\,kg^{-1}} = 3{,}1748\ \mathrm{mol\,kg^{-1}}.$$

Das gesuchte chemische Potenzial folgt durch Einsetzen in Gl. (2.9.10) zu

$$\mu_{H_2SO_4,\pm}(T^0, p^0, m_{\mathrm{tot}} = 2\ \mathrm{mol\,kg^{-1}}) = \mu_{H_2SO_4,\pm}^{*,m}(T^0, p^0) + \nu_\pm\, RT\, \ln\left(\frac{m_\pm}{m^*}\gamma_\pm^{*,m}\right)$$

$$= \text{-}744{,}530\ \mathrm{kJ\,mol^{-1}} + 3 \cdot 8{,}3145 \cdot 10^{-3} \cdot 298{,}15\ \mathrm{kJ\,mol^{-1}} \cdot \ln(3{,}1748\, /\, 1 \cdot 0{,}1276)$$

$$= \text{-}751{,}250\ \mathrm{kJ\,mol^{-1}}.$$

Beispiel 2.9

Gegeben sei eine 2-molale wässerige Schwefelsäure-Lösung bei $T = T^0$. Die Schwefelsäure soll nun formal als 1-1-Elektrolyt behandelt werden. Transformieren Sie den in Beispiel 2.8 gegebenen mittleren Ionenaktivitätskoeffizienten, der für einen 2-1-Elektrolyten definiert ist, in diese Art der Darstellung. Verwenden Sie hierzu die im Anhang angegebenen Werte für die freie Standardbildungsenthalpie von Sulfat (SO_4^{2-}) und Hydrogensulfat (HSO_4^-).

Lösung

Die Schwefelsäure wird nun formal als 1-1-Elektrolyt behandelt, d.h.

$$H_2SO_4(aq) \rightleftharpoons H^+ + HSO_4^-.$$

Das mittlere chemische Potenzial erhält man auch hier nach Gl. (2.9.12) zu

$$\mu_{H_2SO_4}(T^0, p^0, m_{\mathrm{tot}} = 2\ \mathrm{mol\,kg^{-1}}) = \Delta_f G^0_{H_2SO_4\ (ai)}(1\text{-}1)$$

$$+\, \nu_{\pm,(1\text{-}1)}\, RT^0 \ln\left(\frac{m_{\pm,(1\text{-}1)}}{m^*}\gamma_{\pm,(1\text{-}1)}^{*,m}\right). \qquad (B2.9.1)$$

Bei der alternativen Betrachtungsweise als 2-1-Elektrolyt erhält man entsprechend (vgl. Beispiel 2.8):

$$\mu_{H_2SO_4}(T^0, p^0, m_{tot} = 2 \text{ mol kg}^{-1}) = \Delta_f G^0_{H_2SO_4\,(ai)}(2-1)$$

$$+ \nu_{\pm,(2-1)}\, RT^0\, \ln\left(\frac{m_{\pm,(2-1)}}{m^*}\, \gamma^{*,m}_{\pm,(2-1)} \right). \tag{B2.9.2}$$

Der Wert des chemischen Potenzials $\mu_{H_2SO_4}$ darf nicht vom gewählten Referenzzustand abhängen, sondern muss in beiden Fällen übereinstimmen. Durch Gleichsetzen von Gl. (B2.9.1) und (B2.9.2) erhält man nach Umformung

$$\exp\left(\frac{\Delta_f G^0_{H_2SO_4\,(ai)}(1-1) - \Delta_f G^0_{H_2SO_4\,(ai)}(2-1)}{RT^0} \right)$$

$$= \frac{\left((m_{\pm,(2-1)}/m^*)\, \gamma^{*,m}_{\pm,(2-1)} \right)^{\nu_{\pm,(2-1)}}}{\left((m_{\pm,(1-1)}/m^*)\, \gamma^{*,m}_{\pm,(1-1)} \right)^{\nu_{\pm,(1-1)}}}. \tag{B2.9.3}$$

Mit der mittleren Molalität des Elektrolyten aus Gl. (2.9.10) erhält man die gesuchte Umrechnungsformel für die mittleren Ionenaktivitätskoeffizienten schließlich zu

$$(\gamma^{*,m}_{\pm,(1-1)})^2 = 4\,(\gamma^{*,m}_{\pm,(2-1)})^3\, \frac{m_{H_2SO_4,\,tot}}{m^*} \times$$

$$\exp\left(\frac{\Delta_f G^0_{H_2SO_4\,(ai)}(2-1) - \Delta_f G^0_{H_2SO_4\,(ai)}(1-1)}{RT^0} \right). \tag{B2.9.4}$$

Die freien Standardbildungsenthalpie unter Annahme der Dissoziation als 2-1- bzw. 1-1-Elektrolyt erhält man durch Einsetzen in Gl. (2.9.13) zu

$$\Delta_f G^0_{H_2SO_4\,(ai)}(1-1) = \Delta_f G^0_{H^+} + \Delta_f G^0_{HSO_4^-} = -755{,}910 \text{ kJ mol}^{-1}$$

und

$$\Delta_f G^0_{H_2SO_4\,(ai)}(2-1) = 2\Delta_f G^0_{H^+} + \Delta_f G^0_{SO_4^{2-}} = -744{,}530 \text{ kJ mol}^{-1}.$$

Hiermit sind alle erforderlichen Größen bekannt und der gesuchte mittlere Ionenaktivitätskoeffizient kann aus Gl. (B2.9.4) berechnet werden:

$$\gamma^{*,m}_{\pm,(1-1)} = \{4 \cdot (0{,}1276)^3 \cdot (2/1) \cdot \exp[(-744{,}530 + 755{,}910)/$$

$$(8{,}3145 \cdot 10^{-3} \cdot 298{,}15)]\,\}^{0{,}5}$$

$$= 1{,}2799.$$

Beispiel 2.10

Für eine wässerige 3-molale Calciumchlorid-Lösung bei Standardtemperatur beträgt der osmotische Koeffizient des Lösungsmittels $\phi = 1{,}7685$ (Goldberg u. Nuttall 1978). Berechnen Sie für die genannte Lösung die Aktivität, den Aktivitätskoeffizienten und das chemische Potenzial des Wassers.

Lösung

Die Aktivität des Lösungsmittels erhält man durch Umstellen der Definitionsgleichung für den osmotischen Koeffizienten, Gl. (2.10.5), zu

$$a_{H_2O}^0 = \exp\left(-\phi\,\frac{M_{LM}}{1000}\sum_{j \neq LM} m_j\right). \tag{B2.10.1}$$

Der Stoffmengenanteil des Lösungsmittels wird unter der Annahme vollständiger Dissoziation aus der gegebenen Molalität des Elektrolyten nach Gl. (2.2.3) berechnet:

$$x_{H_2O} = \frac{1}{1 + \dfrac{M_{H_2O}}{1000}\left(m_{Ca^{2+}} + m_{Cl^-}\right)} = \frac{1}{1 + \dfrac{18{,}015}{1000}(3+6)} = 0{,}8605.$$

Für die Aktivität ergibt sich aus Gl. (B2.10.1)

$$a_{H_2O}^0 = \exp\{-1{,}7685 \cdot 0{,}018015 \cdot (3+6)\} = 0{,}7507.$$

Der Aktivitätskoeffizient folgt aus der Definitionsgleichung der Aktivität, Gl. (2.7.17), unmittelbar zu

$$\gamma_{H_2O}^0 = \frac{a_{H_2O}^0}{x_{H_2O}} = 0{,}7507\,/\,0{,}8605 = 0{,}8724.$$

Das chemische Potenzial der 3-molalen $CaCl_2$-Lösung folgt schließlich aus Gl. (2.8.2) zu

$$\mu_{H_2O}^l = \Delta_f G_{H_2O}^0(l) + RT\ln(a_{H_2O}^0).$$

Die freie Standardbildungsenthalpie des flüssigen Wassers ist im Anhang gegeben, so dass man erhält:

$$\mu_{H_2O}^l = -237{,}129\ \text{kJ mol}^{-1} + 8{,}3145 \cdot 10^{-3} \cdot 298{,}15\ \text{kJ mol}^{-1} \cdot \ln(0{,}7507)$$

$$= -237{,}840\ \text{kJ mol}^{-1}.$$

Beispiel 2.11

Für das binäre System $H_2SO_4 + H_2O$ findet man in der Literatur die folgende Korrelation für den osmotischen Koeffizienten bei 25 °C (Staples 1981):

$$\phi = 1 + \sum_{j=1}^{9} \left(\frac{j}{j+2} \right) B_j \left(\frac{m_{H_2SO_4}}{m^*} \right)^{j/2}$$

mit

$$B_1 = -7{,}277095\,, \qquad B_2 = 12{,}823710\,, \qquad B_3 = -14{,}283353\,,$$

$$B_4 = 10{,}001749\,, \qquad B_5 = -4{,}343328\,, \qquad B_6 = 1{,}175436\,,$$

$$B_7 = -0{,}1933648\,, \qquad B_8 = 1{,}770399 \cdot 10^{-2}\,, \qquad B_9 = -6{,}917679 \cdot 10^{-4}.$$

Berechnen Sie den mittleren Ionenaktivitätskoeffizienten einer 0,5-molalen wässerigen Schwefelsäurelösung.

Lösung

Der mittlere Ionenaktiviätskoeffizient ist aus dem Konzentrationsverlauf des osmotischen Koeffizienten nach Gl. (2.10.14) berechenbar:

$$\ln \gamma_{H_2SO_4,\pm}^{*,m} = \phi - 1 + \int_0^{m_{H_2SO_4}} \frac{\phi - 1}{m_{H_2SO_4}} \, d\, m_{H_2SO_4}\,.$$

Die Integration kann numerisch mit Hilfe der Simpson-Regel durchgeführt werden. Bei einer Diskretisierung auf Basis von 10.000 äquidistanten Stützstellen erhält man als Resultat:

$$\ln \gamma_{H_2SO_4,\pm}^{*,m} (m_{H_2SO_4} = 0{,}5 \text{ mol kg}^{-1}) = 0{,}0197.$$

Der tatsächliche Wert lautet (Staples 1981): $\ln \gamma_{\pm,H_2SO_4}^{*,m} = 0{,}1466$. Die große Abweichung des realen Wertes vom eigenen Ergebnis lässt sich nur begrenzt durch eine zu grobe Diskretisierung erklären. Bei einer erneuten numerischen Integration mit 100.000 äquidistanten Stützstellen erhält man als Ergebnis $\ln \gamma_{H_2SO_4,\pm}^{*,m} = 0{,}1203$ und damit immer noch eine deutliche Abweichung zum tatsächlichen Wert. Offensichtlich ist die lineare Teilung des Integrationsgebietes ungeeignet zur Abbildung des Funktionsverlaufes des osmotischen Koeffizienten. Der Integrand besitzt in dieser Formulierung bei $m = 0$ eine Singularität und weist dementsprechend bei niedrigen Molalitäten einen großen Gradienten auf. Durch Substitution der Molalität im Integralterm durch ihre Wurzel erhält man mit Gl. (2.10.16) eine Formulierung ohne Singularität:

$$\ln \gamma^{*,m}_{H_2SO_4,\pm} = \phi - 1 + 2 \int_0^{\sqrt{m_{H_2SO_4}}} \frac{\phi - 1}{\sqrt{m_{H_2SO_4}}} \, d\sqrt{m_{H_2SO_4}} \, . \qquad (2.10.16)$$

Eine numerische Integration mit 10.000 Stützstellen führt hier zum Ergebnis

$$\ln \gamma^{*,m}_{H_2SO_4,\pm} (m_{H_2SO_4} = 0{,}5 \text{ mol kg}^{-1}) = 0{,}1466.$$

Dies entspricht exakt dem realen Wert für den mittleren Ionenaktivitätskoeffizienten wie er von Staples (1981) angegeben wird.

Beispiel 2.12

Die Lösung von Salzen in Wasser ist von Wärmeeffekten begleitet. Berechnen Sie für die Lösung von Kaliumnitrat (KNO_3) in Wasser bei 25 °C die Lösungsenthalpie $\Delta_{sol,\infty}H^0$ und die Verdünnungsenthalpie $\Delta_{dil,\infty}H^0(m)$ aus den folgenden Standarddaten (Wagman et al. 1982):

n_{H_2O} / n_{KNO_3}	$\Delta_f \widetilde{H}^0$ [kJ mol^{-1}]
50	-462,997
75	-462,027
100	-461,487
∞	-459,740

Die Standardbildungsenthalpie für Kaliumnitrat beträgt $\Delta_f H^0_{KNO_3}(s) = -494{,}63$ kJ mol^{-1}. Welche Wärmemenge wird bei der Lösung von 1 mol KNO_3 in 1 kg Wasser umgesetzt?

Lösung

In einem ersten Schritt ist es sinnvoll, die gegebenen Angaben für die Standardbildungsenthalpie auf das Konzentrationsmaß der Molalität umzurechnen. Aus der Definition der Molalität, Gl. (2.2.1), ergibt sich im vorliegenden Fall

$$m_{KNO_3} = \frac{n_{KNO_3}}{n_{H_2O} \dfrac{M_{H_2O}}{1000}} \, .$$

Die integrale Verdünnungsenthalpie $\Delta_{\mathrm{dil},\infty} H^0(m)$ besteht nach Gl. (2.11.14) aus zwei Beiträgen: zum einen aus der differenziellen Lösungsenthalpie des Elektrolyten und zum anderen aus der differenziellen Verdünnungsenthalpie des Lösungsmittels selbst. Streng genommen benötigt man daher zur Berechnung von $\Delta_{\mathrm{dil},\infty} H^0(m)$ sowohl die Standardbildungsenthalpie des Elektrolyten, als auch die des Lösungsmittels als Funktion der Molalität. Die differenziellen Anteile der integralen Verdünnungsenthalpie sind nicht direkt experimentell zugänglich. Sie werden aus kalorimetrischen Messungen der integralen Verdünnungswärme berechnet. Da nur die integrale Wärme experimentell erfasst werden kann, ist es üblich, den gesamten Wärmeeffekt unter Einführung der scheinbaren Bildungsenthalpie $\Delta_{\mathrm{f}} \widetilde{H}^0$ formal dem Elektrolyten allein zuzuordnen. Die Enthalpie des Lösungsmittels entspricht dann dem Wert für die reine Komponente und wird explizit nicht benötigt. Man erhält somit aus Gl. (2.11.23) im Standardzustand

$$\Delta_{\mathrm{dil},\infty} H^0(m_{\mathrm{KNO_3}}) = \Delta_{\mathrm{f}} \widetilde{H}^{0,\infty}_{\mathrm{KNO_3}} - \Delta_{\mathrm{f}} \widetilde{H}^0_{\mathrm{KNO_3}}(n_{\mathrm{H_2O}}/n_{\mathrm{KNO_3}})$$

$$= \Delta_{\mathrm{f}} H^0_{\mathrm{KNO_3(ai)}} - \Delta_{\mathrm{f}} \widetilde{H}^0_{\mathrm{KNO_3}}(n_{\mathrm{H_2O}}/n_{\mathrm{KNO_3}}).$$

Hiermit ergeben sich folgende Zahlenwerte:

$m_{\mathrm{KNO_3}}$	$\Delta_{\mathrm{f}} \widetilde{H}^0$	$\Delta_{\mathrm{dil},\infty} H^0$
[mol kg^{-1}]	[kJ mol^{-1}]	[kJ mol^{-1}]
1,110	-462,997	3,257
1,000	-462,709[a]	2,969[a]
0,740	-462,027	2,287
0,555	-461,487	1,747
0	-459,740	0

[a] durch lineare Interpolation zwischen Nachbarwerten erhalten.

Das positive Vorzeichen der Verdünnungsenthalpie zeigt, dass bei der isothermen Verdünnung von Kaliumnitratlösungen Wärme von außen über die Systemgrenze zugeführt werden muss.

Die Lösungswärme bei unendlicher Verdünnung ergibt sich nach Gl. (2.11.12) als Differenz der Standardbildungsenthalpien des Elektrolyten in stöchiometrischer Spezifizierung und des reines Salzes zu

$$\Delta_{\mathrm{sol},\infty} H^0 = \Delta_{\mathrm{f}} H^0_{\mathrm{KNO_3(ai)}} - \Delta_{\mathrm{f}} H^0_{\mathrm{KNO_3}}(s) = 34{,}890 \text{ kJ mol}^{-1}.$$

Sowohl die Lösungswärme als auch die integrale Verdünnungsenthalpie beziehen sich auf die Stoffmenge des gelösten Elektrolyten und nicht auf die des Gemisches. Bei der Lösung von 1 mol KNO$_3$(s) in 1 kg Wasser werden demnach unter isothermen Bedingungen im Standardzustand

$$Q = n_{KNO_3} \left\{ \Delta_f \tilde{H}^0_{KNO_3} (1\ mol\ kg^{-1}) - \Delta_f H^0_{KNO_3} (s) \right\}$$

$$= n_{KNO_3} \left\{ (\Delta_f \tilde{H}^0_{KNO_3} (1\ mol\ kg^{-1}) - \Delta_f H^0_{KNO_3\,(ai)}) + (\Delta_f H^0_{KNO_3\,(ai)} - \Delta_f H^0_{KNO_3} (s)) \right\}$$

$$= n_{KNO_3} \left\{ \Delta_{sol,\infty} H^0 - \Delta_{dil,\infty} H^0 (1\ mol\ kg^{-1}) \right\}$$

$$= 1\ mol \cdot (34{,}890\ kJ\ mol^{-1} - 2{,}969\ kJ\ mol^{-1}) = 31{,}921\ kJ$$

benötigt. Verglichen mit der Größenordnung der Lösungswärme $\Delta_{sol,\infty} H^0$ ist die Korrektur auf die endliche Verdünnung $\Delta_{dil,\infty} H^0 (m_{KNO_3})$ relativ gering. Für eine erste Abschätzung der Wärmeeffekte genügt daher häufig die Lösungswärme bei unendlicher Verdünnung.

3 Berechnung thermodynamischer Gleichgewichte

3.1 Phasengleichgewichte

3.1.1 Dampf-Flüssig-Gleichgewichte (VLE)

Unter den Phasengleichgewichten kommt dem Dampf-Flüssig-Gleichgewicht (englisch: Vapor-Liquid-Equilibrium) eine große Bedeutung für technische Anwendungsfälle zu. Die Berechnung solcher Gleichgewichte bildet die Grundlage zur Auslegung und Simulation wesentlicher verfahrenstechnischer Prozesse wie Destillation und Rektifikation. Das Ziel dieses Abschnitts ist die Anwendung des in Kap. 2 zusammengestellten Formelapparats der chemischen Thermodynamik zur praktischen Berechnung von Dampf-Flüssig-Gleichgewichten auf Basis von Aktivitäten. Anschließend wird die Beeinflussung des VLE durch zugesetzte Salze und Säuren diskutiert. Es wird gezeigt, an welcher Stelle die Wirkung der Elektrolyte in die Berechnung des Phasengleichgewichts eingeht.

Abbildung 3.1 zeigt typische Dampf-Flüssig-Gleichgewichte für binäre Stoffsysteme im Gleichgewichtsdiagramm. Der Molanteil der leichter flüchtigen Komponente im Dampf ist dabei als Funktion des zugehörigen Molanteils in der flüssigen Mischphase aufgetragen. Das Diagramm gilt für einen konstanten Druck von $p = 101{,}3$ kPa. Das Stoffsystem Ethylbenzol(1) + Toluol(2) zeigt ein annähernd ideales Verhalten. Das bedeutet, dass sich das Phasengleichgewicht auf Basis des Raoultschen Gesetzes, das in diesem Abschnitt hergeleitet wird, darstellen lässt. Dies gilt nicht für das Stoffsystem Wasser(1) + Isopropanol(2), das einen Schnittpunkt mit der Diagonalen im Gleichgewichtsdiagramm aufweist. Ein solcher Zustandspunkt, in dem die Konzentration beider Phasen identisch ist, wird als „Azeotrop" bezeichnet. Die Kenntnis über Azeotrope ist für die Auslegung von Prozessen zur thermischen Stofftrennung von großer Bedeutung. Im azeotropen Punkt ist keine Anreicherung der leichterflüchtigen Komponente im Dampf möglich, da das Gemisch dort wie ein reiner Stoff siedet. Auch das Stoffsystem Wasser(1) + n-Butanol(2) zeigt einen Azeotrop. Darüber hinaus erkennt man einen abschnittsweise horizontalen Verlauf der Gleichgewichtslinie. Dieser entsteht durch Entmischung der flüssigen Phase in zwei getrennte Phasen. Man erhält ein Dampf-Flüssig-Flüssig-Gleichgewicht (VLLE). Nach der Gibbsschen Phasenregel verbleibt im vorliegenden Fall des binären Systems nur eine frei wählbare intensive Zustandsgröße. Dies ist der Druck, für den das Diagramm berechnet wurde. Die beiden letztgenannten Stoffsysteme verhalten sich im thermodynamischen Sinne nicht ideal. Die Abweichungen vom Raoultschen Gesetz, einschließlich der Ausbildung von Azeotropen oder der Entmischung in der Flüssigkeit, werden bei der Berechnung des VLE durch die Aktivitätskoeffizienten berücksichtigt.

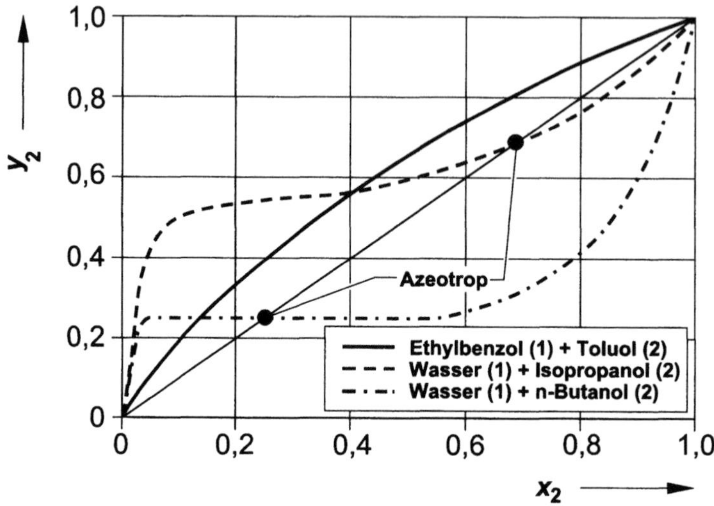

Abb. 3.1. VLE für binäre Systeme

Eine Beeinflussung der beschriebenen Phasengleichgewichte, beispielsweise eine Verschiebung des azeotropen Punktes in einen anderen Konzentrationsbereich, ist durch Zugabe von Salzen oder Säuren möglich. Durch die Dissoziation der Elektrolyte entstehen Ionen, die innerhalb der flüssigen Mischphase auf die Lösungsmittelmoleküle einwirken, ohne selbst in die Dampfphase überzugehen. Betrachtet man ein isobares Dampf-Flüssig-Gleichgewicht, so führt die Zugabe eines Elektrolyten, der selbst keinen Dampfdruck besitzt, zu einer Erhöhung der Siedetemperatur des Systems. Diese resultiert aus der Verringerung der Aktivität des Lösungsmittels und der damit verbundenen Abnahme des Partialdruckes. Die Abnahme der Aktivität ergibt sich dabei nicht nur aus der Verringerung der Konzentration des Lösungsmittels, sondern, insbesondere bei höheren Konzentrationen, auch aus einer Verminderung des Aktivitätskoeffizienten (s. Abschnitt 3.4.2). Abbildung 3.2 zeigt die Beeinflussung des Dampf-Flüssig-Gleichgewichts von Isopropanol + Wasser durch Zugabe unterschiedlicher Mengen von LiCl. Um eine Darstellung des Dampf-Flüssig-Gleichgewichts eines ternären Systems in einem binären Diagramm zu ermöglichen, wird der Molenbruch in der Flüssigkeit (x_i)

üblicherweise auf die so genannte *salzfreie Basis* (x_i^s) umgerechnet. Bei Zusatz eines einzelnen Salzes gilt

$$x_i^s = \frac{n_i}{\sum\limits_{j \neq \text{Salz}} n_j} = \frac{x_i \sum\limits_j n_j}{\sum\limits_{j \neq \text{Salz}} n_j} = \frac{x_i}{1 - x_{\text{Salz}}}. \qquad (3.1.1)$$

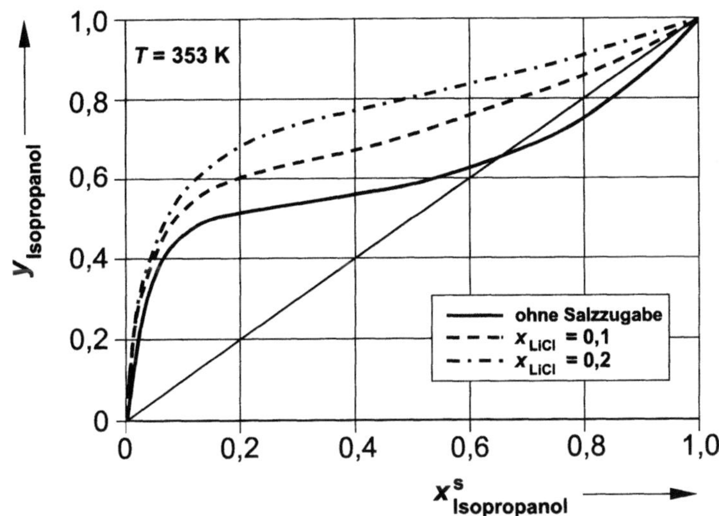

Abb. 3.2. Salzeinfluss auf das VLE von Isopropanol + Wasser bei 80 °C

Auch Abb. 3.2 ist in dieser Art aufgetragen. Man erkennt deutlich die Veränderung der Gleichgewichtslinie, insbesondere das Verschwinden des azeotropen Punktes. Dieser Effekt kann sehr vorteilhaft bei der Realisierung von Prozessen zur thermischen Stofftrennung genutzt werden. Häufig ist die Beeinflussung von Phasengleichgewichten durch Elektrolyte aber auch unerwünscht, beispielsweise wenn diese im Rahmen einer chemischen Synthesereaktion als Nebenprodukte gebildet werden und die Zusammensetzung der Dampfphase negativ beeinflussen. Eine detaillierte Beschreibung des Mischungsverhaltens aller Spezies in der Lösung ist auch hier wesentliche Voraussetzung für die Prozesssimulation. Das Ziel dieses Abschnitts ist die Herleitung von Arbeitsgleichungen zur praktischen Berechnung von Dampf-Flüssig-Gleichgewichten in Systemen mit Elektrolyten. Den Ausgangspunkt bilden die im vorausgegangenen Kapitel zusammengestellten thermodynamischen Grundlagen.

Da die Elektrolyte ausschließlich in der flüssigen Phase auftreten, wird das Dampf-Flüssig-Gleichgewicht nur für die Lösungsmittel und die undissoziierten Spezies ausgewertet. Das elektrochemische Potenzial η_i kann dann in Gl. (2.5.6) durch das chemische Potenzial μ_i ersetzt werden und man erhält als Bedingung für das stoffliche Gleichgewicht zwischen Dampfphase (v) und flüssiger Phase (l)

$$\mu_i^{(v)} = \mu_i^{(l)} \qquad , i \in \{1,..,K\}. \tag{3.1.2}$$

Bei der Berechnung der chemischen Potenziale soll im allgemeinen Fall von einer realen Dampfphase und einer realen flüssigen Mischung ausgegangen werden. Mit Gl. (2.8.1) und (2.8.4) lässt sich das chemische Potenzial der Komponente i in beiden Phasen auf tabellierte Reinstoffdaten bei T und p^0 zurückführen. Man erhält

$$\mu_i^{(v)} = \mu_{0i}^{ig}(T, p^0) + RT \ln\left(\frac{y_i \phi_i p}{p^0}\right), \tag{3.1.3}$$

$$\mu_i^{(l)} = \mu_{0i}^{l}(T, p^0) + RT \ln(x_i \gamma_i^0) + \int_{p^0}^{p} v_{0i}^{l} dp. \tag{3.1.4}$$

Einsetzen von Gl. (3.1.3) und (3.1.4) in die Bedingung für das Phasengleichgewicht, Gl. (3.1.2), liefert

$$\mu_{0i}^{ig}(T, p^0) + RT \ln\left(\frac{y_i \phi_i p}{p^0}\right) = \mu_{0i}^{l}(T, p^0) + \int_{p^0}^{p} v_{0i}^{l} dp + RT \ln(x_i \gamma_i^0). \tag{3.1.5}$$

Durch Anwendung der Logarithmengesetze und Umformung erhält man schließlich die Bedingung für das Dampf-Flüssig-Gleichgewicht zu

$$y_i \phi_i p = x_i \gamma_i^0 p^0 \exp\left(\frac{\mu_{0i}^{l}(T, p^0) - \mu_{0i}^{ig}(T, p^0)}{RT}\right) \exp\left(\frac{1}{RT} \int_{p^0}^{p} v_{0i}^{l} dp\right). \tag{3.1.6}$$

Die Zusammensetzung einer Dampfphase bei gegebener Zusammensetzung der Flüssigkeit ist damit aus thermodynamischen Standarddaten und den Realkorrekturen für beide Phasen berechenbar. Die chemischen Potenziale im Referenzzustand werden hierzu aus der freien Standardbildungsenthalpie, der Standardbildungsenthalpie und der molaren Wärmekapazität nach Gl. (2.6.7) berechnet. Die Anwendung von Gl. (3.1.6) ist auf unterkritische Komponenten beschränkt.

Die Berechnung von Dampf-Flüssig-Gleichgewichten auf Basis von Standarddaten erfolgt häufig dann, wenn ein komplexes Gleichgewicht mit Hilfe der K-Wert-Methode oder der direkten Minimierung der freien Enthalpie berechnet werden soll. Auf beide Algorithmen wird in Kap. 6 detailliert eingegangen. Die klassische Berechnung von Dampf-Flüssig-Gleichgewichten erfolgt nicht aus Standarddaten, sondern unter Verwendung des Reinstoffdampfdruckes. Dieser ist experimentell relativ leicht zugänglich und für die technisch relevanten Substanzen meist als Temperaturkorrelation in der Literatur verfügbar (Reid et al. 1987; Stephenson u. Malanowski 1987). Diese Vorgehensweise ist nicht grundsätzlich verschieden von der zuvor genannten Alternative. Sie stellt lediglich eine andere formale Auswertung der thermodynamischen Gleichungen dar.

Hierzu wird auch das chemische Potenzial in der flüssigen Phase um den Referenzzustand des idealen Gases entwickelt. Nach Gl. (2.8.7) gilt

$$\mu_i^{(l)} = \mu_{0i}^{ig}(T, p^0) + RT \ln\left(\frac{\phi_{0i}^{lv} p_{0i}^{lv}}{p^0}\right) + RT \ln(x_i \gamma_i^0) + \int_{p_{0i}^{lv}}^{p} v_{0i}^{l} dp. \tag{3.1.7}$$

Durch Einsetzen von Gl. (3.1.7) und (3.1.3) in Gl. (3.1.2) erhält man nach Umformung die Bedingung für das Dampf-Flüssig-Gleichgewicht zu

$$y_i \, \phi_i \, p \; = \; x_i \, \gamma_i^0 \, p_{0i}^{\mathrm{lv}} \, \phi_{0i}^{\mathrm{lv}} \, \exp\!\left(\frac{1}{RT} \int\limits_{p_{0i}^{\mathrm{lv}}}^{p} v_{0i}^{\mathrm{l}} \, \mathrm{d}p \right). \tag{3.1.8}$$

Der Exponenzialterm wird als *Poynting-Korrektur* bezeichnet und kann häufig in guter Näherung vernachlässigt werden, da das molare Volumen der Flüssigkeit gering ist. Geht man vom Sonderfall einer idealen Gasphase und einer idealen Lösung aus, so erhält man unter Vernachlässigung der Poynting-Korrektur aus Gl. (3.1.8):

$$y_i \, p \; = \; x_i \, p_{0i}^{\mathrm{lv}}(T). \tag{3.1.9}$$

Diese Gleichung wird als *Raoultsches Gesetz* bezeichnet. Die Vernachlässigung der Realkorrektur für die Dampfphase ist häufig in guter Näherung zulässig. Dies gilt umso mehr, als das Verhältnis der Fugazitätskoeffizienten ϕ_i und ϕ_{0i}^{lv} meist deutlich geringer von Eins abweicht als die Einzelwerte. Ausnahmen sind Systeme bei hohen Drücken oder mit solchen Stoffen wie z.B. Carbonsäuren, die bereits bei Atmosphärendruck starke Assoziationen in der Gasphase aufweisen. Die Realkorrektur der Flüssigkeit ist demgegenüber nur in den wenigsten Fällen vernachlässigbar. Die Abweichungen zum Modellzustand der idealen Lösung werden im Aktivitätskoeffizienten erfasst. Berücksichtigt man nur die Realkorrektur in der flüssigen Phase, so gelangt man zum *erweiterten Raoultschen Gesetz*

$$y_i \, p \; = \; x_i \, \gamma_i^0 \, p_{0i}^{\mathrm{lv}}(T). \tag{3.1.10}$$

Diese Formulierung der Gleichgewichtsbedingung ist zur Beschreibung des Verdampfungsgleichgewichts in Stoffsystemen, die Elektrolyte enthalten, meist hinreichend. Die Siedetemperatur berechnet sich bei vorgegebenem Gesamtdruck aus der Beziehung

$$p \; = \; \sum_{i=1}^{K} y_i \, p \; = \; \sum_{i=1}^{K} x_i \, \gamma_i^0 \, p_{0i}^{\mathrm{lv}}(T). \tag{3.1.11}$$

Da die Ionen in der Gasphase nicht auftreten, erfolgt die Summation nur über die Lösungsmittel. Deren Molanteile in der flüssigen Phase sind durch die zusätzliche Existenz des Elektrolyten kleiner als im salzfreien System. Soll der gleiche Gesamtdruck wie im salzfreien System erreicht werden, muss daher die zugehörige Siedetemperatur des Systems höher liegen als zuvor. Umgekehrt erniedrigt sich der Dampfdruck über dem Gemisch bei isothermen Verhältnissen. Bei stärker konzentrierten Salzlösungen wird zudem der Einfluss der Ionen auf den Aktivitätskoeffizienten der Lösungsmittel relevant. In ihm werden die Abweichungen der physikalischen Wechselwirkungen in der Lösung vom Referenzsystem der idealen Lösung zusammengefasst. Die Frage nach der Wirkung von Elektrolyten auf das VLE eines Lösungsmittelgemisches geht daher häufig mit der Frage nach der Beeinflussung der Aktivitätskoeffizienten der Lösungsmittel durch die zugegebenen Elektrolyte einher. Ist der Aktivitätskoeffizient z.B. durch ein parametrisiertes Modell für die freie Exzessenthalpie der Mischung (G^E) bekannt, so kann das Phasengleichgewicht nach Gl. (3.1.8) bzw. (3.1.10) berechnet werden. Auf diese Weise wurden die Kurvenverläufe in Abb. 3.2 berechnet. Als G^E-Modell wurde dabei das so genannte Elektrolyt-NRTL-Modell verwendet. Dieses und weitere G^E-Modelle werden in Kap. 4 vorgestellt.

3.1.2 Gas-Flüssig-Gleichgewichte (GLE)

Bei den zuvor behandelten Dampf-Flüssig-Gleichgewichten steht ein flüssiges Gemisch bei Siedetemperatur im thermodynamischen Gleichgewicht mit der zugehörigen Dampfphase. Im Gegensatz hierzu wird die Absorption einer gasförmigen Komponente i in einem nicht siedenden Lösungsmittel oder Lösungsmittelgemisch als Gas-Flüssig-Gleichgewicht bezeichnet. Die Komponente i ist im Regelfall als Reinstoff bei den Bedingungen der Absorption überkritisch. Sie kondensiert demnach nicht, sondern wird im Lösungsmittel molekular gelöst. Der wesentliche Unterschied in der formalen Behandlung liegt in der Verwendung eines anderen Referenzzustands für die gelöste Komponente, die meist in hoher Verdünnung vorliegt. Wie bereits in Kap. 2 ausgeführt, wird für die Komponente i nun nicht mehr die reine flüssige Komponente, sondern die ideal verdünnte Lösung zu Grunde gelegt.

Für das thermodynamische Gleichgewicht zwischen Gasphase und flüssiger Mischphase gilt auch hier für die ungeladenen Spezies

$$\mu_i^{(g)} = \mu_i^{(l)} \qquad , i \in \{1,..,K\}. \tag{3.1.12}$$

Für das chemische Potenzial der Komponente i im Gasgemisch und in der Lösung lässt sich nach Gl. (2.8.1) und (2.8.10) schreiben

$$\mu_i^{(g)} = \mu_{0i}^{ig}(T, p^0) + RT \ln\left(\frac{y_i \phi_i p}{p^0}\right), \tag{3.1.13}$$

$$\mu_i^{(l)} = \mu_i^{*,m}(T, p^0) + RT \ln\left(\frac{m_i}{m^*} \gamma_i^{*,m}\right) + \int_{p^0}^{p} v_i^* \, dp. \tag{3.1.14}$$

Durch Einsetzen von Gl. (3.1.13) und (3.1.14) in Gl. (3.1.12) erhält man hier

$$\mu_{0i}^{ig}(T, p^0) + RT \ln\left(\frac{y_i \phi_i p}{p^0}\right) = \mu_i^{*,m}(T, p^0) + RT \ln\left(\frac{m_i}{m^*} \gamma_i^{*,m}\right) + \int_{p^0}^{p} v_i^* \, dp. \tag{3.1.15}$$

Durch Anwendung der Logarithmengesetze und Äquivalenzumformung folgt die Bedingung für das Gas-Flüssig-Gleichgewicht zu

$$y_i \, \phi_i \, p = m_i \, \gamma_i^{*,m} \, \frac{p^0}{m^*} \exp\left(\frac{\mu_i^{*,m}(T,p^0) - \mu_{0i}^{ig}(T,p^0)}{RT} \right) \exp\left(\frac{1}{RT} \int_{p^0}^{p} v_i^* \, dp \right). \qquad (3.1.16)$$

Die chemischen Potenziale im Referenzzustand lassen sich auch hier durch tabellierte Werte für die freie Standardbildungsenthalpie, die Standardbildungsenthalpie und die molare Wärmekapazität im Standardzustand nach Gl. (2.6.7) ausdrükken. Die in Gl. (3.1.16) auftretende Kombination der thermodynamischen Standarddaten wurde in Kap. 2 als Henry-Konstante auf Molalitätsbasis eingeführt. Der Integralterm in Gl. (3.1.16) berücksichtigt die Druckkorrektur der Henry-Konstanten vom Standarddruck p^0 auf den aktuellen Druck p. Es gilt:

$$H_{i,LM}^m(T,p) = \underbrace{\frac{p^0}{m^*} \exp\left(\frac{\mu_i^{*,m}(T,p^0) - \mu_{0i}^{ig}(T,p^0)}{RT} \right)}_{H_{i,LM}^m(T,p^0)} \exp\left(\frac{1}{RT} \int_{p^0}^{p} v_i^* \, dp \right). \qquad (3.1.17)$$

Üblicherweise wird die Henry-Konstante aus Absorptionsmessungen und anschließender Extrapolation auf das Referenzsystem der ideal verdünnten Lösung ermittelt. Der Gesamtdruck ist dann gleich dem Reinstoffdampfdruck des Lösungsmittels und nicht gleich dem Standarddruck. Schreibt man die Gleichgewichtsbedingung in diesem Fall, so erhält man aus Gl. (3.1.16) und (3.1.17) die Beziehung

$$y_i \, \phi_i \, p = m_i \, \gamma_i^{*,m} \, \underbrace{H_{i,LM}^m(T, p_{0,LM}^{lv}) \exp\left(\frac{1}{RT} \int_{p_{0,LM}^{lv}}^{p} v_i^* \, dp \right)}_{H_{i,LM}^m(T,p)}. \qquad (3.1.18)$$

Der Exponenzialterm wird als *Krichevsky/Kasarnovsky-Korrektur* bezeichnet. Die molaren Volumina bei unendlicher Verdünnung in Wasser können für viele molekulare Verbindungen, wie SO_2, NH_3 oder CO_2, nach Brelvi u. O'Connell (1972) abgeschätzt werden. Da die Größenordnung des molaren Volumens bei unendlicher Verdünnung in der Größenordnung des molaren Volumens im kondensierten Zustand liegt, ist die Druckkorrektur meist in guter Näherung vernachlässigbar.

Als Konzentrationsmaß zur Beschreibung der Lösung wird in Gl. (3.1.18) die Molalität verwendet. Ebenso kann auch der Molanteil der gelösten Komponente verwendet werden. In diesem Fall erhält man an Stelle von Gl. (3.1.18)

$$y_i \, \phi_i \, p = x_i \, \gamma_i^* \, \underbrace{H_{i,LM}(T, p_{0,LM}^{lv}) \exp\left(\frac{1}{RT} \int_{p_{0,LM}^{lv}}^{p} v_i^* \, dp \right)}_{H_{i,LM}(T,p)}. \qquad (3.1.19)$$

Durch Gleichsetzen von Gl. (3.1.18) und (3.1.19) folgt als Umrechnungsformel zwischen beiden Normierungen der bereits aus Kap. 2 bekannte Ausdruck

$$H_{i,\mathrm{LM}}^{m}(T,p) \;=\; \frac{M_{\mathrm{LM}}}{1000}\,H_{i,\mathrm{LM}}(T,p).$$

(2.7.22)

Bei Gas-Flüssig-Gleichgewichten lassen sich ähnliche vereinfachende Annahmen treffen wie beim Dampf-Flüssig-Gleichgewicht. Durch Beschränkung auf Systeme mit idealer Gasphase und ideal verdünnter gelöster Komponente, erhält man aus Gl. (3.1.19)

$$y_i\,p \;=\; x_i\,H_{i,\mathrm{LM}}(T,p).$$

(3.1.20)

Gleichung (3.1.20) wird als *Henrysches Gesetz* bezeichnet. Die wichtigste Abweichung vom idealen Verhalten besteht auch hier in der Berücksichtigung der Realeffekte in der flüssigen Phase, die im Aktivitätskoeffizienten erfasst werden. Man erhält das *erweiterte Henrysche Gesetz* in Analogie zum zuvor eingeführten erweiterten Raoultschen Gesetz zu

$$y_i\,p \;=\; x_i\,\gamma_i^{*}\,H_{i,\mathrm{LM}}(T,p),$$

(3.1.21a)

bzw. im Konzentrationsmaß der Molalität zu

$$y_i\,p \;=\; m_i\,\gamma_i^{*,m}\,H_{i,\mathrm{LM}}^{m}(T,p).$$

(3.1.21b)

Die Henry-Konstante ist entweder direkt als Temperaturkorrelation gegeben oder kann aus thermodynamischen Standarddaten nach Gl. (3.1.17) berechnet werden. Das erweiterte Henrysche Gesetz erlaubt die Berechnung von Absorptionsgleichgewichten. Auch diese lassen sich durch Zusatz von Elektrolyten beeinflussen. Die Hauptwirkung besteht hier in einer Veränderung des Aktivitätskoeffizienten γ_i^{*} der gelösten Komponente. Abbildung 3.3 zeigt das Phasengleichgewichtsdiagramm für die Absorption von Ammoniak in wässerigen Natriumhydroxidlösungen (Sing et al. 1999). Man erkennt eine deutliche Erhöhung des Partialdrukkes von Ammoniak über der Lösung bei Zugabe größerer Mengen des Salzes. Die Beeinflussung der Gleichgewichtslinien erfolgt bei diesem Beispiel über den Aktivitätskoeffizienten des Ammoniaks. Ist dieser kleiner Eins, so steigt die berechnete Löslichkeit an, der Partialdruck sinkt und man spricht von einem *Einsalzeffekt*. Bei Verringerung der berechneten Löslichkeit spricht man umgekehrt von einem *Aussalzeffekt*. Die in Abb. 3.3 dargestellten Kurven sind Ergebnisse von Gleichgewichtsrechnungen auf Basis des Pitzer-Modells für die freie Exzessenthalpie der Mischung. Auf diesen Ansatz wird in Kap. 4 näher eingegangen.

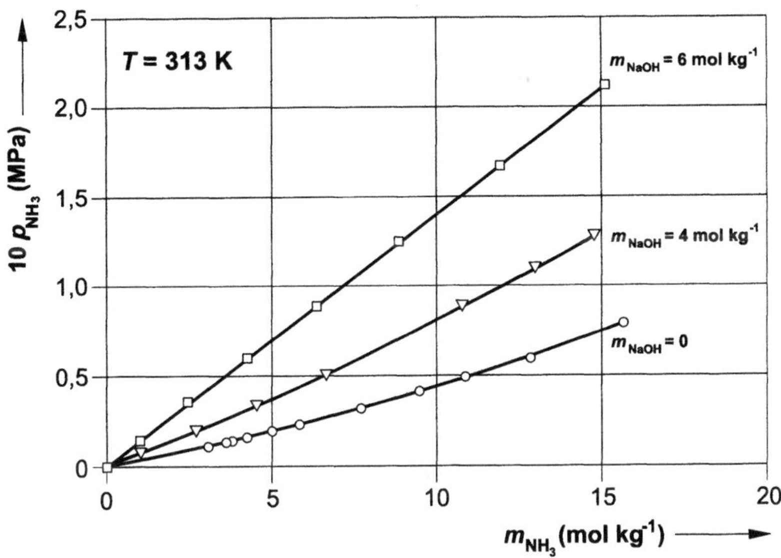

Abb. 3.3. Löslichkeit von Ammoniak in wässeriger Natriumhydroxidlösung

Die Verwendung des Henryschen Gesetzes trägt, im Gegensatz zum Raoultschen Gesetz, der real vorliegenden hohen Verdünnung der betrachteten Komponente im Lösungsmittel Rechnung. Das Henrysche Gesetz kann auch zur Berechnung der Lösung geringer Mengen einer kondensierbaren Komponente in einem Lösungsmittel, d.h. für ein VLE bei hoher Verdünnung, angewendet werden. In diesem Fall ist allerdings die Berechnung der Henry-Konstanten aus Standarddaten in der Regel nicht möglich, da diese für den Referenzzustand der ideal verdünnten Lösung kondensierbarer Komponenten nur selten vertafelt sind. Die Henry-Konstante für unterkritische Komponenten wird statt dessen aus dem Reinstoffdampfdruck und dem in Kap. 2 eingeführten Grenzaktivitätskoeffizienten $\gamma_{i,\mathrm{LM}}^{\infty}$ berechnet, der aus spezifischen Messverfahren (z.B. Ebulliometrie) bestimmt werden kann und für viele binäre Systeme vertafelt vorliegt (Gmehling et al. 1986, 1994). Eine Verknüpfung zwischen Henry-Koeffizienten und Reinstoffdampfdruck erhält man durch Gleichsetzen von Gl. (3.1.21a) und Gl. (3.1.10):

$$\gamma_i^{*}\, H_{i,\mathrm{LM}}(T,p) \;=\; \gamma_i^{0}\, p_{0i}^{\mathrm{lv}}(T). \tag{3.1.22}$$

Die Extrapolation auf den Zustand der unendlichen Verdünnung liefert hieraus:

$$1 \cdot H_{i,\mathrm{LM}}(T, p = p_{0,\mathrm{LM}}^{\mathrm{lv}}) \;=\; \lim_{x_{\mathrm{LM}} \to 1} (\gamma_i^{0}) \cdot p_{0i}^{\mathrm{lv}}(T) \;=\; \gamma_{i,\mathrm{LM}}^{\infty} \cdot p_{0i}^{\mathrm{lv}}(T). \tag{3.1.23}$$

Die Berechnung der Henry-Konstante für kondensierbare Komponenten ist damit unter der Annahme, dass der Fugazitätskoeffizient ϕ_{0i}^{lv} näherungsweise zu Eins gesetzt und die Poynting-Korrektur vernachlässigt werden kann, auf den Reinstoffdampfdruck und Informationen über das Dampf-Flüssig-Gleichgewicht im binären System aus i und LM zurückgeführt.

Bislang wurde das Henrysche Gesetz zur Beschreibung der Löslichkeit undissoziierter Komponenten verwendet. Mitunter ist man auch am Partialdruck über wässerigen Lösungen starker Elektrolyte, wie HCl und H_2SO_4, interessiert. Da die Konzentrationen der undissoziieren Anteile in verdünnten Lösungen hier extrem gering sind, sind diese nicht direkt experimentell zugänglich. Dies hat zur Folge, dass die Henry-Koeffizienten und Standarddaten der undissoziierten Spezies, wie z.B. HCl(aq) oder H_2SO_4(aq), nicht bestimmt werden können und die Verwendung des Henryschen Gesetzes nach Gl. (3.1.18) oder (3.1.19) damit nicht möglich ist. Zur Beschreibung des Phasengleichgewichts wird in diesen Fällen formal eine Henry-Konstante bei vollständiger Dissoziation eingeführt. Bei der Berücksichtigung der realen Verhältnisse bedient man sich des mittleren Ionenaktivitätskoeffizienten, der z.B. aus Messung der elektromotorischen Kraft (vgl. Kap. 5) bestimmbar ist. Hierzu wird das chemische Potenzial in der flüssigen Mischphase für den Elektrolyten nach Gl. (2.9.10) angesetzt

$$\mu_i^{(l)} = \mu_{i,\pm}^{*,m}(T, p^0) + \nu_\pm \, RT \ln\left(\frac{m_{i,\pm}}{m^*} \gamma_{i,\pm}^{*,m}\right). \qquad (3.1.24)$$

Die Druckkorrektur des chemischen Potenzials ist in Gl. (3.1.24) vernachlässigt. Einsetzen von Gl. (3.1.13) und (3.1.24) in Gl. (3.1.12) liefert

$$\mu_{0i}^{ig}(T, p^0) + RT \ln\left(\frac{y_i \, \phi_i \, p}{p^0}\right) = \mu_{i,\pm}^{*,m}(T, p^0) + \nu_\pm \, RT \ln\left(\frac{m_{i,\pm}}{m^*} \gamma_{i,\pm}^{*,m}\right). \qquad (3.1.25)$$

Nach Umformung erhält man als Gleichgewichtsbedingung für starke Elektrolyte

$$y_i \, \phi_i \, p = (m_{i,\pm} \, \gamma_{i,\pm}^{*,m})^{\nu_\pm} \underbrace{\frac{p^0}{(m^*)^{\nu_\pm}} \exp\left(\frac{\mu_{i,\pm}^{*,m}(T, p^0) - \mu_{0i}^{ig}(T, p^0)}{RT}\right)}_{H_{i(\pm),\,LM}^m(T,p^0)}. \qquad (3.1.26)$$

Das chemische Potenzial des vollständig dissoziierten Elektrolyten in Lösung ($\mu_{i,\pm}^{*,m}$) erhält man nach Gl. (2.9.10) durch stöchiometrische Kombination der chemischen Potenziale der Einzelionen.

Das in wässeriger Natriumhydroxidlösung gelöste Ammoniak (vgl. Abb. 3.3) zeigt im vorliegenden Konzentrationsbereich keine Ionenbildung und kann allein über die physikalische Löslichkeit beschrieben werden (Gl. 3.1.18). Das Phasengleichgewicht in Lösungen starker Elektrolyte ist zwar von einer chemischen Reaktion in der flüssigen Phase begleitet, jedoch wird diese als vollständig angenommen und kann daher aus dem mittleren chemischen Potenzial des Elektrolyten, der mittleren Molalität und dem mittleren Ionenaktivitätskoeffizienten nach Gl. (3.1.26) berechnet werden. Neben diesen Grenzfällen treten in vielen Elektrolytsystemen jedoch auch Reaktionen auf, die entsprechend ihrer Gleichgewichtslage nur partiell ablaufen und dementsprechend bei der Berechnung des Gleichgewichts zu berücksichtigen sind. Ein Beispiel für solche Stoffsysteme ist die Absorption schwacher leichtflüchtiger Elektrolyte, wie z.B. von Schwefeldioxid in Wasser, die häufig von einer partiellen Hydrolyse oder Eigendissoziation begleitet ist. Im Fall des Schwefeldioxids führt dies zur Bildung von Hydrogensulfit- und Sulfit-Ionen nach

$$SO_2(aq) + H_2O(l) \rightleftharpoons H^+ + HSO_3^-,$$

$$HSO_3^- \rightleftharpoons H^+ + SO_3^{2-}.$$

Man spricht in diesem Fall von *Chemisorption*. Die chemische Reaktionen in der Lösung bewirken im Regelfall eine deutliche Verbesserung der Löslichkeit, da die absorbierte Komponente über die physikalische Löslichkeit der undissoziierten Spezies hinaus zusätzlich auch in ionischer Form gelöst ist. Die Beeinflussung des Gas-Flüssig-Gleichgewichts durch weitere Elektrolyte erfolgt in diesen Fällen nicht allein über die Aktivitätskoeffizienten, sondern ganz wesentlich über die chemischen Reaktionen in der Lösung. Im thermodynamischen Sinne liegt ein kombiniertes Phasen- und Reaktionsgleichgewicht vor. Die Berechnung solcher komplexer Gleichgewichte erfolgt mit Hilfe der K-Wert-Methode oder als direkte Minimierung der freien Enthalpie unter Nebenbedingungen. Hierauf wird im Kap. 6 detailliert eingegangen.

3.1.3 Flüssig-Flüssig-Gleichgewichte (LLE)

Als letztes Phasengleichgewicht soll die Entmischung zweier flüssiger Phasen behandelt werden. Die einzelnen Komponenten, Lösungsmittel und gelöste Komponenten, verteilen sich, wie noch zu zeigen sein wird, entsprechend dem Verhältnis ihrer Aktivitätskoeffizienten auf die beiden Phasen. Betrachtet man zunächst die Lösungsmittel selbst, so kann der Zusatz von Elektrolyten dazu führen, dass ein vorher mischbares System sich entmischt oder eine bestehende Entmischung nun nicht mehr beobachtet wird. In jedem Fall wird sich die Zusammensetzung der beiden flüssigen Mischphasen bei Zugabe von Elektrolyten signifikant verändern.

Abbildung 3.4 zeigt die Gleichgewichtszusammensetzung des Systems Wasser + Acetonitril + Natriumbromid bei einer Temperatur von 25 °C im üblichen Dreiecksdiagramm (Renard u. Heichelheim 1968). Die Schnittpunkte der Konoden mit der Binodalen geben die Zusammensetzungen der beiden korrespondierenden flüssigen Mischphasen an. Um die Ausbildung einer festen Phase zu vermeiden, ist der Bereich der Zusammensetzungen, entsprechend der Löslichkeitsgrenze, zu hohen Elektrolytkonzentrationen hin eingeschränkt. Das salzfreie System Wasser + Acetonitril ist im gesamten Konzentrationsbereich vollständig mischbar. Erst die Zugabe des Natriumbromids führt zur Ausbildung einer zweiten flüssigen Phase. Es bildet sich eine überwiegend wässerige und eine organische Phase, die reich an Acetonitril und arm an Wasser ist. Der Elektrolyt verteilt sich in der typischen Weise auf die beiden flüssigen Mischphasen. Man erkennt im Dreiecksdiagramm eine starke Anreicherung der Ionen in der wässerigen Phase.

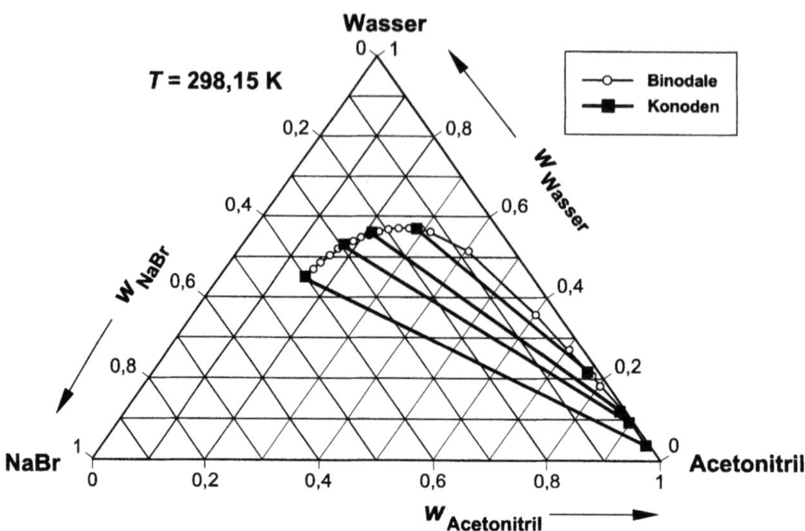

Abb. 3.4. Salzeinfluss auf ein LLE: Wasser + Acetonitril + Natriumbromid

Die Bedingung für das elektrochemische Gleichgewicht zwischen den beiden flüssigen Mischphasen α und β lautet nach Gl. (2.5.6)

$$\eta_i^{(\alpha)} = \eta_i^{(\beta)} \qquad , i \in \{1,..,K\}. \tag{3.1.27}$$

Für ungeladene Komponenten, wie etwa die Lösungsmittel, kann das elektrochemische Potenzial gleich dem chemischen Potenzial gesetzt werden. Es gilt dann

$$\mu_i^{(\alpha)} = \mu_i^{(\beta)} \qquad , i \in \{1,..,K_{LM}\} \quad \text{mit} \quad K_{LM} \leq K. \tag{3.1.28}$$

Die chemischen Potenziale der Lösungsmittel im Gemisch werden zweckmäßigerweise in beiden Phasen um den Referenzzustand der reinen flüssigen Komponente entwickelt. Die Anwendung von Gl. (2.8.4) liefert:

$$\mu_i^{(\alpha)} = \mu_{0i}^{1}(T,p^0) + RT \ln(x_i^{(\alpha)} \gamma_i^{0,(\alpha)}) + \int_{p^0}^{p} v_{0i}^{1} \, dp, \tag{3.1.29}$$

$$\mu_i^{(\beta)} = \mu_{0i}^{1}(T,p^0) + RT \ln(x_i^{(\beta)} \gamma_i^{0,(\beta)}) + \int_{p^0}^{p} v_{0i}^{1} \, dp. \tag{3.1.30}$$

Durch Einsetzen von Gl. (3.1.29) und (3.1.30) in die Gleichgewichtsbedingung (3.1.28) erhält man für die Lösungsmittel den einfachen Ausdruck:

$$x_i^{(\alpha)} \gamma_i^{0,(\alpha)} = x_i^{(\beta)} \gamma_i^{0,(\beta)}. \tag{3.1.31}$$

Aus dieser Gleichung erkennt man, dass das Gleichgewicht zwischen zwei flüssigen Phasen prinzipiell nicht durch ein ideales Stoffmodell dargestellt werden kann. Analoge Vereinfachungen wie die des Raoultschen Gesetzes beim VLE oder des Henryschen Gesetzes beim GLE sind daher beim LLE nicht möglich. Wird das Stoffmodell der idealen Lösung zu Grunde gelegt $(\gamma_i^{0,(\alpha)} = \gamma_i^{0,(\beta)} = 1)$, so nehmen die Molanteile in beiden Phasen die gleichen Werte an, was gleich bedeutend mit dem Verschwinden einer der beiden flüssigen Mischphasen ist.

Werden Elektrolyte zugesetzt, so wirken diese, ähnlich wie beim VLE, auf die Aktivitätskoeffizienten der Lösungsmittel. Diese sind bei Vorliegen eines parametrisierten G^E-Modells aus den Konzentrationen in den einzelnen Mischphasen berechenbar. Der Zusatz von Elektrolyten kann dazu führen, dass eine Mischungslücke entsteht bzw. sich eine bestehende Mischungslücke vergrößert oder auch verkleinert. Bei der Entmischung bildet sich typischerweise eine wässerige und eine organische (allgemein: nichtwässerige) Phase aus. Da die große Dielektrizitätszahl des Wassers die Dissoziation der Elektrolyte begünstigt bzw. in vielen Fällen erst ermöglicht, werden sich die Ionen überwiegend in der wässerigen Phase aufhalten und eventuell gar nicht selbst am Phasengleichgewicht teilnehmen. Dies ist jedoch nicht zwingend. Im allgemeinen Fall liegt eine Verteilung der Ionen auf beide flüssige Phasen vor. Hierfür wird im Folgenden die Gleichgewichtsbedingung ausgewertet.

Das elektrochemische Potenzial eines Ions ist nicht gleich dem chemischen Potenzial, so dass die Gleichgewichtsbedingung für Ionen in der allgemeinen Form (3.1.27) ausgewertet werden muss. Nach Einsetzen von Gl. (2.4.9) in Gl. (3.1.27) erhält man für jedes Ion i den Ausdruck

$$\mu_i^{(\alpha)} = \mu_i^{(\beta)} + z_i\, \mathrm{F}\, \underbrace{(\phi^{(\beta)} - \phi^{(\alpha)})}_{\Delta\phi}. \tag{3.1.32}$$

In Gl. (3.1.32) treten neben den bereits verwendeten chemischen Potenzialen auch die Ladungszahl z_i und die Galvanispannung $\Delta\phi$ auf. Da diese unbekannt ist, muss sie durch geeignete Linearkombinationen der Gl. (3.1.32), die für jedes Ion angesetzt wird, eliminiert werden. Man erhält auf diese Weise eine Anzahl von Gleichungen, die Kombinationen von chemischen Potenzialen enthalten. Die Art der Kombination ergibt sich aus der Forderung, dass die flüssige Mischphase insgesamt elektrisch neutral ist.

Zur Veranschaulichung wird der Rechenweg für die Zugabe eines einzelnen starken Elektrolyten, z.B. Natriumbromid zum Gemisch Acetonitril + Wasser, gezeigt. Der Elektrolyt dissoziiert vollständig nach

$$C_{\nu_c} A_{\nu_a} \;\rightarrow\; \nu_c\, C^{z_c} + \nu_a\, A^{z_a}. \tag{3.1.33}$$

Die stöchiometrischen Koeffizienten ν_i und die Ladungszahlen z_i sind dabei nicht unabhängig voneinander, da der Elektrolyt insgesamt nach außen elektrisch neutral ist. Es gilt:

$$v_c z_c + v_a z_a = 0 \quad \Leftrightarrow \quad z_a = -\frac{v_c}{v_a} z_c. \tag{3.1.34}$$

Einsetzen von Gl. (3.1.34) in Gl. (3.1.32) liefert folgendes lineares Gleichungssystem:

$$\mu_c^{(\alpha)} = \mu_c^{(\beta)} + z_c \, F \, \Delta\phi, \tag{3.1.35}$$

$$\mu_a^{(\alpha)} = \mu_a^{(\beta)} - \frac{v_c}{v_a} z_c \, F \, \Delta\phi. \tag{3.1.36}$$

Durch Multiplikation von Gl. (3.1.35) mit v_c und Gl. (3.1.36) mit v_a gelingt es nach Addition der Gleichungen, die Galvanispannung zu eliminieren und man erhält den Ausdruck:

$$v_c \mu_c^{(\alpha)} + v_a \mu_a^{(\alpha)} = v_c \mu_c^{(\beta)} + v_a \mu_a^{(\beta)}. \tag{3.1.37}$$

Die Ausdrücke auf der linken und rechten Seite der Gl. (3.1.37) entsprechen dem bekannten mittleren chemischen Potenzial des Elektrolyten nach Gl. (2.9.3), so dass man abkürzend schreiben kann:

$$\mu_\pm^{(\alpha)} = \mu_\pm^{(\beta)}. \tag{3.1.38}$$

Die chemischen Potenziale der Ionen werden zum mittleren chemischen Potenzial des Elektrolyten kombiniert und erfüllen in dieser Form die Gleichgewichtsbedingung (3.1.38). Treten in einem Flüssig-Flüssig-System mehrere verschiedene Kationen oder Anionen auf, da der Elektrolyt beispielsweise mehrfach dissoziiert, so müssen alle Ionen zu elektrisch neutralen Elektrolyten zusammengefasst werden. Diese formale Kombination der Ionen zu elektrisch neutralen Elektrolyten ergibt sich automatisch durch Ansetzen von Gl. (3.1.32) für jedes Ion und anschließende Elimination der Galvanispannung in der beschriebenen Weise. Die Gleichsetzung der mittleren chemischen Potenziale aller formalen Elektrolyte in beiden flüssigen Phasen ergibt dann die gesuchten Gleichgewichtsbedingungen.

Die chemischen Potenziale der Kationen und Anionen in Gl. (3.1.37) sind eine Funktion der wahren Zusammensetzung der betrachteten flüssigen Mischphase. Wählt man als Referenzsystem für die chemischen Potenziale der Ionen die ideal verdünnte Lösung im Konzentrationsmaß Molanteil so erhält man aus Gl. (2.8.11) unter Vernachlässigung der Druckabhängigkeit

$$\mu_\pm^{(\alpha)} = \mu_\pm^{*,(\alpha)}(T, p) + RT \ln\left[(x_c^{(\alpha)} \gamma_c^{*,(\alpha)})^{v_c} \cdot (x_a^{(\alpha)} \gamma_a^{*,(\alpha)})^{v_a}\right], \tag{3.1.39a}$$

und

$$\mu_\pm^{(\beta)} = \mu_\pm^{*,(\beta)}(T, p) + RT \ln\left[(x_c^{(\beta)} \gamma_c^{*,(\beta)})^{v_c} \cdot (x_a^{(\beta)} \gamma_a^{*,(\beta)})^{v_a}\right]. \tag{3.1.39b}$$

Legt man weiterhin in beiden Phasen formal das Referenzsystem der ideal verdünnten Lösung in Wasser zu Grunde, so gilt

$$\mu_{\pm}^{*,(\alpha)} = \mu_{\pm}^{*,(\beta)} = \mu_{\pm}^{*}. \tag{3.1.40}$$

Einsetzen von Gl. (3.1.39) in Gl. (3.1.38) liefert unter Berücksichtigung von Gl. (3.1.40) schließlich die Gleichgewichtsbedingung für die Verteilung eines Elektrolyten auf zwei flüssige Phasen zu

$$\left(x_c^{(\alpha)}\gamma_c^{*,(\alpha)}\right)^{\nu_c} \cdot \left(x_a^{(\alpha)}\gamma_a^{*,(\alpha)}\right)^{\nu_a} = \left(x_c^{(\beta)}\gamma_c^{*,(\beta)}\right)^{\nu_c} \cdot \left(x_a^{(\beta)}\gamma_a^{*,(\beta)}\right)^{\nu_a}. \tag{3.1.41}$$

Gleichung (3.1.41) erlaubt die Berechnung des Phasengleichgewichts auf Basis der wahren Zusammensetzung in beiden flüssigen Mischphasen. Dabei ist jedoch zu beachten, dass die Aktivitätskoeffizienten in Gl. (3.1.41), entsprechend den gewählten Referenzpotenzialen, die Abweichung zur ideal verdünnten Lösung in Wasser beschreiben. Tatsächlich liegt in beiden Phasen aber ein Lösungsmittelgemisch vor, so dass auch ein Bezug der Aktivitätskoeffizienten auf die ideale Verdünnung im Lösungsmittelgemisch sinnvoll ist. Diese Normierung ist z.B. im Simulationsprogramm AspenPlus™ implementiert. Die Anwendung von Gl. (3.1.41) erfordert in diesem Fall eine Konvertierung der Aktivitätskoeffizienten zwischen den beiden genannten Referenzsystemen. Beim Elektrolyt-NRTL-Modell, das in Kap. 4 diskutiert wird, erfolgt die Umrechnung vom Lösungsmittelgemisch auf das Lösungsmittel Wasser durch Einführung eines zusätzlichen Terms, des so genannten *Born*-Anteils (s. Abschn. 4.2.3). Solche relativ einfachen Korrekturen sind zur praktischen Berechnung des Verteilungsgleichgewichts eines Elektrolyten auf zwei flüssige Phasen, das sensibel von den Aktivitätskoeffizienten abhängt, häufig ungeeignet. Eine weitere Möglichkeit zur Berechnung des LLE besteht in der Wahl unterschiedlicher Referenzsysteme in beiden Phasen, d.h.

$$\mu_{\pm}^{*,(\alpha)} \neq \mu_{\pm}^{*,(\beta)}. \tag{3.1.42}$$

So könnte im System Wasser + Acetonitril + NaBr in der organischen Phase die ideal verdünnte Lösung in Acetonitril zu Grunde gelegt werden, während die wässerige Phase wie zuvor behandelt wird. In diesem Fall gilt Gl. (3.1.41) nicht und das Gleichgewicht muss direkt über Gl. (3.1.38) und (3.1.39) berechnet werden. Durch Einführung unterschiedlicher Referenzsysteme wird die notwendige Lösungsmittelkorrektur im Aktivitätskoeffizienten geringer, da nun ein Teil der Information bereits im Referenzpotenzial enthalten ist. Tatsächlich sind die chemischen Potenziale bzw. die entsprechenden Bildungswerte im Regelfall aber nur für die wässerige Lösung verfügbar. Bei der Berechnung des Verteilungsgleichgewichts der Lösungsmittel nach Gl. (3.1.31) liegt der Referenzzustand der reinen Komponente zu Grunde, so dass hierfür keine Konvertierung von Referenzsystemen notwendig ist.

In vielen technischen Anwendungen ist man am Einfluss der Elektrolyte auf das Verteilungsgleichgewicht der Lösungsmittel, nicht aber an der Verteilung des Elektrolyten selbst interessiert. In solchen Fällen lässt sich die thermodynamische Modellierung häufig entscheidend vereinfachen, indem die Existenz der Elektro-

lyte auf die wässerige Phase beschränkt wird. Infolge der besonders großen Dielektrizitätszahl des Wassers gegenüber anderen Lösungsmitteln wird die Dissoziation der Elektrolyte und damit ihre Löslichkeit in der wässerigen Phase stark begünstigt, so dass die genannte Vereinfachung physikalisch begründet ist. Auch
beim System Wasser + Acetonitril + NaBr erkennt man im Dreiecksdiagramm
(Abb. 3.4) die Rechtfertigung für die beschriebene Annahme. Die Beschränkung
der Ionen auf die wässerige Phase vereinfacht die thermodynamische Beschreibung erheblich.

Bei einigen Stoffsystemen sind noch weiter gehende Vereinfachungen möglich.
So bildet sich beispielsweise im System H_2S + Wasser + Natriumacetat unter be-
stimmten Bedingungen eine zweite flüssige Phase aus, die aus nahezu reinem
Schwefelwasserstoff besteht. Das Stoffsystem weist ein komplexes Verhalten auf:
Bildung eines Dreiphasengleichgewichts (VLLE), multiple chemische Reaktionen
mit Elektrolyten in der wässerigen Phase, Gasphasenassoziation der gebildeten
Essigsäure. Dennoch gelingt die thermodynamische Modellierung mit dem relativ
einfachen Pitzer-Modell in Verbindung mit einer Realkorrektur der Dampfphase
(Xia et al. 2000). Hierzu müssen folgende Annahmen getroffen werden: 1. Die Ionen treten nur in der wässerigen Phase auf. 2. Die nichtwässerige Phase besteht
aus reinem H_2S. Infolge der getroffenen Annahmen müssen die Aktivitätskoeffizienten aller Spezies nur in der wässerigen Phase berechnet werden. Die nichtwässerige Phase enthält keine Ionen und die Aktivität des Schwefelwasserstoffs ist dort
gleich Eins. Dieses Beispiel zeigt, dass durch geeignete Annahmen die Berechnung von Flüssig-Flüssig-Gleichgewichten in Elektrolytsystemen häufig stark
vereinfacht werden kann. Vor Durchführung einer rigorosen Gleichgewichtsrechnung sollte daher in jedem Einzelfall geprüft werden, ob Vereinfachungen der beschriebenen Art beim vorliegenden System möglich sind.

3.2 Chemische Gleichgewichte

In Kap. 2 wurde bereits eine phänomenologische Darstellung der speziellen chemischen Reaktionen in Elektrolytlösungen, wie beispielsweise der Hydrolyse- und
der Dissoziationsreaktionen, gegeben. Die Beschreibung chemisch reaktiver Systeme unterscheidet sich grundlegend von den zuvor behandelten Phasengleichgewichten, da sich nun die Molzahl der an der Reaktion beteiligten Komponenten
verändert. Diese Änderung der Molzahl geschieht infolge der Umgruppierung
vorhandener Atome zu neuen Molekülen. Die Anzahl der Atome einer jeden
Atomsorte k bleibt dabei konstant. Bezeichnet man mit a_{ik} die Anzahl der Atome
vom Typ k, die im Molekül i enthalten sind, so gilt

$$\sum_{i=1}^{K} v_i\, a_{ik} = 0, \quad k = 1,..,E.$$

(3.2.1)

Die Atomerhaltung (3.2.1) berücksichtigt, dass die Anzahl der Atome einer jeden
Art auf der Edukt- und Produktseite jeweils übereinstimmt. Die Änderung der

Stoffmengen der beteiligten Komponenten ist durch die Stöchiometrie der Reaktion eindeutig festgelegt. Zur Beschreibung der Stoffmengenänderung der Komponente i bei einer chemischen Reaktion wurde in Kap. 2 bereits die Reaktionslaufzahl ξ eingeführt:

$$\mathrm{d}n_i = v_i\,\mathrm{d}\xi. \tag{2.5.12}$$

Durch Integration von Gl. (2.5.12) erhält man die gesuchte Stoffmenge zu

$$n_i = n_i^{(0)} + v_i\,\xi. \tag{3.2.2}$$

Hierbei bezeichnet $n_i^{(0)}$ die Anfangsstoffmenge der Komponente i. Durch die Berücksichtigung der Stöchiometrie wird die Berechnung der Stoffmengen aller an einer chemischen Reaktion beteiligten Komponenten auf die Bestimmung einer einzigen Unbekannten, der Reaktionslaufzahl ξ, reduziert.

Die Reaktionslaufzahl berechnet sich aus der thermodynamischen Bedingung für das chemische Gleichgewicht, die in Kap. 2 aus der Fundamentalgleichung für Elektrolyte abgeleitet wurde

$$\sum_{i=1}^{K} v_i\,\mu_i = 0. \tag{2.5.13}$$

Gl. (2.5.13) enthält das chemische Potenzial μ_i und nicht das elektrochemische Potenzial η_i der betrachteten Komponente. Diese Vereinfachung resultiert aus der Tatsache, dass die Reaktionsgleichungen in sich elektrisch neutral sind, d.h. die Summe der Ladungen auf der Edukt- und Produktseite übereinstimmt:

$$\sum_{i=1}^{K} v_i\,z_i = 0. \tag{3.2.3}$$

Durch die Berücksichtigung der Elektroneutralität (3.2.3) reduziert sich die Bedingung für das chemische Gleichgewicht in Elektrolytlösungen auf die bekannte Bedingung für Nichtelektrolyte. Zur Berechnung der Gleichgewichtszusammensetzung muss das chemische Potenzial auf Konzentrationsmaße und damit auf die Reaktionslaufzahl zurückgeführt werden. Hierzu werden die in Kap. 2 beschriebenen Referenzzustände bzw. -systeme eingeführt. Man erhält allgemein:

$$\mu_i(T,p,\{x_j\}) = \mu_i^{\mathrm{ref}}(T,p^0) + RT\ln a_i^{\mathrm{ref}}(T,p,\{x_j\}). \tag{3.2.4}$$

Das Referenzsystem „ref" wird entsprechend dem Aggregatzustand der betrachteten Komponente, z.B. die ideal verdünnte einmolale Lösung für die gelösten Komponenten, gewählt. In Tabelle 3.1 sind mögliche Aggregatzustände mit den zugehörigen Referenzsystemen und den Ausdrücken für μ_i^{ref} und a_i^{ref} zusammengestellt. Die Druckkorrektur für das chemische Potenzial in der flüssigen und festen Phase wurde dabei vernachlässigt. Weiterhin wurde angenommen, dass keine

Mischkristalle gebildet werden, d.h. der Feststoff als reine feste Phase vorliegt. Durch Einsetzen von Gl (3.2.4) in Gl. (2.5.13) erhält man

$$\sum_{i=1}^{K} v_i (\mu_i^{\mathrm{ref}} + RT \ln a_i^{\mathrm{ref}}) = 0. \tag{3.2.5}$$

Diese Gleichung lässt sich in einen konzentrationsunabhängigen Term, der nur die Standardpotenziale enthält, und einen Term aus Aktivitäten aufspalten. Durch Umformung erhält man

$$-\frac{\sum_{i=1}^{K} v_i \mu_i^{\mathrm{ref}}}{RT} = \sum_{i=1}^{K} v_i \ln a_i^{\mathrm{ref}}. \tag{3.2.6}$$

Durch Anwendung der Logarithmengesetze erhält man schließlich nach Äquivalenzumformung als Bedingung für das chemische Gleichgewicht

$$K(T) = \exp\left(-\frac{\sum_{i=1}^{K} v_i \mu_i^{\mathrm{ref}}}{RT}\right) = \prod_{i=1}^{K} \left(a_i^{\mathrm{ref}}\right)^{v_i}. \tag{3.2.7}$$

Hier wurde die *thermodynamische Gleichgewichtskonstante K(T)* als Zusammenfassung der Standardpotenziale eingeführt. Die rechte Seite der Gleichung enthält den konzentrationsabhängigen Term in Form der Aktivitäten, die nach Tabelle 3.1 aus Konzentrationsmaßen (x_i, y_i, m_i) und Realkorrekturen (ϕ_i, γ_i) berechnet werden. Die Molenbrüche x_i bzw. y_i ergeben sich nach Gl. (2.2.2) und die Molalitäten m_i nach Gl. (2.2.1) aus den Stoffmengen der betrachteten Komponenten. Da diese über Gl. (3.2.2) mit der Reaktionslaufzahl gekoppelt sind, stellt Gl. (3.2.7) eine Bestimmungsgleichung für die Reaktionslaufzahl dar, sofern der Zahlenwert der Gleichgewichtskonstante bekannt ist. Es gilt

$$K(T) = \prod_{i=1}^{K} \left(a_i^{\mathrm{ref}}(\xi)\right)^{v_i} = f(\xi). \tag{3.2.8}$$

Durch die allgemein gültige Formulierung von Gl. (3.2.8) in Termen der Aktivität ist sowohl die Berechnung homogener, als auch heterogener Reaktionen möglich.

Gleichung (3.2.7) liefert die Berechnungsvorschrift für die chemische Gleichgewichtskonstante aus Standarddaten,

$$K(T) = \exp\left(-\frac{\Delta_r G(T, p^0)}{RT}\right), \tag{3.2.9}$$

Tabelle 3.1. Referenzpotenziale und Aktivitäten für verschiedene Aggregatzustände

Aggregatzustand	Referenzzustand / -system	$\mu_i^{\mathrm{ref}}(T, p^0)$	$a_i^{\mathrm{ref}}(T, p, \{n_j\})$
gasförmig	ideales Gas vgl. Gl. (2.8.1)	μ_{0i}^{ig}	$y_i\, \phi_i\, (p/p^0)$
flüssig	reine Flüssigkeit vgl. Gl. (2.8.4)	μ_{0i}^{l}	$x_i\, \gamma_i^0$
	ideales Gas vgl. Gl. (2.8.7)	μ_{0i}^{ig}	$(\phi_{0i}^{\mathrm{lv}}\, p_{0i}^{\mathrm{lv}}/p^0)\; x_i\, \gamma_i^0$
gelöst LM = rein	ideal verdünnte einmolale Lösung in Wasser vgl. Gl. (2.8.10)	$\mu_i^{*,m}$	$(m_i/m^*)\, \gamma_i^{*,m}$
	ideales Gas vgl. Gl. (2.8.8)	μ_{0i}^{ig}	$m_i\, \gamma_i^{*,m}\, H_{i,\mathrm{LM}}^m / p^0$
gelöst LM = Gemisch	ideal verdünnte Lösung vgl. Gl. (2.8.11)	μ_i^{*}	$x_i\, \gamma_i^{*}$
	ideales Gas vgl. Gl. (2.8.9)	μ_{0i}^{ig}	$x_i\, \gamma_i^{*}\, H_{i,\mathrm{LM}} / p^0$
fest	reiner Feststoff vgl. Gl. (2.8.13)	μ_{0i}^{s}	$x_i\, \gamma_i^{0,\mathrm{s}} = 1$
	ideales Gas vgl. Gl. (2.8.14)	μ_{0i}^{ig}	$(\phi_{0i}^{\mathrm{sv}}\, p_{0i}^{\mathrm{sv}}/p^0)\; \underbrace{x_i\, \gamma_i^{0,\mathrm{s}}}_{=1}$

wobei die freie Reaktionsenthalpie mit

$$\Delta_{\mathrm{r}} G(T, p^0) = \sum_{i=1}^{K} \nu_i\, \mu_i^{\mathrm{ref}}(T, p^0). \tag{3.2.10}$$

eingeführt wurde. Die Referenzpotenziale werden für praktische Berechnungen den entsprechenden Bildungswerten gleichgesetzt. Den Zahlenwert für das Referenzpotenzial bei beliebiger Temperatur erhält man aus der freien Standardbildungsenthalpie, der Standardbildungsenthalpie und der molaren Wärmekapazität, wie bereits in Kap. 2 gezeigt, zu

$$\mu_i^{\text{ref}}(T, p^0) = \Delta_{\text{f}} G_i^0(\text{ref}) \frac{T}{T^0} + \Delta_{\text{f}} H_i^0(\text{ref}) \left(1 - \frac{T}{T^0}\right)$$

$$+ \int_{T^0}^{T} c_{pi}^{\text{ref}}(T)\, dT - T \int_{T^0}^{T} \frac{c_{pi}^{\text{ref}}(T)}{T}\, dT. \tag{2.6.7}$$

Viele wässerige Elektrolytlösungen sind häufig nur in relativ kleinen Temperaturbereichen, z.B. von 25 bis 80 °C, von Interesse. Die molare Wärmekapazität kann daher für die meisten Zwecke mit hinreichender Genauigkeit durch eine lineare Reihenentwicklung um die Standardtemperatur approximiert werden. Man erhält

$$c_{pi}^{\text{ref}}(T) \approx C_{pi}^0(\text{ref}) + \left(\frac{dC_{pi}(\text{ref})}{dT}\right)^0 \left(T - T^0\right). \tag{3.2.11}$$

Durch Einsetzen von Gl. (3.2.11) in Gl. (2.6.7) folgt nach Integration

$$\mu_i^{\text{ref}}(T, p^0) = \Delta_{\text{f}} G_i^0(\text{ref}) \frac{T}{T^0} + \Delta_{\text{f}} H_i^0(\text{ref}) \left(1 - \frac{T}{T^0}\right)$$

$$+ C_{pi}^0 \left[T - T^0 - T \ln\left(\frac{T}{T^0}\right) \right] \tag{3.2.12}$$

$$+ \frac{1}{2} \left(\frac{dC_{pi}(\text{ref})}{dT}\right)^0 \left[(T^0)^2 - T^2 + 2TT^0 \ln\left(\frac{T}{T^0}\right) \right].$$

Einsetzen von Gl. (3.2.12) in Gl. (3.2.10) liefert eine Berechnungsgleichung für die freie Reaktionsenthalpie. Damit ergibt sich nach Gl. (3.2.9) für die Gleichgewichtskonstante der Reaktion

$$-R \ln K(T) = \frac{\Delta_{\text{r}} G^0}{T^0} + \Delta_{\text{r}} H^0 \left(\frac{1}{T} - \frac{1}{T^0}\right)$$

$$+ \Delta_{\text{r}} C_p^0 \left[1 - \frac{T^0}{T} - \ln\left(\frac{T}{T^0}\right) \right] \tag{3.2.13}$$

$$+ \frac{T^0}{2} \left(\frac{d\Delta_{\text{r}} C_p}{dT}\right)^0 \left[\frac{T^0}{T} - \frac{T}{T^0} + 2\ln\left(\frac{T}{T^0}\right) \right].$$

Hierbei bedeuten

$$\Delta_{\text{r}} Z^0 = \sum_{i=1}^{K} \nu_i Z_i^0(\text{ref}), \quad \text{mit} \quad Z_i^0 = \Delta_{\text{f}} G_i^0, \Delta_{\text{f}} H_i^0, C_{pi}^0, \left(\frac{dC_{pi}}{dT}\right)^0. \tag{3.2.14}$$

Die thermodynamische Gleichgewichtskonstante ist mit Hilfe von Gl. (3.2.13) aus thermodynamischen Standarddaten berechenbar. Man erkennt in Gl. (3.2.13), dass der Zahlenwert der Gleichgewichtskonstante bei Standardtemperatur aus der freien Standardreaktionsenthalpie und damit nach Gl. (3.2.14) nur aus den freien Standardbildungsenhalpien berechnet wird. Die Temperaturabhängigkeit der Gleichgewichtskonstante folgt durch Differenziation von Gl. (3.2.13) zu

$$\frac{d \ln K(T)}{dT} = \frac{\Delta_r H(T, p^0)}{R T^2} \tag{3.2.15}$$

und wird damit durch die Reaktionsenthalpie bei der Systemtemperatur T beschrieben. Die Gl. (3.2.15) stimmt formal mit dem so genannten *van't Hoffschen Gesetz* überein. Gl. (3.2.15) ist allerdings nicht auf Gasreaktionen beschränkt, sondern gilt insbesondere auch für heterogene Reaktionen.

Experimentell bestimmte Gleichgewichtskonstanten für Elektrolytreaktionen werden häufig als Temperaturkorrelationen der Art

$$\ln K(T) = A + \frac{B}{T} + C T + D \ln T \tag{3.2.16}$$

in der Literatur mitgeteilt. Die Struktur dieser Gleichung ist thermodynamisch begründet, wie man aus Vergleich von Gl. (3.2.16) mit Gl. (3.2.13) leicht erkennt. Die Koeffizienten der Korrelation sind daher prinzipiell in Standarddaten für die betrachtete Reaktion umrechenbar und umgekehrt. Durch sukzessives Einsetzen erhält man beispielsweise die Standarddaten der Reaktion aus den Koeffizienten der Korrelation zu

$$\left(\frac{d\Delta_r C_p}{dT} \right)^0 = 2 R C, \tag{3.2.17}$$

$$\Delta_r C_p^0 = R D + T^0 \left(\frac{d\Delta_r C_p}{dT} \right)^0, \tag{3.2.18}$$

$$\Delta_r H^0 = \Delta_r C_p^0 T^0 - \frac{(T^0)^2}{2} \left(\frac{d\Delta_r C_p}{dT} \right)^0 - R B \quad \text{und} \tag{3.2.19}$$

$$\Delta_r G^0 = \left(\frac{\Delta_r H^0}{T^0} - \Delta_r C_p^0 - \Delta_r C_p^0 \ln T^0 + T^0 \left(\frac{d\Delta_r C_p}{dT} \right)^0 \ln T^0 - R A \right) T^0. \tag{3.2.20}$$

Sind die Standarddaten aller Reaktionsteilnehmer bis auf einen bekannt, so ist auf diese Weise die Berechnung stoffspezifischer Daten aus Gleichgewichtskonstanten möglich. Dies ist hilfreich bei der Durchführung von Gleichgewichtsrechnungen auf Basis einer direkten Minimierung der freien Enthalpie, die die Kenntnis der Standarddaten voraussetzt.

Die experimentelle Bestimmung chemischer Gleichgewichtskonstanten erfolgt bei endlicher Konzentration. Infolge der Abweichung des Messbereichs vom Referenzsystem der idealen bzw. ideal verdünnten Lösung entstehen Realeffekte, d.h. die Aktivitätskoeffizienten der einzelnen Komponenten sind von Eins verschieden. Experimentell zugänglich ist nur die *empirische Gleichgewichtskonstante*, die unmittelbar aus den gemessenen Konzentrationen aller Komponenten gebildet wird:

$$K_c(T,\{z_j\}) = \prod_{i=1}^{K} \left(c_i^{ref}\right)^{v_i} , \text{ mit } c_i = x_i, y_i, \left(\frac{m_i}{m^*}\right). \tag{3.2.21}$$

Sie unterscheidet sich von der thermodynamischen Gleichgewichtskonstante $K(T)$, die nach Gl. (3.2.8) aus den Aktivitäten der beteiligten Stoffe gebildet wird. Da die Aktivitätskoeffizienten im Regelfall nicht bekannt sind, können physikalische und chemische Effekte für die einzelnen Messpunkte nicht sauber voneinander getrennt werden. Eine Trennung des Konzentrationseinflusses auf die Gleichgewichtskonstante wird im Falle der unsymmetrischen Normierung erst durch Extrapolation der gemessenen empirischen Konstanten auf den Zustand der unendlichen Verdünnung erreicht, da dort beide Konstanten definitionsgemäß übereinstimmen. Diese Vorgehensweise wird in Abb. 3.5 am Beispiel der Bildung von Pyrosulfit ($S_2O_5^{2-}$) aus Hydrogensulfit (HSO_3^-) nach

$$2\,HSO_3^- \rightleftharpoons S_2O_5^{2-} + H_2O(l)$$

veranschaulicht.

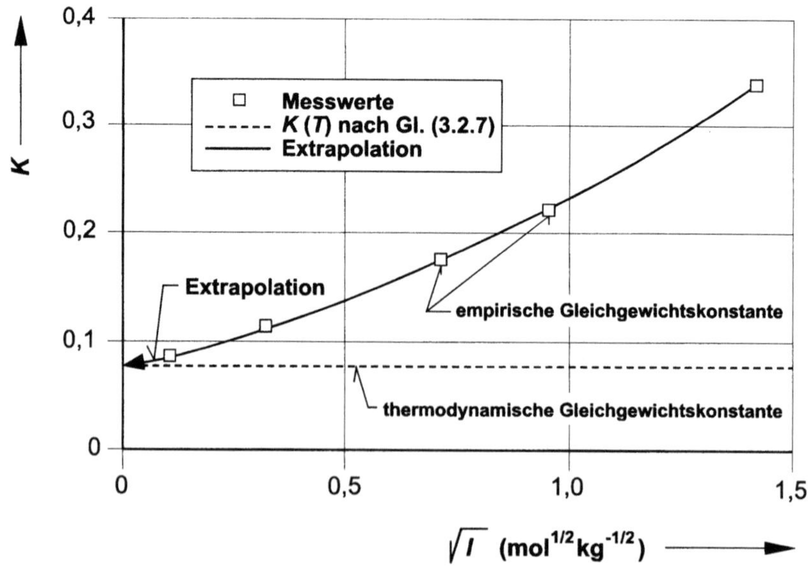

Abb. 3.5. Bestimmung der chemischen Gleichgewichtskonstante einer Ionenreaktion

Die empirische Gleichgewichtskonstante wurde aus spektroskopischen Messungen der Konzentration bestimmt (Bourne et al. 1974) und ist über der Wurzel der so genannten Ionenstärke

$$I_m = \frac{1}{2} \sum_{i=1}^{K} m_i z_i^2 \tag{3.2.22}$$

aufgetragen, die in der ideal verdünnten Lösung den Wert Null annimmt. Diese Art der Auftragung ist thermodynamisch sinnvoller, als beispielsweise eine einfache Darstellung über der Konzentration des Pyrosulfits in der Lösung. Dies wird im Zusammenhang mit der Beschreibung der Aktivitätskoeffizientenmodelle an späterer Stelle klarer. Man erkennt in Abb. 3.5 deutlich die Abweichung der Messwerte bei zunehmender Ionenstärke der Lösung. Die Extrapolation der Messwerte auf die Ionenstärke Null liefert den gesuchten Zahlenwert für die thermodynamische Gleichgewichtskonstante der Reaktion, hier: $K(298{,}15\ \text{K}) = 0{,}078$.

Ist die Gleichgewichtskonstante $K(T)$ entweder aus Messung oder aus Berechnung mittels Standarddaten bekannt, so ist die Berechnung der Reaktionslaufzahl aus Gl. (3.2.8), der Stoffmengen aller Komponenten aus Gl. (3.2.2) und schließlich der Gleichgewichtszusammensetzung, z.B. in Termen der Molalität, möglich. Diese Systematisierung der Vorgehensweise erlaubt die einfache Erweiterung auf die Berechnung von Simultanreaktionen. Die Stoffmenge einer jeden Komponente i ändert sich dann als Folge aller Reaktionen R, an denen die Komponente beteiligt ist

$$n_i = n_i^{(0)} + \sum_{r=1}^{R} v_{ir}\, \xi_r\,, \quad i = 1,..,K. \tag{3.2.23}$$

Die unbekannten Stoffmengen folgen bei Kenntnis der Ausgangszusammensetzung $\{n_i^{(0)}\}$, d.h. des Atomvorrats, der stöchiometrischen Koeffizienten und der R Reaktionslaufzahlen. Diese ergeben sich aus den R Bedingungen für die chemischen Gleichgewichte

$$K_r(T) = \prod_{i=1}^{K} \left(a_i^{\text{ref}}\right)^{v_{ir}}\,, \quad r = 1,..,R. \tag{3.2.24}$$

Man erhält auf diese Weise ein gekoppeltes System nichtlinearer, algebraischer Gleichungen zur Bestimmung der gesuchten Reaktionslaufzahlen

$$\begin{pmatrix} K_1 \\ ... \\ K_R \end{pmatrix} = \begin{pmatrix} f_1(\xi_1,..,\xi_R) \\ ... \\ f_R(\xi_1,..,\xi_R) \end{pmatrix}. \tag{3.2.25}$$

Bei der Formulierung der R Reaktionsgleichungen ist darauf zu achten, dass diese linear unabhängig sind. Die mathematische Lösung des Gleichungssystems (3.2.25), die sich beispielsweise mit dem Newton/Raphson-Verfahren realisieren lässt, liefert Zahlenwerte für die R Reaktionslaufzahlen. Im nächsten Schritt ist zu überprüfen, ob die ermittelten Reaktionslaufzahlen auf positive Stoffmengen führen. Ist dies nicht der Fall, so ist die erhaltene Lösung unphysikalisch und es muss durch Startwertvariation eine Lösung gesucht werden, die die physikalischen Randbedingungen erfüllt. Ist eine solche Lösung für die Reaktionlaufzahlen bekannt, so kann daraus anschließend die gesuchte Zusammensetzung im chemischen Gleichgewicht berechnet werden.

An dieser Stelle sei angemerkt, dass die Zusammensetzung im Gleichgewicht als Lösung eines nichtlinearen algebraischen Gleichungssystems erhalten wird. Dies liegt an der Definition des Gleichgewichtszustandes im thermodynamischen Sinne, d.h. als stationärer Zustand, in dem ursprünglich vorhandene Unterschiede in den chemischen Potenzialen vollständig abgebaut wurden. Diese Sichtweise unterscheidet sich deutlich von der Definition des chemischen Gleichgewichts, wie sie im Bereich der Reaktionskinetik üblich ist. Dort erhält man die Zusammensetzung im chemischen Gleichgewicht aus der Lösung eines Systems gewöhnlicher linearer Differenzialgleichungen für die Bedingung unendlicher Verweilzeit. Obgleich die thermodynamische Sicht des chemischen Gleichgewichts sich erkennbar von derjenigen der Reaktionskinetik unterscheidet, ist eine Kombination beider Konzepte möglich. So kann beispielsweise die Information über kinetisch gehemmte Reaktionen als Nebenbedingung in der thermodynamischen Gleichgewichtsrechnung berücksichtigt werden. Man spricht in einem solchen Fall von einer *korrigierten Gleichgewichtsrechnung*.

Da durch die Verwendung der Aktivität in der Bedingung für das Reaktionsgleichgewicht auch heterogene Reaktionen beschrieben werden können, ist die Einbeziehung von Phasengleichgewichten in Gl.(3.2.23) und Gl. (3.2.25) formal leicht möglich. Auf diese Weise gelangt man zur so genannten K-Wert-Methode, die die Berechnung kombinierter Phasen- und Reaktionsgleichgewichte erlaubt. Hierauf wird in Kap. 6 detailliert eingegangen.

3.3 Spezielle Gleichgewichte in Elektrolytlösungen

In den vorangegangenen Abschnitten dieses Kapitels wurde die Berechnung von Phasengleichgewichten und chemischen Gleichgewichten auf Basis des in Kap. 2 vorgestellten Formelapparates für die chemischen Potenziale erläutert. Die entwickelten Gleichgewichtsbeziehungen werden nun zur Beschreibung spezieller Effekte und Begriffe der Elektrolytthermodynamik, wie z.B. *pH*-Wert, Löslichkeitsprodukt, Pufferung und osmotisches Gleichgewicht verwendet. Alle genannten Begriffe lassen sich in einheitlicher Weise aus den chemischen Potenzialen berechnen. Ausgehend von der thermodynamischen Definition dieser Größen, wird ihre Nutzbarmachung und gezielte Änderung diskutiert. Das Verständnis und die Berechnung elektrolytspezifischer Eigenschaften ist das Ziel des folgenden Abschnitts.

3.3.1 Dissoziation des Wassers

Das Wasser dissoziiert als Lösungsmittel selbst gemäß

$$H_2O(l) \;\rightleftharpoons\; H^+ + OH^- \tag{3.3.1}$$

in geringem Umfang in H^+- und OH^--Ionen. Die Gleichgewichtskonstante folgt aus Gl. (3.2.7) und Tabelle 3.1 zu:

$$\frac{a_{H^+}^{*,m}\, a_{OH^-}^{*,m}}{a_{H_2O}^0} = K_{H_2O}(T) = \exp\left\{-\frac{(\mu_{H^+}^{*,m} + \mu_{OH^-}^{*,m} - \mu_{0,H_2O}^l)}{RT}\right\}. \tag{3.3.2}$$

Die chemischen Potenziale sind beim Standarddruck p^0 und der Systemtemperatur T auszuwerten. Die Gleichgewichtskonstante K_{H_2O} wird häufig als *Ionenprodukt* des Wassers bezeichnet. Ihren Zahlenwert erhält man aus der Auswertung der rechten Seite in Gl. (3.3.2), während die linke Seite in Verbindung mit der Elektroneutralitätsbeziehung und der Schließbedingung für die Molenbrüche die Berechnung der Konzentrationen von H^+, OH^- und $H_2O(l)$ ermöglicht. Zur Auswertung der Gleichgewichtskonstante bei 25 °C benötigt man die Kenntnis der chemischen Potenziale aller Komponenten im Standardzustand, die für praktische Rechnungen den entsprechenden freien Standardbildungsenthalpien gleichgesetzt werden dürfen. Für diese findet man im Anhang:

$$\mu_{H^+}^{*,m}(T^0, p^0) = \Delta_f G_{H^+}^0 = 0,$$

$$\mu_{OH^-}^{*,m}(T^0, p^0) = \Delta_f G_{OH^-}^0 = -157{,}244 \text{ kJ mol}^{-1},$$

$$\mu_{0,H_2O}^l(T^0, p^0) = \Delta_f G_{H_2O}^0(0,l) = -237{,}129 \text{ kJ mol}^{-1}.$$

Damit folgt für das Gleichgewicht der Wasserdissoziation im Standardzustand:

$$\frac{a_{H^+}^{*,m}\, a_{OH^-}^{*,m}}{a_{H_2O}^0} = K_{H_2O}(T^0) = 1{,}011 \cdot 10^{-14}. \tag{3.3.3}$$

Der niedrige Wert der Gleichgewichtskonstante zeigt, dass nur eine sehr geringe Dissoziation des Wassers stattfindet, d.h. das Wasser verhält sich praktisch wie ein Reinstoff und die Ionen liegen in einer ideal verdünnten Lösung vor. Damit können alle Aktivitätskoeffizienten sowie die Konzentration des Wassers näherungsweise zu Eins gesetzt werden und man erhält:

$$m_{H^+}\, m_{OH^-} = 1{,}011 \cdot 10^{-14}\ (\text{mol kg}^{-1})^2. \tag{3.3.4}$$

Entsprechend der Reaktionsgleichung für die Dissoziation des Wassers und dem Prinzip der Elektroneutralität gilt $(+1)m_{H^+} + (-1)m_{OH^-} = 0$ und somit

$$m_{H^+} = m_{OH^-} = 1{,}005 \cdot 10^{-7}\ \text{mol kg}^{-1}, \tag{3.3.5}$$

d.h. 1 kg reines Wasser (= 55,51 mol) enthält bei 25 °C je 10^{-7} mol H^+- und OH^--Ionen.

Die Dissoziation des Wassers ist ein endothermer Prozess, die Dissoziationsenthalpie ist positiv. Mit den im Anhang angegebenen Bildungsenthalpien berechnet sich im Standardzustand ein Wert von $\Delta_r H^0_{H_2O} = 55,836$ kJ mol^{-1}. Entsprechend der Temperaturabhängigkeit der Gleichgewichtskonstante, Gl. (3.2.15), nimmt diese mit steigender Temperatur zu und der zugehörige pK-Wert, definiert als der negative dekadische Logarithmus der Gleichgewichtskonstante, sinkt (s. Tabelle 3.2). Die Druckabhängigkeit der Dissoziationskonstante ist erwartungsgemäß gering.

Tabelle 3.2. pK_{H_2O} -Werte als Funktion der Temperatur und des Druckes (Marshall u. Franck 1981) $(pK_{H_2O} \equiv -\log_{10} K_{H_2O})$

p [MPa]	t [°C]								
	0	25	50	75	100	150	200	250	300
Dampfdruck	14,938	13,995	13,275	12,712	12,265	11,638	11,289	11,191	11,406
25	14,83	13,90	13,19	12,63	12,18	11,54	11,16	11,01	11,14
50	14,72	13,82	13,11	12,55	12,10	11,45	11,05	10,85	10,86
75	14,62	13,73	13,04	12,48	12,03	11,36	10,95	10,72	10,66
100	14,53	13,66	12,96	12,41	11,96	11,29	10,86	10,60	10,50

3.3.2 *pH*-Wert wässeriger Lösungen

Der negative dekadische Logarithmus der H^+-Aktivität wird als pH-Wert (pondus hydrogenii) bezeichnet:

$$pH \equiv -\log_{10}(a_{H^+}^{*,m}) = -\log_{10}(\frac{m_{H^+}}{m^*}\gamma_{H^+}^{*,m}). \qquad (3.3.6)$$

Reines Wasser, das sich auf Grund der geringen Dissoziation wie eine ideale, bzw. ideal verdünnte Lösung verhält, besitzt damit gemäß Gl. (3.3.5) bei 25 °C unter Normaldruck einen pH-Wert von 7,0. Mit steigender Temperatur nimmt der pH-Wert entsprechend der Zunahme der Dissoziationskonstante ab. Unter Annahme gleicher Aktivitäten für die H^+- und OH^-- Ionen[1] erhält man mit

$$pH = -\log_{10}(\sqrt{K_{H_2O}}) = \frac{pK_{H_2O}}{2} \qquad (3.3.7)$$

---

[1] Die Plausibilität dieser Annahme wird in Kap. 4 deutlich.

eine direkte Beziehung zwischen dem *pH*-Wert und dem Ionenprodukt bzw. dem *pK*-Wert des reinen Wassers. Für 300 °C ergibt sich damit aus Tabelle 3.2 ein *pH*-Wert von 5,70. Die Druckabhängigkeit des *pH*-Wertes ist sehr gering. Bei 100 MPa und 25 °C folgt aus Tabelle 3.2 beispielsweise ein *pH*-Wert von 6,83.

Ein *pH*-Wert von 7,0 ist kennzeichnend für neutrales Wasser. Durch Zugabe von Säuren, Basen oder Salzen, die bei der Dissoziation H^+- oder OH^--Ionen freisetzen, sowie durch chemische Reaktionen, welche die Konzentration dieser Ionen im Wasser verändern, kann der *pH*-Wert verschoben werden. In sauren Lösungen sinkt der *pH*-Wert durch die Zugabe von H^+-Ionen, während er in alkalischen Lösungen durch die zusätzlichen OH^--Ionen steigt. Zur exakten Berechnung des *pH*-Wertes in konzentrierteren Lösungen werden bei vorgegebenen Molalitäten Daten für die Ionenaktivitätskoeffizienten benötigt. In einer 0,1-molalen wässerigen HCl-Lösung beträgt der Aktivitätskoeffizient der H^+-Ionen bei 25 °C unter der Annahme gleicher Ionenaktivitätskoeffizienten für H^+ und Cl^- etwa 0,80 (Hamer u. Wu 1972). Damit erhält man bei vollständiger Dissoziation des HCl gemäß $HCl(aq) \rightarrow H^+ + Cl^-$ einen *pH*-Wert von

$$pH \, (0{,}1\text{-m HCl}) \; = \; - \log_{10}(0{,}1 \cdot 0{,}80) \; = \; 1{,}1$$

Der Anteil der aus der Dissoziation des Wassers stammenden H^+-Ionen kann dabei auf Grund der sehr niedrigen Dissoziationskonstante des Wassers vernachlässigt werden. In einer 0,1-molalen wässerigen Natriumhydroxidlösung kann der Aktivitätskoeffizient der OH^--Ionen bei 25 °C unter Voraussetzung gleicher Ionenaktivitätskoeffizienten zu 0,77 angenommen werden (Hamer u. Wu 1972). Daraus folgt bei vollständiger Dissoziation gemäß $NaOH \rightarrow Na^+ + OH^-$ für die Aktivität der H^+-Ionen

$$a_{H^+}^{*,m} \; = \; \frac{K_{H_2O}}{a_{OH^-}^{*,m}} \; = \; \frac{1{,}011 \cdot 10^{-14}}{0{,}1 \cdot 0{,}77} \; = \; 1{,}31 \cdot 10^{-13}$$

und damit für den *pH*-Wert:

$$pH \, (0{,}1\text{-m NaOH}) \; = \; - \log_{10}(1{,}31 \cdot 10^{-13}) \; = \; 12{,}9 \, .$$

Steht eine wässerige Lösung in Kontakt mit der Atmosphäre, so wird ihr *pH*-Wert durch die Absorption und Hydrolyse des dort enthaltenen Kohlendioxids beeinflusst. Entsprechend der heterogenen Reaktionsgleichung

$$CO_2(g) \; + \; H_2O(l) \; \rightleftharpoons \; HCO_3^- \; + \; H^+$$

gilt für das sich einstellende thermodynamische Gleichgewicht nach Gl. (3.2.7)

$$\frac{a_{HCO_3^-}^{*,m} \; a_{H^+}^{*,m}}{\dfrac{p_{CO_2} \, \phi_{CO_2}}{p^0} \, a_{H_2O}^0} = K_{CO_2}(T) = \exp\left\{ - \frac{(\mu_{HCO_3^-}^{*,m} + \mu_{H^+}^{*,m} - \mu_{0,CO_2}^{ig} - \mu_{0,H_2O}^l)}{RT} \right\} \cdot \qquad (3.3.8)$$

Auf Grund des niedrigen Druckes kann der Fugazitätskoeffizient des CO_2 mit guter Genauigkeit zu Eins gesetzt werden. Bei hoher Verdünnung gilt darüber hinaus

$$\gamma_{HCO_3^-}^{*,m} \ = \ \gamma_{H^+}^{*,m} \ = \ a_{H_2O}^0 \ = \ 1.$$

Durch die Bildung der H^+-Ionen gemäß der o.a. Reaktionsgleichung werden entsprechend dem Dissoziationsgleichgewicht des Wassers die OH^--Ionen zurückgedrängt. Schon bei einer Änderung des *pH*-Wertes von 7 auf 6 beträgt der Anteil der OH^--Ionen bezogen auf die H^+-Ionen nur noch 1 %, so dass bei der Auswertung der Elektroneutralitätsbeziehung auf die OH^--Ionen im schwach sauren Bereich verzichtet werden kann. Diese reduziert sich somit auf die einfache Beziehung $m_{HCO_3^-} = m_{H^+}$.

Unter Einführung der genannten Vereinfachungen folgt aus Gl. (3.3.8)

$$a_{H^+}^{*,m} \ \approx \ \frac{m_{H^+}}{m^*} \ \approx \ \sqrt{K_{CO_2}(T)\frac{p_{CO_2}}{p^0}} \, . \tag{3.3.9}$$

Mit den im Anhang tabellierten Werten für die freie Standardbildungsenthalpie erhält man eine Gleichgewichtskonstante von $K_{CO_2}(25\,^\circ C) = 1,4648 \cdot 10^{-8}$. Damit ergeben sich aus Gl. (3.3.9) in Abhängigkeit vom CO_2-Partialdruck die in Abb. 3.6 dargestellten *pH*-Werte. Der Durchschnittswert des CO_2-Partialdruckes in der Erdatmosphäre liegt bei etwa 0,03 kPa, so dass sich in einem offenen System bei 25 °C im Gleichgewicht ein *pH*-Wert von ca. 5,7 einstellt. Zum Vergleich sind in Abb. 3.6 die unter Berücksichtigung der OH^--Ionen und Aktivitätskoeffizienten berechneten *pH*-Werte eingetragen. Nennenswerte Abweichungen treten erst bei *pH*-Werten über 6,4 auf.

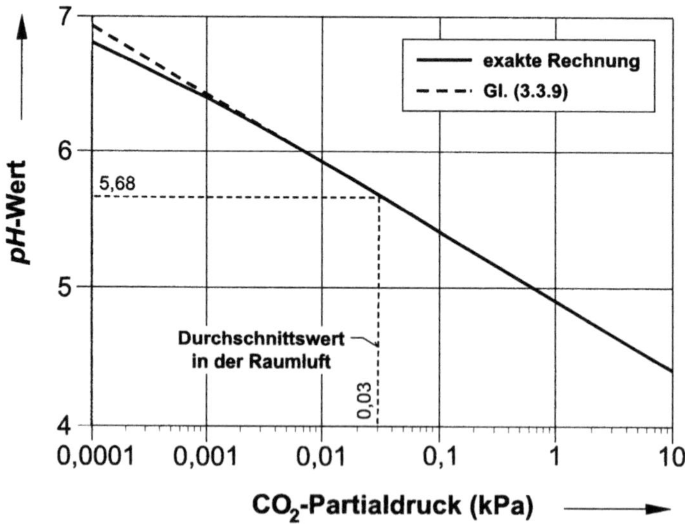

Abb. 3.6. Einfluss des CO_2-Partialdruckes auf den *pH*-Wert von Wasser bei 25 °C

3.3.3 Dissoziation und Löslichkeit fester Elektrolyte

Die Löslichkeit eines Feststoffs in einem Lösungsmittel, z.B. Kochsalz in Wasser, entspricht Beobachtungen aus dem Alltagsleben. Wird eine kleine Menge an NaCl in ein Gefäß mit Wasser gegeben, so löst sich das Salz auf und es entsteht eine klare wässerige Lösung. Bei Zugabe größerer Mengen an Salz läuft der Lösungsprozess schließlich nicht mehr vollständig ab, sondern es verbleiben im Gleichgewichtszustand Salzkristalle am Gefäßboden. Die Löslichkeit des Salzes lässt sich durch Änderung der Temperatur oder Zugabe weiterer Komponenten verändern. So beobachtet man beispielsweise eine deutliche Verringerung der Löslichkeit von Kochsalz bei Zugabe geringer Mengen verdünnter Salzsäure. Die Löslichkeit von Kalkstein, $CaCO_3$, wird hingegen durch die Zugabe einer Säure wesentlich erhöht. Die Berechnung dieser Effekte ist Ziel dieses Abschnitts.

Ausgangspunkt der Betrachtungen ist die folgende allgemein formulierte Dissoziationsreaktion eines festen Elektrolyten bei Übersättigung:

$$C_{\nu_c} A_{\nu_a} (s) \underset{\leftarrow}{\rightarrow} \nu_c C^{z_c} + \nu_a A^{z_a}$$

Für die Gleichgewichtskonstante erhält man aus Gl. (3.2.7) und (2.9.10)

$$\frac{\left(a_\pm^{*,m}\right)^{\nu_\pm}}{1} = K_D(T) = \exp\left(-\frac{(\mu_\pm^{*,m} - \mu_{0,ca}^s)}{RT}\right) \tag{3.3.10}$$

mit

$$a_\pm^{*,m} = \frac{m_\pm}{m^*} \gamma_\pm^{*,m}. \tag{3.3.11}$$

Hierbei wurden die chemischen Potenziale der Einzelionen zum mittleren chemischen Potenzial zusammengefasst. Die Aktivität des festen Elektrolyten wurde unter der Annahme, dass dieser als Reinstoff ausfällt, zu Eins gesetzt. Die chemischen Standardpotenziale werden auch hier den entsprechenden freien Standardbildungsenthalpien gleichgesetzt:

$$\mu_\pm^{*,m}(T^0, p^0) = \Delta_f G_{ca(ai)}^0 = \nu_c \, \Delta_f G_c^0(*,m) + \nu_a \, \Delta_f G_a^0(*,m),$$

$$\mu_{0,ca}^s(T^0, p^0) = \Delta_f G_{ca(s)}^0.$$

Gleichung (3.3.10) liefert mit Gl. (3.3.11) bei Kenntnis des mittleren Ionenaktivitätskoeffizienten die mittlere Molalität des festen Elektrolyten $C_{\nu_c} A_{\nu_a}$ in der gesättigten Lösung und beschreibt somit die Löslichkeit eines reinen festen Elektrolyten in einem Lösungsmittel als Funktion der Temperatur und der Zusammensetzung. Die Gleichgewichtskonstante K_D wird auch als *Löslichkeitsprodukt* (LP) bezeichnet.

Beispiel 3.8 zeigt die Anwendung von Gl. (3.3.10) auf die Berechnung der Löslichkeit von Kochsalz in Wasser.

Die Zugabe weiterer löslicher Komponenten beeinflusst nicht das Löslichkeitsprodukt, wohl aber, über die Aktivitätskoeffizienten, die Sättigungskonzentration des betrachteten Elektrolyten. Entstehen durch die Dissoziation zusätzlicher Elektrolyte Anionen oder Kationen, die gleich denen des betrachteten Salzes sind, so wird dessen Löslichkeit darüber hinaus direkt durch die erhöhte Konzentration des gemeinsamen Ions verringert. Beispiele hierfür sind die Zugabe von Calciumchlorid, Natriumsulfat oder auch HCl in eine wässerige Kochsalzlösung (Abb. 3.7). Auf diese Weise können durch Zugabe gut löslicher Elektrolyte gezielt schwächer lösliche Elektrolyte ausgefällt werden.

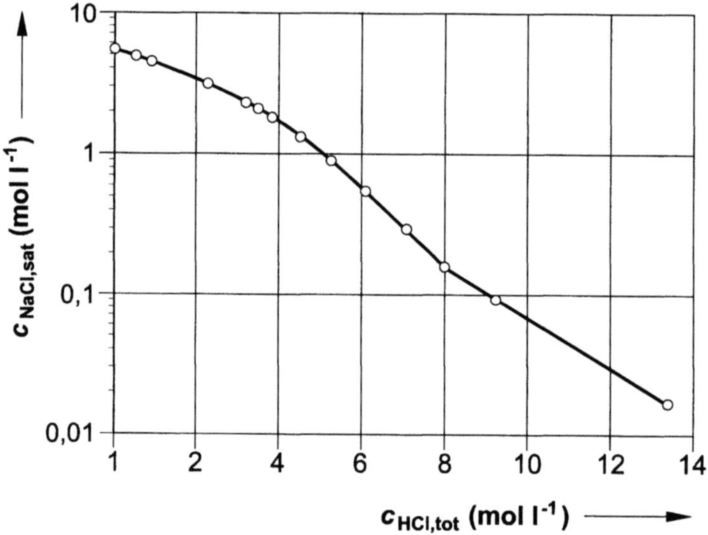

Abb. 3.7. Löslichkeit von Kochsalz in wässeriger HCl-Lösung bei 25 °C (Exp. Werte aus Linke u. Seidell (1965))

Bei alkalisch oder sauer dissoziierenden Feststoffen wird die Löslichkeit darüber hinaus auch durch den *pH*-Wert stark beeinflusst. Ein Beispiel hierfür ist Calciumcarbonat, Kalkstein, das im Bereich $7 \leq pH \leq 9$ gemäß

$$CaCO_3(s) + H^+ \rightleftharpoons Ca^{2+} + HCO_3^-$$

unter Bildung von Hydrogencarbonat alkalisch dissoziiert. Für das Dissoziationsgleichgewicht dieser Reaktion gilt nach Abschn. 3.2

$$a_{HCO_3^-}^{*,m} = K_{CaCO_3} \frac{a_{H^+}^{*,m} \cdot 1}{a_{Ca^{2+}}^{*,m}}. \tag{3.3.12}$$

Die Carbonatlöslichkeit erhöht sich danach mit zunehmender Wasserstoffionenaktivität (abnehmender *pH*-Wert, Zugabe einer Säure) und sinkt mit zunehmender Calciumionenaktivität (Zugabe einer löslichen Calciumverbindung wie z.B. Calciumchlorid). Bei *pH*-Werten ≤ 4 dissoziiert Kalkstein unter Bildung von CO_2 gemäß

$$CaCO_3(s) + 2\,H^+ \rightleftharpoons Ca^{2+} + CO_2(g) + H_2O(l),$$

so dass die Kalksteinlöslichkeit in diesem Bereich bei konstantem CO_2-Partialdruck quadratisch mit der Wasserstoffionenaktivität ansteigt.

3.3.4 Dissoziation und Lösungsgleichgewicht schwacher Elektrolyte

Wie bereits in Abschn. 2.1 erläutert wurde, unterscheidet man je nach Tendenz zur Eigendissoziation zwischen starken und schwachen Elektrolyten. Während starke Elektrolyte bei niedrigen und mittleren Konzentrationen praktisch vollständig dissoziieren, sind schwache Elektrolyte selbst bei höheren Verdünnungen noch in molekularer Form nachweisbar. Ein typisches Beispiel für einen schwachen Elektrolyten ist die Essigsäure (HAc), die gemäß

$$CH_3COOH(aq) \rightleftharpoons CH_3COO^- + H^+$$

in ein Acetat-Ion (Ac^-) und ein H^+-Ion dissoziiert. Für das Gleichgewicht dieser Dissoziationsreaktion gilt nach Gl. (3.2.7) mit Tabelle 3.1

$$K_{HAc}(T) = \frac{a_{Ac^-}^{*,m}\, a_{H^+}^{*,m}}{a_{HAc(aq)}^{*,m}}. \tag{3.3.13}$$

Für eine ideal verdünnte Lösung folgt daraus:

$$K_{HAc} = \frac{m_{Ac^-}\, m_{H^+}}{m_{HAc(aq)}} \frac{1}{m^*}. \tag{3.3.14}$$

Nach Einführung des Dissoziationsgrades

$$\alpha = \frac{m_{HAc,tot} - m_{HAc(aq)}}{m_{HAc,tot}} = \frac{m_{Ac^-}}{m_{HAc(aq)} + m_{Ac^-}} \tag{3.3.15}$$

erhält man schließlich

$$K_{HAc} = \frac{\alpha^2}{1-\alpha} \frac{m_{HAc,tot}}{m^*}. \tag{3.3.16}$$

Dabei bezeichnet $m_{HAc(aq)}$ die Molalität der in Wasser molekular gelösten Essigsäure und $m_{HAc,tot}$ die Gesamtmolalität des Elektrolyten vor der Dissoziation.

Unter der Voraussetzung, dass sich die Ionen in ihren Bewegungen nicht gegenseitig beeinflussen kann näherungsweise angenommen werden, dass die *elektrische Leitfähigkeit* Λ einer Elektrolytlösung proportional zur Anzahl der Ionen in der Lösung ist. Infolge der langreichweitigen Coulombschen Wechselwirkungen zwischen den Ionen ist diese Bedingung nur in hoch verdünnten Lösungen erfüllt. Unter der zusätzlichen Voraussetzung, dass der Elektrolyt für $m \rightarrow 0$ vollständig dissoziiert ist, d.h. $\alpha = 1$ ist, gilt nach Ostwald in stark verdünnten Lösungen

$$\Lambda = \alpha \Lambda^{\circ}. \tag{3.3.17}$$

Gleichung (3.3.17) ist als *Ostwaldsches Verdünnungsgesetz* bekannt. Die Leitfähigkeit bei unendlicher Verdünnung, die sog. *Grenzleitfähigkeit*, ist dabei mit Λ° bezeichnet. In Tabelle 3.3 sind die bei 25 °C experimentell ermittelten Leitfähigkeiten und die mit $\Lambda^{\circ} = 390{,}7$ cm^2 Ω^{-1} mol^{-1} berechneten Dissoziationskonstanten für Essigsäure angegeben. Die Konstanz der K-Werte zeigt, dass das Ostwaldsche Verdünnungsgesetz und die Vernachlässigung der Aktivitätskoeffizienten im untersuchten Konzentrationsbereich eine befriedigende Beschreibung des realen Dissoziationsverhaltens liefert. Für starke Elektrolyte wie NaCl und HCl gilt das Ostwaldsche Verdünnungsgesetz, wie Tabelle 3.4 zeigt, in diesem Konzentrationsbereich jedoch bereits nicht mehr. Die in Tabelle 3.3 dargestellte Abnahme des Dissoziationsgrades mit zunehmender Gesamtmolalität ist ein typisches Verhalten aller Elektrolyte.

Tabelle 3.3. Dissoziation der Essigsäure bei 25 °C (Denbigh 1974)

$m_{\text{HAc,tot}}$ [mol kg^{-1}]	Λ [cm^2 Ω^{-1} mol^{-1}]	α	$K_{\text{HAc}} \times 10^5$
≈ 0	390,70	1	
0,0001	131,60	0,337	1,71
0,001	48,63	0,124	1,77
0,005	22,80	0,058	1,81
0,01	16,20	0,041	1,79
0,05	7,36	0,019	1,81
0,10	5,20	0,013	1,80

Tabelle 3.4. Dissoziation von NaCl und HCl bei 25 °C (Harned u. Owen 1958)

m [mol kg^{-1}]	NaCl Λ [cm^2 Ω^{-1} mol^{-1}]	$K_{\text{NaCl}} \times 10^3$	HCl Λ [cm^2 Ω^{-1} mol^{-1}]	$K_{\text{HCl}} \times 10^3$
≈ 0	126,45		426,16	
0,0005	124,50	31,431	422,74	61,308
0,001	123,74	44,682	421,36	86,795
0,005	120,65	99,238	415,80	195,797
0,01	118,51	139,885	412,00	281,293
0,05	111,06	316,904	399,09	690,320
0,10	106,74	457,140	391,32	1031,367

Weitere Beispiele für schwache Elektrolyte sind leicht flüchtige Verbindungen wie z.B. SO_2, HF, CO_2 oder H_2S, die gemäß

$$SO_2(aq) + H_2O(l) \rightleftharpoons H^+ + HSO_3^- \qquad K^0 = 1{,}390 \cdot 10^{-2}$$

$$HSO_3^- \rightleftharpoons H^+ + SO_3^{2-} \qquad K^0 = 6{,}724 \cdot 10^{-8}$$

$$HF(aq) \rightleftharpoons H^+ + F^- \qquad K^0 = 6{,}939 \cdot 10^{-4}$$

$$CO_2(aq) + H_2O(l) \rightleftharpoons H^+ + HCO_3^- \qquad K^0 = 4{,}302 \cdot 10^{-7}$$

$$HCO_3^- \rightleftharpoons H^+ + CO_3^{2-} \qquad K^0 = 4{,}685 \cdot 10^{-11}$$

$$H_2S(aq) \rightleftharpoons H^+ + HS^- \qquad K^0 = 1{,}019 \cdot 10^{-7}$$

$$HS^- \rightleftharpoons H^+ + S^{2-} \qquad K^0 = 1{,}216 \cdot 10^{-13}$$

entsprechend ihrer Gleichgewichtskonstanten[2] mehr oder weniger stark in Wasser hydrolysieren bzw. dissoziieren. Der *pH*-Wert nimmt dabei durch die Zunahme der H^+-Ionen ab. Komponenten, die auf diese Weise dissoziieren, werden als *sauer* bezeichnet. Der Wert der Dissoziationskonstante ist ein Maß für die Stärke einer Säure, d.h. ihre Fähigkeit, H^+-Ionen abzuspalten. Die Dissoziationsgleichgewichte der sauer dissoziierenden Komponenten sind über die gebildeten Wasserstoff-Ionen miteinander verknüpft. Dadurch können stärkere Säuren die Dissoziation und damit auch die Löslichkeit schwächerer Säuren verringern.

Ein Beispiel für einen schwachen, leichtflüchtigen Elektrolyten, der *alkalisch*, d.h. unter Bildung von OH^--Ionen dissoziiert, ist Ammoniak, NH_3. Es gilt:

$$NH_3(aq) + H_2O(l) \rightleftharpoons NH_4^+ + OH^- \qquad K^0 = 1{,}806 \cdot 10^{-5}$$

Die Konzentration der H^+-Ionen nimmt dabei entsprechend dem Ionenprodukt des Wassers, Gl. (3.3.4), ab, d.h. der *pH*-Wert steigt infolge der Dissoziation des Ammoniaks an.

Die Löslichkeit eines schwachen leichtflüchtigen Elektrolyten wird ganz wesentlich durch die Dissoziation im Lösungsmittel beeinflusst. Durch die Bildung von Ionen erhöht sich die Löslichkeit eines Gases über den Wert der rein physikalischen Löslichkeit (Henrysches Gesetz). Die Stoffmenge, die von einer Komponente in der Flüssigkeit gelöst werden kann, nimmt demzufolge mit steigendem Dissoziationsgrad zu. Aus diesem Grund lösen sich starke Elektrolyte wie H_2SO_4, HCl, NaOH oder viele Salze wesentlich besser als schwache Elektrolyte.

Die Berechnung des Absorptionsgleichgewichts eines schwachen Elektrolyten lässt sich bei Berücksichtigung einer einzigen Reaktion in der Flüssigkeit als einfachster Fall eines kombinierten Phasen- und Reaktionsgleichgewichts klassifizieren. Abbildung 3.8 zeigt eine schematische Darstellung dieses Gleichgewichts, bei

---

[2] berechnet aus den im Anhang angegebenen Werten für die freie Standardbildungsenthalpie.

dem der undissoziierte Anteil des Elektrolyten in der Flüssigkeit über das Phasengleichgewicht (Henrysches Gesetz) mit dem Anteil in der Gasphase und über das Reaktionsgleichgewicht mit den gebildeten Ionen verknüpft ist. Unter der Annahme eines idealen Lösungsverhaltens ist dieses Problem noch einer überschaubaren Handrechnung zugänglich. Die Annahme der Idealität ermöglicht dabei in aller Regel selbst bei erheblichem Einfluss der Aktivitätskoeffizienten schon ein grundlegendes Verständnis auch komplexerer Lösungsgleichgewichte.

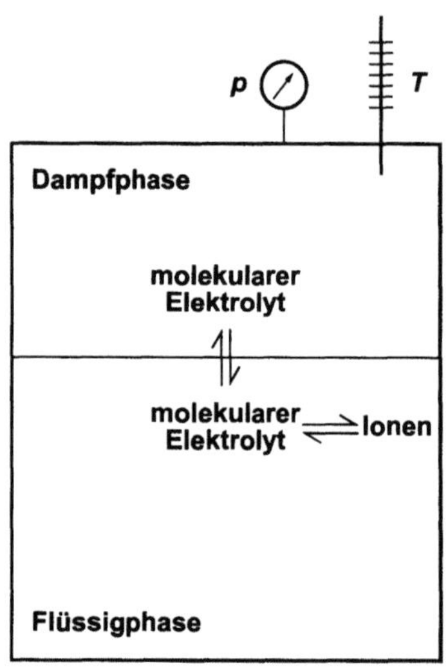

Abb. 3.8. Kombiniertes Phasen- und Reaktionsgleichgewicht

Wie in Beispiel 2.2 bereits für den Fall der SO_2-Löslichkeit gezeigt wurde, besitzt das Löslichkeitsgleichgewicht eines einzelnen Elektrolyten zwei Freiheitsgrade. Als solche werden in vielen praktischen Anwendungen die Temperatur und die pauschale Molalität des gelösten Elektrolyten vorgegeben. Das Rechenverfahren zur Bestimmung einfacher Lösungsgleichgewichte schwacher leichtflüchtiger Elektrolyte lautet in diesem Fall

1. Zusammenstellung aller relevanten Spezies und Formulierung einer entsprechenden Anzahl von Gleichungen. Als solche stehen die Gleichgewichtsbedingungen für das Phasengleichgewicht und die chemische Reaktion sowie Summenbeziehungen für die Molanteile in beiden Phasen und die Bedingung der Elektroneutralität in der Flüssigkeit zur Verfügung.

2. Berechnung der Henry-Konstante und der Dissoziationskonstanten aus Standarddaten oder entsprechenden Korrelationen für $H(T)$ und $K(T)$.

3. Berechnung der Molalität des undissoziierten Elektrolyten aus der Beziehung für das homogene Dissoziationsgleichgewicht, Gl. (3.2.7).

4. Berechnung des Partialdruckes des Elektrolyten unter Verwendung des Henry-Koeffizienten aus der Beziehung für das Löslichkeitsgleichgewicht, Gl. (3.1.18) oder (3.1.19). Berechnung des Lösungsmittelpartialdruckes aus Gl. (3.1.8).

Bei Vorgabe des Partialdruckes des Elektrolyten kehrt sich dieser Rechengang um. Die Beispiele 3.9 und 3.10 illustrieren die vorgestellte Vorgehensweise am Beispiel der Absorption von Schwefeldioxid in Wasser. Komplexere Systeme sind solch einfachen Handrechnungen in der Regel nicht zugänglich. Eine rationelle Berechnung erfordert in diesen Fällen eine universelle Formulierung des Gleichungssystems. In Kap. 6 werden dazu zwei generalisierte Berechnungsmethoden für komplexe Gleichgewichte vorgestellt und an Beispielen anschaulich illustriert.

Die Löslichkeit schwach saurer Komponenten kann durch Zugabe alkalischer, d.h. OH^--Ionen abspaltender Reagenzien, wesentlich verbessert werden. Beispiele für solche alkalischen Zusätze, die sich in dissoziierter Form lösen, sind z.B. Calciumoxid (Branntkalk), CaO, Calciumhydroxid (Kalkhydrat, gelöschter Kalk), $Ca(OH)_2$, oder Natriumhydroxid, NaOH. Die Dissoziationsreaktionen sind

$$CaO(s) + H_2O(l) \;\rightleftharpoons\; Ca^{2+} + 2\,OH^- \qquad K^0 = 5{,}179 \cdot 10^4$$

$$Ca(OH)_2(s) \;\rightleftharpoons\; Ca^{2+} + 2\,OH^- \qquad K^0 = 4{,}681 \cdot 10^{-6}$$

$$NaOH(s) \;\rightleftharpoons\; Na^+ + OH^- \qquad K^0 = 8{,}856 \cdot 10^6$$

Die Löslichkeit der Calciumverbindungen wird dabei durch das relativ niedrige Löslichkeitsprodukt des Calciumhydroxids beschränkt, während Natriumhydroxid eine sehr hohe Löslichkeit in Wasser besitzt. Die gebildeten OH^--Ionen reagieren mit gelösten Komponenten wie z.B. SO_2 oder CO_2 gemäß

$$SO_2(aq) + OH^- \;\rightleftharpoons\; HSO_3^- \qquad K^0 = 1{,}375 \cdot 10^{12}$$

$$CO_2(aq) + OH^- \;\rightleftharpoons\; HCO_3^- \qquad K^0 = 4{,}255 \cdot 10^7$$

Bei genügend hohen OH^--Konzentrationen wird in einer zweiten Dissoziationsstufe unter Bildung von H_2O ein Proton abgespalten:

$$HSO_3^- + OH^- \;\rightleftharpoons\; SO_3^{2-} + H_2O(l) \qquad K^0 = 6{,}650 \cdot 10^6$$

$$HCO_3^- + OH^- \;\rightleftharpoons\; CO_3^{2-} + H_2O(l) \qquad K^0 = 4{,}633 \cdot 10^3$$

Säuren, wie z.B. HF und H_2S, dissoziieren unter Abspaltung von Wasserstoff in alkalischer Lösung nach:

$$HF(aq) + OH^- \;\rightleftharpoons\; F^- + H_2O(l) \qquad K^0 = 6{,}862 \cdot 10^{10}$$

$$H_2S(aq) + OH^- \;\rightleftharpoons\; HS^- + H_2O(l) \qquad K^0 = 1{,}008 \cdot 10^7$$

Die großen Werte für die Gleichgewichtskonstanten zeigen, dass das Dissoziationsgleichgewicht der sauren Komponenten durch den Überschuss an OH^--Ionen praktisch vollständig auf die rechte Seite der Reaktionsgleichungen verschoben wird. Die Löslichkeit der sauren Komponenten erhöht sich dadurch entsprechend der Menge der durch das alkalische Reaktionsmittel freigesetzten OH^--Ionen. Gleichzeitig verringert sich durch die Abnahme des undissoziierten Anteils entsprechend dem erweiterten Henryschen Gesetz

$$y_i \, p \; = \; m_{i(aq)} \, \gamma_{i(aq)}^{*,m} \, H_{i,LM}^{m} \qquad\qquad (3.1.21)$$

die Gleichgewichtskonzentration in der Gasphase. Im Grenzfall der vollständigen Dissoziation geht der Partialdruck des Elektrolyten gegen Null. Abbildung 3.9 zeigt als Beispiel die SO_2-Beladung in der Gasphase über reinem Wasser und einer 0,1 molalen CaO-Lösung, die gemäß der o.a. Dissoziationsgleichung 0,2 mol OH^--Ionen enthält. Bis zur nahezu vollständigen Umsetzung der OH^--Ionen durch die Bildung von Hydrogensulfit ist der SO_2-Partialdruck über der Lösung praktisch gleich Null, da der gelöste Schwefel vollständig in ionischer Form vorliegt. Die Löslichkeit von SO_2 wird durch Zugabe von 0,1 mol CaO pro kg Wasser gegenüber der in reinem Wasser um den Faktor 100 erhöht. Für den Betrieb eines Absorbers zur Rauchgasentschwefelung bedeutet dies eine Verringerung der notwendigen Lösungsmittelmenge um denselben Faktor. Gleichzeitig ist dabei jedoch zu beachten, dass die anschließende Oxidation des gelösten Hydrogensulfits zu Sulfat und die Bildung von festem Gips ($CaSO_4 \cdot 2H_2O$) infolge der sehr hohen Gleichgewichtskonstanten praktisch nicht umkehrbar sind, so dass eine Regeneration des eingesetzten Reaktionsmittels nicht möglich ist. Aus diesem Grund sind chemische Additive so auszuwählen, dass bei nicht umkehrbaren Reaktionen, wie im Falle der Gipsbildung, weiter verwertbare Produkte entstehen.

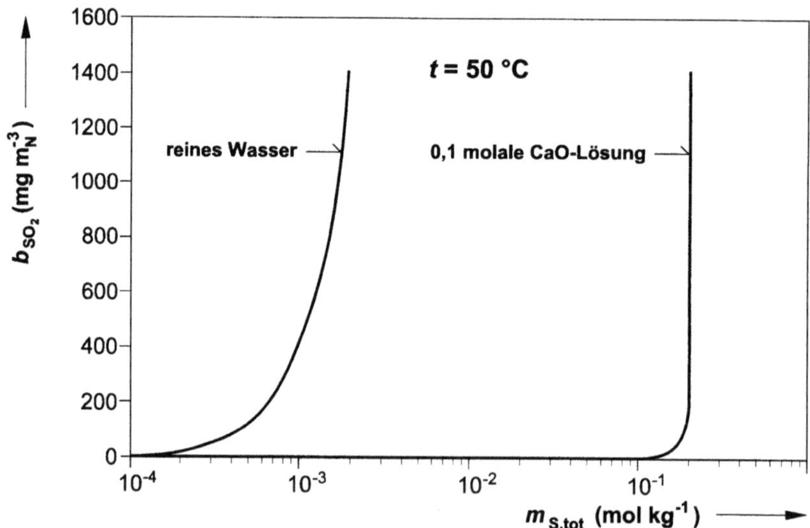

Abb. 3.9. Einfluss von Calciumoxid auf die Löslichkeit von SO_2 in wässeriger Lösung

Die Löslichkeit alkalischer Komponenten kann durch Zugabe saurer Additive wie z.B. HCl oder H_2SO_4 in analoger Weise erhöht werden. So gilt beispielsweise für das Gleichgewicht zwischen Ammonium-Ionen und Ammoniak in saurer wässeriger Lösung

$$NH_3(aq) \; + \; H^+ \; \rightleftharpoons \; NH_4^+ \qquad\qquad K^0 = 1{,}786 \cdot 10^9$$

Das Dissoziationsverhalten leicht flüchtiger Elektrolyte in alkalischen oder sauren wässerigen Lösungen ist in der Abgasreinigung von großer Bedeutung. Da die gebildeten Ionen keinen Partialdruck besitzen, können bei entsprechend hohen Dissoziationsgraden in einer nassen Rauchgaswäsche für Schadstoffe wie HCl, HF, HBr, SO_2 oder NH_3 sehr niedrige Konzentrationen im Abgas erreicht werden.

3.3.5 *pH*-Wert-Abhängigkeit der Dissoziation schwacher Elektrolyte

Die vorgestellten Dissoziationsreaktionen schwacher Elektrolyte in wässeriger Lösung führen alle zu einer Veränderung der H^+- und OH^--Ionenkonzentration. Umgekehrt können die Dissoziationsgleichgewichte durch eine Veränderung des *pH*-Wertes gezielt beeinflusst werden. Die Kenntnis dieser Gleichgewichtsverschiebung ist für viele praktische Anwendungen von entscheidender Bedeutung. Für einfache, ideal verdünnte Systeme ist eine analytische Berechnung der Abhängigkeit des Dissoziationsverhaltens vom *pH*-Wert möglich. Dies soll im Folgenden beispielhaft anhand des Systems $SO_2 + H_2O$ erläutert werden.

Die Hydrolyse des in Wasser gelösten SO_2 erfolgt, wie bereits dargestellt, unter Bildung eines Hydrogensulfit-Ions (Bisulfit-Ions) und Abspaltung eines Protons gemäß

$$SO_2(aq) + H_2O(l) \; \rightleftharpoons \; H^+ + HSO_3^- \qquad\qquad K^0 = 1{,}390 \cdot 10^{-2}$$

In der zweiten Dissoziationsstufe zerfällt das Hydrogensulfit-Ion in das Sulfit-Ion und ein weiteres Proton:

$$HSO_3^- \; \rightleftharpoons \; H^+ + SO_3^{2-} \qquad\qquad K^0 = 6{,}724 \cdot 10^{-8}$$

Die Anzahl der Freiheitsgrade, d.h. der frei wählbaren intensiven Variablen beträgt für dieses System

$$F = K - P - R + 1 = 5 - 1 - 2 + 1 = 3,$$

so dass neben der Temperatur und dem Druck eine weitere intensive Zustandsgröße zur Berechnung der Gleichgewichtskonzentrationen vorgegeben werden muss. Zweckmäßigerweise wird hierfür der *pH*-Wert, d.h. die Aktivität der Wasserstoff-Ionen gewählt werden. Als Unbekannte verbleiben damit neben der Konzentration des Wassers die Molalitäten der verschiedenen schwefelhaltigen Spezies, die hier aus praktischen Gründen als relative Molanteile gemäß

$$\tilde{x}_{SO_2(aq)} \; = \; \frac{m_{SO_2(aq)}}{m_S}, \quad \tilde{x}_{HSO_3^-} \; = \; \frac{m_{HSO_3^-}}{m_S}, \quad \tilde{x}_{SO_3^{2-}} \; = \; \frac{m_{SO_3^{2-}}}{m_S} \qquad (3.3.18)$$

mit

$$m_S \; = \; m_{SO_2(aq)} + m_{HSO_3^-} + m_{SO_3^{2-}} \qquad\qquad (3.3.19)$$

auf die in der Flüssigkeit insgesamt gelöste Schwefelmenge m_S bezogen werden. Für das Gleichgewicht der angegebenen Reaktionen gilt

$$\frac{a_{HSO_3^-}^{*,m}\, a_{H^+}^{*,m}}{a_{SO_2(aq)}^{*,m}\, a_{H_2O}^{0}} = K_1, \qquad \frac{a_{SO_3^{2-}}^{*,m}\, a_{H^+}^{*,m}}{a_{HSO_3^-}^{*,m}} = K_2 . \tag{3.3.20}$$

Für die ideal verdünnte Lösung folgt $a_i^{*,m} = m_i/m^*$ und $a_{H_2O}^{0} = 1$ daraus

$$\frac{\tilde{x}_{HSO_3^-}\, a_{H^+}^{*,m}}{\tilde{x}_{SO_2(aq)}} = K_1, \qquad \frac{\tilde{x}_{SO_3^{2-}}\, a_{H^+}^{*,m}}{\tilde{x}_{HSO_3^-}} = K_2 \tag{3.3.21}$$

mit

$$\tilde{x}_{SO_2(aq)} + \tilde{x}_{HSO_3^-} + \tilde{x}_{SO_3^{2-}} = 1 . \tag{3.3.22}$$

Als Ergebnis dieses Gleichungssystems erhält man für die relativen Molanteile der einzelnen Schwefelspezies:

$$\tilde{x}_{SO_2(aq)} = \frac{(a_{H^+}^{*,m})^2}{(a_{H^+}^{*,m})^2 + a_{H^+}^{*,m}\, K_1 + K_1 K_2}, \tag{3.3.23}$$

$$\tilde{x}_{HSO_3^-} = \frac{K_1\, a_{H^+}^{*,m}}{(a_{H^+}^{*,m})^2 + a_{H^+}^{*,m}\, K_1 + K_1 K_2}, \tag{3.3.24}$$

$$\tilde{x}_{SO_3^{2-}} = \frac{K_1 K_2}{(a_{H^+}^{*,m})^2 + a_{H^+}^{*,m}\, K_1 + K_1 K_2}. \tag{3.3.25}$$

Abbildung 3.10 zeigt die nach diesen Gleichungen berechneten Anteile der einzelnen Spezies als Funktion des pH-Wertes. Im Bereich $pH \leq 1$ dominiert auf Grund des Überschusses an H^+-Ionen das molekular gelöste SO_2, für $3 \leq pH \leq 6$ liegt der Schwefel nahezu vollständig als Hydrogensulfit vor, während im alkalischen Bereich infolge des Überschusses an OH^--Ionen die Sulfit-Ionen überwiegen. Der pH-Wert an den Schnittpunkten der Kurvenverläufe bei äquimolarem Anteil von jeweils zwei Spezies entspricht im Übrigen, wie durch Gleichsetzen von Gl. (3.3.23) und Gl. (3.3.24), bzw. Gl. (3.3.24) und Gl. (3.3.25) sofort deutlich wird, dem pK-Wert, d.h. dem negativen dekadischen Logarithmus der Gleichgewichtskonstante der jeweiligen Dissoziationsreaktion.

Die in Abb. 3.10 gezeigte Darstellung gilt exakt nur bei 25 °C und für den Grenzfall der ideal verdünnten wässerigen Lösung. Der qualitative Zusammenhang bleibt jedoch auch in konzentrierteren Lösungen erhalten. Die Abweichungen vom idealen Lösungsverhalten, die durch die Aktivitätskoeffizienten erfasst werden, führen zu einer horizontalen Verschiebung der Kurven, die in vielen Anwendungsfällen nur relativ gering ist ($\Delta pH < 1$). Daher sind die für die unendliche Verdünnung berechneten Gleichgewichtskurven auch bei höheren Ionenkonzentrationen und Anwesenheit anderer Komponenten eine wertvolle Orientierungshilfe zur schnellen Abschätzung der Spezifizierung. Dasselbe gilt für die Temperaturabhängigkeit.

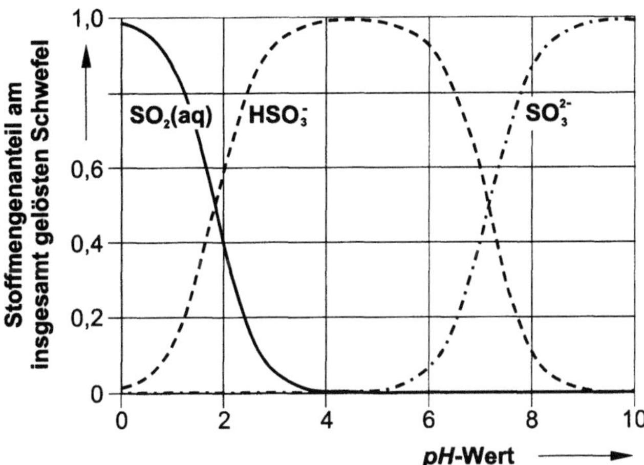

Abb. 3.10. *pH*-Wert-Abhängigkeit der Lösungszusammensetzung im System SO$_2$ + Wasser bei 25 °C und unendlicher Verdünnung

Die Abbildungen 3.11a bis 3.11c zeigen weitere Beispiele für die *pH*-Wertabhängigkeit schwacher Elektrolyte. Auch diese sind für eine Temperatur von 25 °C und unter der Annahme einer ideal verdünnten Lösung berechnet.

3.3.6 Pufferverhalten schwacher Elektrolyte

Die Dissoziation schwacher Elektrolyte wird, wie bereits gezeigt, durch stärkere Säuren oder Basen wesentlich beeinflusst. Dies soll am Beispiel einer wässerigen Hydrogencarbonat-Lösung noch einmal unter einem anderen Gesichtspunkt verdeutlicht werden. Die Zugabe einer stärkeren Säure führt zu einer Abnahme des *pH*-Wertes der Lösung und damit entsprechend Abb. 3.11a zu einer Verringerung der HCO$_3^-$-Konzentration zu Gunsten einer CO$_2$-Bildung. Dabei wird gemäß

$$HCO_3^- + H^+ \rightleftharpoons CO_2(aq) + H_2O(l)$$

ein Teil der durch die Dissoziation des stärkeren Elektrolyten gebildeten H$^+$-Ionen verbraucht, so dass die *pH*-Wert-Änderung abgeschwächt wird. Bei Zugabe einer stärkeren Base erfolgt unter Aufnahme von OH$^-$-Ionen nach

$$HCO_3^- + OH^- \rightleftharpoons CO_3^{2-} + H_2O(l)$$

eine Verschiebung des Dissoziationsgleichgewichts in Richtung des Carbonats. Auch in diesem Fall wird die Änderung des *pH*-Wertes durch die teilweise Umsetzung der Hydroxidionen gedämpft. Dieser Effekt wird allgemein als *Pufferung*, die entsprechende Lösung als *Pufferlösung* bezeichnet. Zum Abfangen von H$^+$-Ionen muss eine Pufferlösung eine schwache, d.h. geringfügig dissoziierte Base enthalten, deren OH$^-$-Ionen mit den Protonen der Säure Wasser bilden. Zur Umwandlung der von einer Base gelieferten OH$^-$-Ionen muss zur Bildung von Wasser

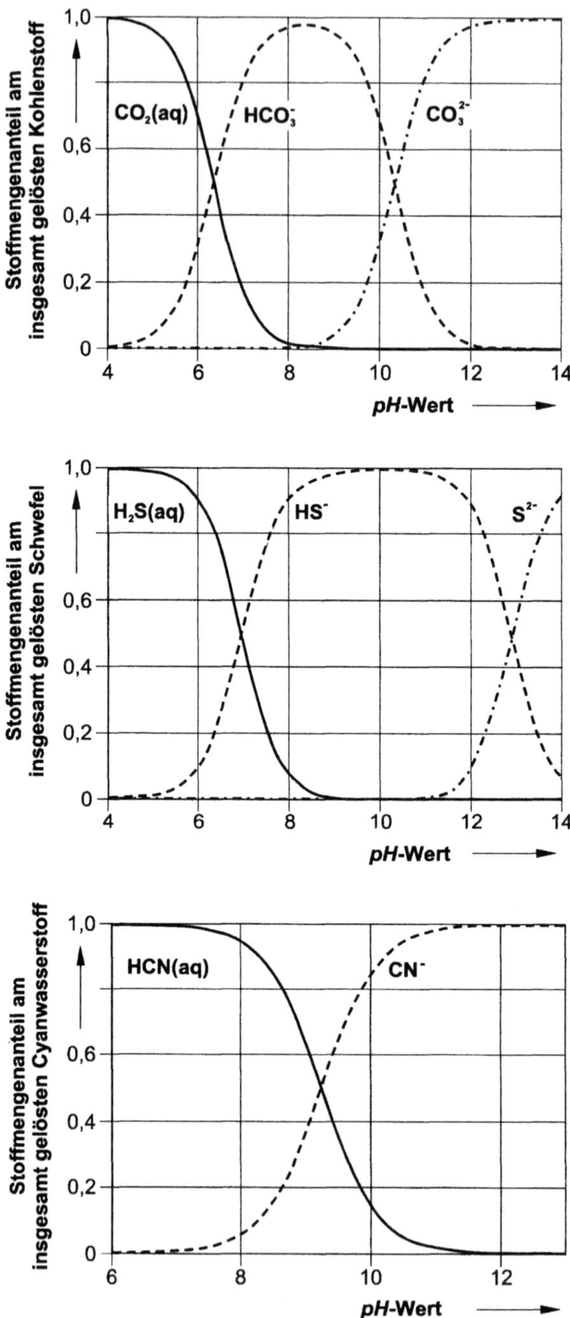

Abb. 3.11a. *pH*-Wert-Abhängigkeit des Dissoziationsverhaltens schwacher Elektrolyte in ideal verdünnter Lösung bei 25 °C

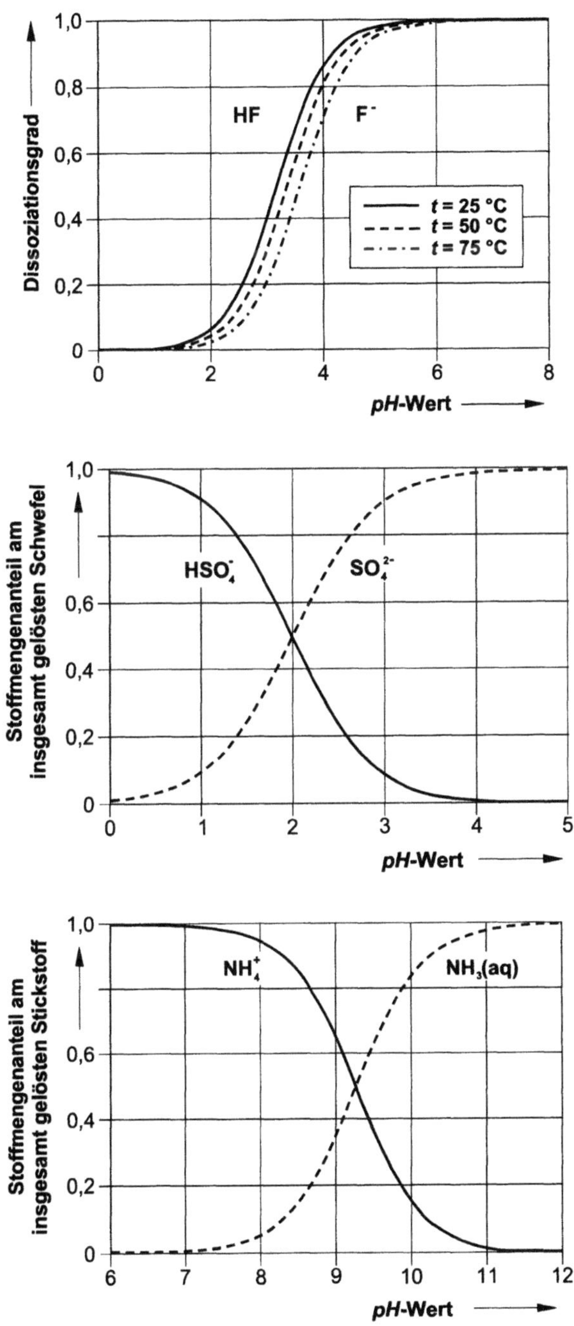

Abb. 3.11b. pH-Wert-Abhängigkeit des Dissoziationsverhaltens schwacher Elektrolyte in ideal verdünnter Lösung bei 25 °C

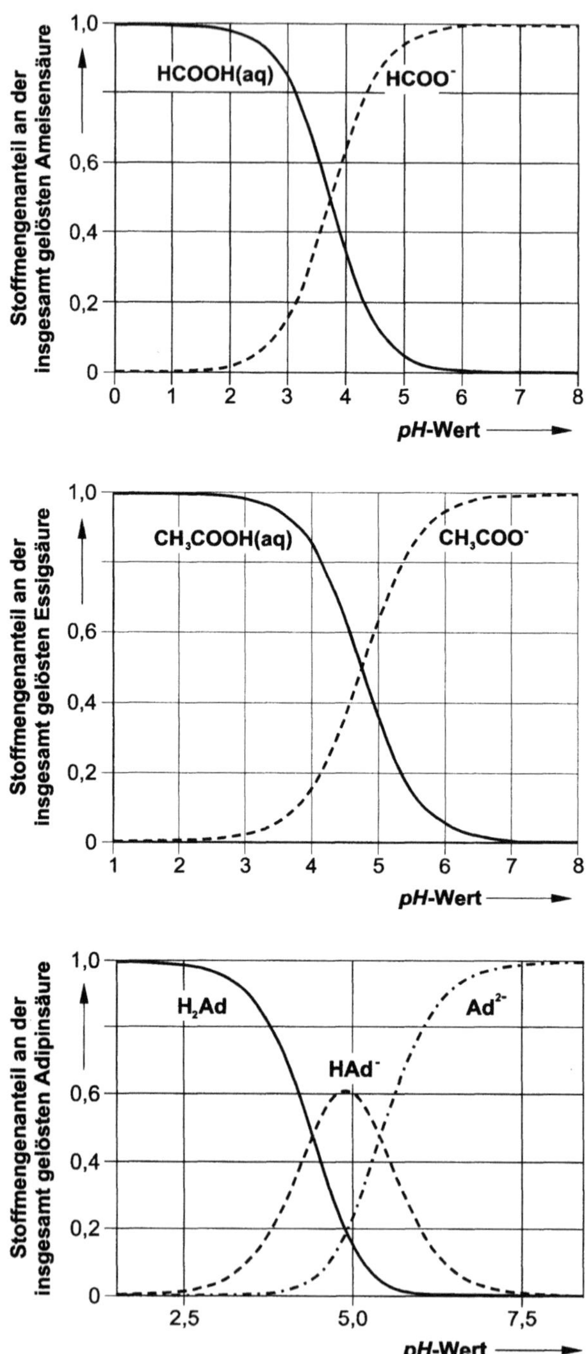

Abb. 3.11c. *pH*-Wert-Abhängigkeit des Dissoziationsverhaltens schwacher Elektrolyte in ideal verdünnter Lösung bei 25 °C

eine schwache Säure in der Lösung enthalten sein. Im hier gewählten Beispiel stellt das Hydrogencarbonat-Ion sowohl die OH^--Ionen abspaltende schwache Base als auch die H^+-Ionen spendende schwache Säure dar. Der pH-Wertbereich, in dem schwache Elektrolyte als Puffer wirken, ist durch das Auftreten von zwei, im Dissoziationsgleichgewicht stehenden Spezies gekennzeichnet. Für das Carbonat-System ist dies in etwa der Bereich $5 < pH < 11,5$. Typische Pufferlösungen, die in der Praxis z.B. als Standardlösungen für die Kalibrierung von pH-Elektroden verwendet werden, sind Mischungen einer schwachen Säure mit einem Salz, welches diese Säure mit einer starken Base bildet oder einer schwachen Base mit einem Salz, das diese Base mit einer starken Säure bildet.

Die *Pufferkapazität* einer Lösung hängt vom Verhältnis der Stoffmengen der puffernden Komponenten und der zugegebenen Säuren oder Basen ab. Abbildung 3.12 zeigt als Beispiel die Pufferfähigkeit von Natriumcarbonatlösungen gegenüber der Zugabe von HCl. Der steile Abfall des pH-Wertes, der in einer 0,1-molalen Natriumcarbonatlösung bei Zugabe von 0,2 mol HCl auftritt, wird durch die an diesem Äquivalenzpunkt erreichte nahezu vollständige Umsetzung des Puffers zu Natriumchlorid verursacht. Für eine gute Pufferung muss die Stoffmenge der Puffersubstanzen somit stets wesentlich höher sein als die der zuzugebenden Säuren oder Basen.

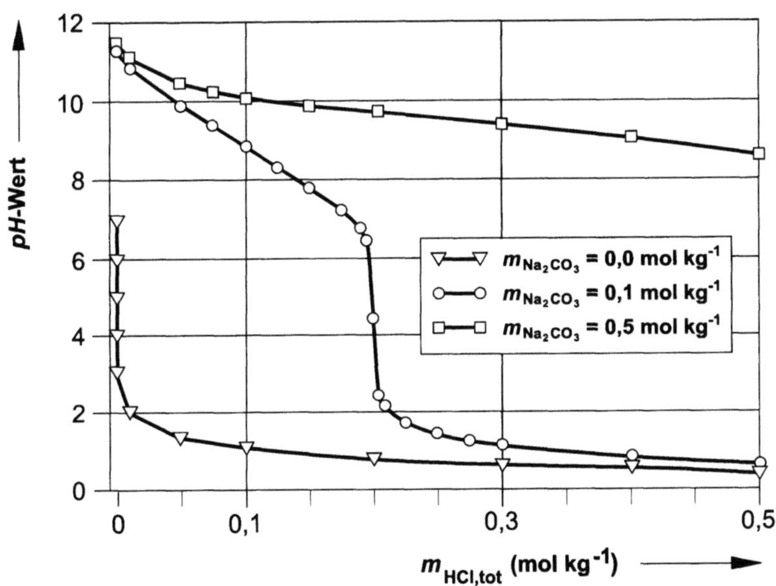

Abb. 3.12. Pufferwirkung von Natriumcarbonat bei 25 °C in wässeriger Lösung (berechnet mit dem Aktivitätskoeffizientenansatz von Pitzer (s. Abschn. 4.2.2))

Pufferlösungen haben besonders für die angewandte Chemie eine große Bedeutung, da viele Vorgänge bei konstantem pH-Wert ablaufen müssen. Häufig verwendete Pufferlösungen sind Acetatpuffer (Pufferung bei pH 4,5 bis 5), Phosphat-

puffer (Pufferung um pH 7) sowie Ammoniakpuffer (Pufferung bei pH 9 bis 9,5).
Auch in biologischen Systemen spielen Pufferlösungen eine sehr wichtige Rolle.
Die Pufferung der Körperflüssigkeiten verhindert bei der in vielen Lebensvorgängen auftretenden Bildung von Säuren oder Basen (z.B. Bildung von Milchsäure
bei der Muskeltätigkeit) eine lebensschädigende Verschiebung des pH-Wertes.
Das Blut ist durch Kohlensäure und Natriumhydrogencarbonat auf ungefähr
pH 7,5 gepuffert. Eine gute Pufferung der Erdböden macht die von Pflanzenwurzeln bei der Stoffaufnahme ausgeschiedenen Säuren unschädlich und verhindert
damit die Übersäuerung des Bodens.

3.4 Die Aktivität des Lösungsmittels

3.4.1 Berechnung aus den Aktivitätskoeffizienten der gelösten Spezies

Die Aktivität des Lösungsmittels kann mit Hilfe der Gibbs/Duhem-Gleichung, wie
bereits in Abschn. 2.10 gezeigt, nach Gl. (2.10.8)

$$\mathrm{d}\ln a_{\mathrm{LM}}^{0} = -\frac{M_{\mathrm{LM}}}{1000} \sum_{i \neq \mathrm{LM}} m_i \, \mathrm{d}\ln\left(\frac{m_i}{m^*}\gamma_i^{*,m}\right) \tag{2.10.8}$$

konsistent aus der Konzentrationsabhängigkeit aller übrigen Aktivitätskoeffizienten berechnet werden. Die Integration von Gl. (2.10.8) liefert:

$$\ln a_{\mathrm{LM}}^{0} = -\frac{M_{\mathrm{LM}}}{1000} \sum_{i \neq \mathrm{LM}} m_i - \frac{M_{\mathrm{LM}}}{1000} \sum_{j \neq \mathrm{LM}} \int_0^{m_j} \sum_{i \leq j} m_i \, \frac{\partial \ln \gamma_i^{*,m}}{\partial m_j} \, \mathrm{d}m_j \tag{3.4.1}$$

Unter der Annahme, dass die Lösung keine Nichtelektrolyte enthält und alle Elektrolyte vollständig dissoziiert sind, folgt aus Gl. (3.4.1)

$$\ln a_{\mathrm{LM}}^{0} = -\frac{M_{\mathrm{LM}}}{1000} \sum_{i \neq \mathrm{LM}} v_{i,\pm} \, m_{i,\mathrm{tot}}$$

$$- \frac{M_{\mathrm{LM}}}{1000} \sum_{j \neq \mathrm{LM}} \int_0^{m_{\mathrm{tot},j}} \sum_{i \leq j} v_{i,\pm} \, m_{i,\mathrm{tot}} \, \frac{\partial \ln \gamma_{i,\pm}^{*,m}}{\partial m_{j,\mathrm{tot}}} \, \mathrm{d}m_{j,\mathrm{tot}} \tag{3.4.2}$$

Die Summation erfolgt dabei über alle in der Lösung enthaltenen Elektrolyte. Für
einen einzelnen Elektrolyten vereinfacht sich Gl. (3.4.2) zu

$$\ln a_{\mathrm{LM}}^{0} = -\frac{M_{\mathrm{LM}}}{1000} v_{\pm}\left(m_{\mathrm{tot}} + \int_0^{m_{\mathrm{tot}}} m_{\mathrm{tot}} \, \frac{\partial \ln \gamma_{\pm}^{*,m}}{\partial m_{\mathrm{tot}}} \, \mathrm{d}m_{\mathrm{tot}}\right) \tag{3.4.3}$$

mit m_{tot} als pauschaler Molalität des Elektrolyten.

3.4.2 Erniedrigung von Gefrierpunkt und Dampfdruck

Die Zugabe von Elektrolyten beeinflusst die Aktivität und damit auch das Zustandsverhalten des Lösungsmittels. Neben der Verringerung der Lösungsmittelkonzentration ist dabei infolge der starken Anziehungskräfte zwischen Ionen und Lösungsmittelmolekülen auch eine Abnahme des Aktivitätskoeffizienten des Lösungsmittels zu beobachten. Eine Erhöhung der Ionenkonzentration ist somit stets mit einer Abnahme der Lösungsmittelaktivität verbunden. Bekannte, daraus resultierende Effekte, die in verschiedenen technischen Anwendungen ausgenutzt werden, sind die Erniedrigung des Gefrierpunktes und des Dampfdruckes.

Bei Kenntnis der Lösungsmittelaktivität kann die sog. *Liquiduslinie* des Lösungsmittels, d.h. die Gefrierpunktserniedrigung, für ein als Reinstoff auskristallisierendes Lösungsmittel mit Hilfe der bekannten Beziehung (z.B. Gmehling u. Kolbe 1992)

$$\ln a_{LM}^0 = -\frac{\Delta_s h_{0,LM}(T_{s,0})}{R}\left(\frac{1}{T_s} - \frac{1}{T_{s,0}}\right) \tag{3.4.4}$$

unter Vernachlässigung der spezifischen Wärmekapazitäten aus der Schmelzenthalpie $\Delta_s h_{0,LM}$ und der Schmelztemperatur $T_{s,0}$ des reinen Lösungsmittels berechnet werden. In Tabelle 3.5 ist als Beispiel die unter Verwendung von Gl. (3.4.4) berechnete Liquiduslinie von Eis (Eiskurve) in einer Wasser/Kochsalz-Lösung dargestellt. Die Temperaturabhängigkeit der Wasseraktivität wurde dabei vernachlässigt.

Tabelle 3.5. Liquiduslinie von Wassers in wässeriger Kochsalzlösung ($\Delta_s h_{0,H_2O}$ = 335 kJ kg^{-1}, exp. Daten der Wasseraktivität bei 25 °C aus Robinson u. Stokes (1970))

$m_{NaCl,tot}$ [mol kg^{-1}]	$w_{NaCl,tot}$	$a_{H_2O}^0$ (exp, 25 °C)	t_s [°C]
0	0	1	0,0
0,1	0,00581	0,9966	-0,3
0,5	0,0284	0,9836	-1,7
1,0	0,0552	0,9669	-3,4
2,0	0,105	0,9316	-7,1
3,0	0,149	0,8932	-11,1
4,0	0,189	0,8515	-15,6
5,0	0,226	0,8068	-20,4
6,0	0,260	0,7598	-25,6

Die durch die Zugabe von Elektrolyten verursachte Dampfdruckerniedrigung bzw. Siedepunktserhöhung wurde bereits in Abschn. 3.1.1 angesprochen und kann aus der Beziehung für das Verdampfungsgleichgewicht des Lösungsmittels bestimmt werden. Unter der Annahme einer reinen idealen Gasphase gilt:

$$p = p_{\text{LM}} = x_{\text{LM}}\, \gamma^0_{\text{LM}}\, p^{\text{lv}}_{0,\text{LM}}(T) = a^0_{\text{LM}}\, p^{\text{lv}}_{0,\text{LM}}(T) \tag{3.4.5}$$

Bei 25 °C erhält man beispielsweise für die durch Zugabe von 6 mol Kochsalz in 1 kg Wasser hervorgerufene Dampfdruckerniedrigung mit dem experimentellen Wert für die Wasseraktivität aus Tabelle 3.5

$$p - p^{\text{lv}}_{0,\text{H}_2\text{O}}(T) = (a^0_{\text{H}_2\text{O}} - 1)\, p^{\text{lv}}_{0,\text{H}_2\text{O}}(T)$$

$$= (0{,}7598 - 1)\,3{,}169\,\text{kPa} = -0{,}761\,\text{kPa}\,.$$

Dies entspricht einer Dampfdruckabsenkung von 24 %. Bei einer Temperatur von 100 °C wird in Lide (1996) für eine 6-molale Kochsalzlösung eine relative Absenkung von 23,2 % angegeben. Die nur geringfügige Änderung der relativen Werte zeigt, dass die Temperaturabhängigkeit der Wasseraktivität in wässeriger Kochsalzlösung zumindest bis zum normalen Siedepunkt vernachlässigbar gering ist. Generell ist die Temperaturabhängigkeit der Wasseraktivität deutlich schwächer als die der Ionenaktivitätskoeffizienten. Abbildung 3.13 zeigt für einige weitere starke Elektrolyte die Dampfdruckerniedrigung bei 100 °C. Dabei wird deutlich, dass beim Einsatz konzentrierter Kaliumhydroxid- oder Lithiumbromid-Lösungen Dampfdruckabsenkungen von 50 bis 60 % erreicht werden können.

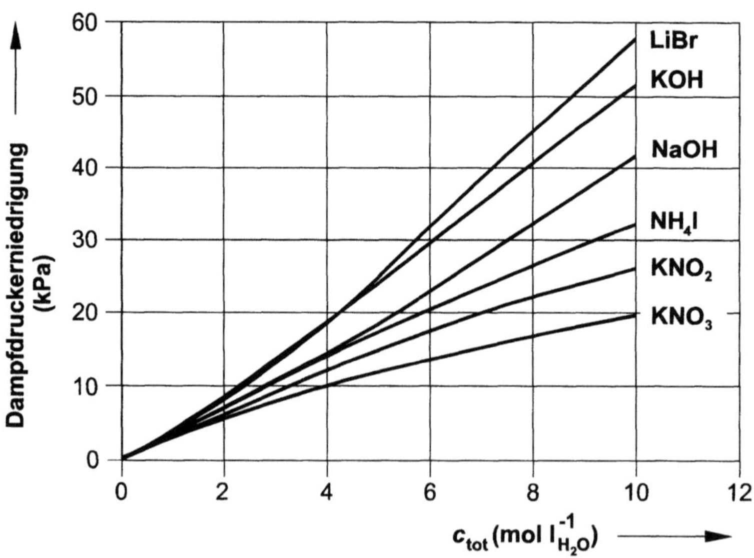

Abb. 3.13. Dampfdruckerniedrigung bei 100 °C (Exp. Werte aus Lide (1996))

Umgekehrt kann aus Gl. (3.4.5) unter Vorgabe des Siededruckes auch die der Dampfdruckerniedrigung entsprechende Erhöhung der Siedetemperatur berechnet werden. Bei einem Gesamtdruck von $p = p^{\text{lv}}_{0,\text{H}_2\text{O}}(25^\circ\text{C}) = 3{,}169$ kPa erhält man unter Annahme eines temperaturunabhängigen Lösungsmittelaktivitätskoeffizienten für eine 6-molale wässerige Kochsalzlösung aus der Temperaturabhängigkeit der Dampfdruckkurve eine Siedetemperatur von 29,7 °C, d.h. eine Siedepunktserhöhung von 4,7 °C. In der Umkehrung dieser Rechnungen werden Dampfdruck- als auch Siede- und Gefrierpunktsmessungen zur experimentellen Bestimmung von Lösungsmittelaktivitäten und mittleren Ionenaktivitätskoeffizienten verwendet.

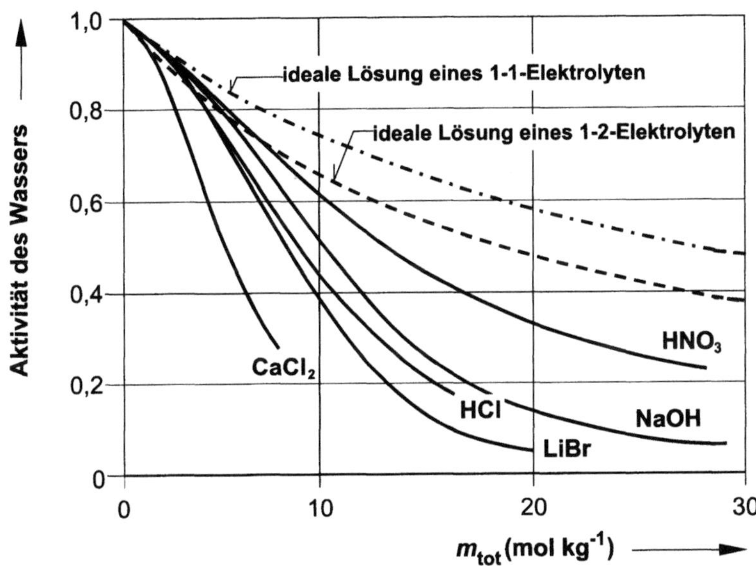

Abb. 3.14. Konzentrationsabhängigkeit der Wasseraktivität bei 25 °C (Exp. Daten aus Hamer u. Wu (1972))

Abbildung 3.14 zeigt die Konzentrationsabhängigkeit der Wasseraktivität für einige ausgewählte starke Elektrolyte bei 25 °C (Hamer u. Wu 1972). In dieser Darstellung ist zusätzlich der berechnete Verlauf der Wasseraktivität für den Fall der idealen Lösung eines 1-1- und 1-2-Elektrolyten dargestellt. Der Vergleich dieser Kurven mit den experimentellen Daten macht deutlich, dass ein wesentlicher Teil der Abnahme der Wasseraktivität und damit des Gleichgewichtspartialdruckes auf die Verringerung der Konzentration des Wassers zurückzuführen ist. Im Bereich bis ca. 2 mol kg⁻¹ resultiert die Abnahme der Wasseraktivität nahezu vollständig aus diesem Konzentrationseffekt. Die starke Abnahme der Wasseraktivität ermöglicht in der Verfahrenstechnik den Einsatz von Elektrolyten zur Trocknung von Gasen. Für den Wasserdampfpartialdruck über einer wässerigen Lösung gilt unter Annahme einer idealen Gasphase

$$p_{H_2O} = x_{H_2O}\, \gamma^0_{H_2O}\, p^{lv}_{0,H_2O}(T) = a_{H_2O}\, p^{lv}_{0,H_2O}(T) \tag{3.4.6}$$

Für die Sättigungsfeuchte φ_s über einer Elektrolytlösung folgt daraus

$$\varphi_s \;=\; \frac{p_{\mathrm{H_2O}}}{p^{\mathrm{lv}}_{0,\mathrm{H_2O}}(T)} \;=\; a_{\mathrm{H_2O}} \tag{3.4.7}$$

Über konzentrierten Elektrolytlösungen, wie z.B. wässerigen Natriumhydroxid- oder Lithiumbromid-Lösungen, können somit relative Feuchten von ca. 10 % erreicht werden. Bei einer Temperatur von 25 °C bedeutet dies einen Wasserdampfpartialdruck von 0,3169 kPa. Dieser Wert liegt deutlich unterhalb des Tripelpunktsdruckes von 0,6113 kPa und kann bei einer Kondensationstrocknung somit nicht mehr allein durch Kühlwasser erreicht werden. Weiterhin ist vorteilhaft, dass die eingesetzten Elektrolyte auf Grund ihrer praktisch vollständigen Dissoziation nicht in die Gasphase entweichen. Bei der Trocknung durch Elektrolytlösungen ist jedoch zu berücksichtigen, dass die Temperatur der wässerigen Lösung bei adiabatem Betrieb infolge der Absorption des Wasserdampfes steigt. Da der Wasserdampfpartialdruck mit steigender Temperatur zunimmt, bedeutet dies eine Verringerung der Trocknungsleistung. Weiterhin ist zu beachten, dass neben dem Wasserdampf auch andere Komponenten aus dem Gasstrom absorbiert werden und sich in der wässerigen Lösung anreichern oder als Feststoffe auskristallisieren.

Das Absorptionsverhalten konzentrierter Lithiumbromid-Lösungen wird darüber hinaus auch in Wärmetransformatoren ausgenutzt.

Wie bereits in Abschn. 3.1 für das System Isopropanol + Wasser + Lithiumchlorid gezeigt wurde, führt die Abnahme des Wasserdampfpartialdruckes durch Zugabe von Elektrolyten in azeotropen Systemen zu einer Verschiebung, bzw. bei entsprechender Konzentration, zum völligen Verschwinden des azeotropen Punktes. Dadurch kann die Rektifikation des Gemisches wesentlich kostengünstiger durchgeführt werden. Ein weiteres Beispiel für den Einsatz eines Elektrolyten als Schleppmittel für das Wasser ist die Zugabe von Calciumchlorid bei der Rektifikation wässeriger HCl-Lösungen zur Gewinnung konzentrierter Salzsäure. Das Calciumchlorid verringert dabei nicht nur den Wasserdampfpartialdruck, sondern erhöht gleichzeitig auch den Partialdruck des HCl.

3.4.3 Der osmotische Druck

In verschiedenen technischen Anwendungen sowie in praktisch allen biologischen Systemen sind Flüssigphasen unterschiedlicher Zusammensetzung durch Membranen voneinander getrennt. Diese Membranen sind semipermeabel, d.h. nur für bestimmte Komponenten durchlässig. Hinsichtlich der Anwendung auf Elektrolytlösungen besteht die Durchlässigkeit vieler Membranen nur für das Lösungsmittel während die gelösten Ionen zurückgehalten werden. Die Einstellung eines Gleichgewichtszustands zwischen zwei Elektrolytlösungen unterschiedlicher Zusammensetzung, die durch eine nur für das Lösungsmittel permeable Membran getrennt sind, kann daher nur durch diffusiven Transport des Lösungsmittels durch die Membran erfolgen. Das Lösungsmittel strömt dabei zum Konzentrationsausgleich aus der Lösung mit der niedrigeren Salzkonzentration in die Lösung mit der höheren Konzentration. Dieser Prozess wird als *Osmose* bezeichnet. Das thermodynamische Gleichgewicht ist in diesem System durch die Gleichheit der Temperaturen und des chemischen Potenzials des Lösungsmittels in beiden Phasen gegeben. Die Gleichheit der Drücke kann hingegen auf Grund der die Phasen trennenden Membran nicht gefordert werden. Im Experiment stellt man vielmehr fest, dass der Stofftransport des Lösungsmittels durch die Membran durch Aufbringen eines höheren Druckes auf der Seite der konzentrierteren Lösung verringert werden kann. Zu jeder Lösung existiert ein Druck, bei dem der Lösungsmittelstrom durch die Membran gerade verschwindet. Dieser Zustand wird als *osmotisches Gleichgewicht* und der dazugehörige Druck als *osmotischer Druck* bezeichnet. Wird der Druck über den osmotischen Druck hinaus erhöht, so kehrt sich der Lösungsmittelstrom um, und das Lösungsmittel diffundiert aus der konzentrierten Elektrolytlösung hinaus. Dieser Prozess wird als *Umkehrosmose* bezeichnet und dient in der Verfahrenstechnik u.a. zur Abtrennung von Lösungsmitteln aus Elektrolytlösungen. Das bekannteste Beispiel hierfür ist die Meerwasserentsalzung, die in zunehmendem Maße zur Trinkwassergewinnung eingesetzt wird. Der besondere Vorteil der Umkehrosmose liegt in dem im Vergleich zu einem entsprechenden mehrstufigen Verdampfungsprozesses wesentlich geringeren Energieaufwand.

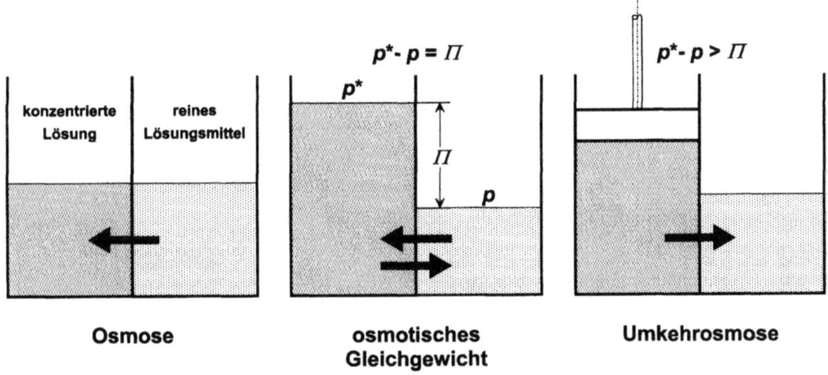

Abb. 3.15. Osmose, Umkehrosmose und osmotisches Gleichgewicht

Der osmotische Druck Π wird üblicherweise für Elektrolytlösungen angegeben, die in Kontakt mit dem reinen Lösungsmittel stehen. Dieses System ist in Abb. 3.15 dargestellt. Bezeichnet man die Drücke über dem reinen Lösungsmittel und der Salzlösung mit p und p^*, so ist der osmotische Druck gegeben durch

$$\Pi \equiv p^* - p. \tag{3.4.8}$$

Für das chemische Potenzial des reinen Lösungsmittels und des Lösungsmittels in der Salzlösung gilt nach Gl. (2.8.4)

$$\mu_{0,\mathrm{LM}}^{\mathrm{l}}(T,p) = \mu_{0,\mathrm{LM}}^{\mathrm{l}}(T,p^0) + \int_{p^0}^{p} v_{0,\mathrm{LM}}^{\mathrm{l}}\, \mathrm{d}p \tag{3.4.9}$$

$$\mu_{\text{LM}}^{\text{l}}(T, p^*, \{x_k\}) = \mu_{0,\text{LM}}^{\text{l}}(T, p^0) + RT \ln(x_{\text{LM}}\, \gamma_{\text{LM}}^0) + \int_{p^0}^{p^*} v_{0,\text{LM}}^{\text{l}} \, \mathrm{d}p \qquad (3.4.10)$$

Für den osmotischen Druck folgt damit aus der Gleichheit der chemischen Potenziale des Lösungsmittels

$$\mu_{\text{LM}}^{\text{l}}(T, p^*, \{x_k\}) = \mu_{0,\text{LM}}^{\text{l}}(T, p) \qquad (3.4.11)$$

unter Annahme eines druckunabhängigen Flüssigkeitsvolumens

$$\Pi = -\frac{RT}{v_{0,\text{LM}}^{\text{l}}} \ln(x_{\text{LM}}\, \gamma_{\text{LM}}^0) = -\frac{RT}{v_{0,\text{LM}}^{\text{l}}} \ln a_{\text{LM}}^0 \,. \qquad (3.4.12)$$

In verdünnten Lösungen gilt näherungsweise

$$\Pi \approx -\frac{RT}{v_{0,\text{LM}}^{\text{l}}} \ln x_{\text{LM}} = -\frac{RT}{v_{0,\text{LM}}^{\text{l}}} \ln(1 - \sum_{i \neq \text{LM}} x_i) \approx \frac{RT}{v_{0,\text{LM}}^{\text{l}}} \sum_{i \neq \text{LM}} x_i \qquad (3.4.13)$$

Die Summation erfolgt dabei über alle gelösten Spezies. Mit den in Tabelle 3.5 angegebenen experimentellen Werten für die Wasseraktivität einer Kochsalzlösung und einem Molvolumen für reines Wasser von $v_{0,\text{H}_2\text{O}}^{\text{l}}$ (25 °C) = 18,068 cm³ mol⁻¹ erhält man bei 25 °C für eine 1-molale Kochsalzlösung einen osmotischen Druck von 4,62 MPa. Bei einer 6-molalen Lösung steigt der osmotische Druck auf 37,7 MPa an. Der osmotische Druck von Meerwasser, der bei der Trinkwassergewinnung überwunden werden muss, liegt je nach Salzgehalt zwischen 2,5 bis 4,5 MPa.

In der Umkehrung dieser Betrachtungen können aus Messwerten für den osmotischen Druck auch die Aktivitätskoeffizienten der durchtrittsfähigen Komponenten als Funktion von Temperatur und Konzentration ermittelt werden.

Der osmotische Druck in Gl. (3.4.12) ist auf den Kontakt mit dem reinen Lösungsmittel bezogen. Der osmotische Druck zwischen zwei verschiedenen Salzlösungen kann durch Subtraktion der beiden nach Gl. (3.4.12) berechneten Einzeldrücke ermittelt werden. Der osmotische Druck zwischen einer 6-molalen und einer 1-molalen Kochsalzlösung liegt demnach bei (37,7 - 4,62) MPa = 33,08 MPa.

In der Natur ermöglicht der osmotische Druck den lebenswichtigen Transport von Flüssigkeit durch die Zellmembranen. Auf diese Weise können Wasser und darin gelöste Nährstoffe gegen den hydrostatischen Druck bis in große Höhen transportiert werden.

3.5 Beispiele

Beispiel 3.1

Für das isobare Dampf-Flüssig-Gleichgewicht des Systems Aceton(1) + Methanol(2) + NaSCN(3) sind bei $p = 101{,}32$ kPa folgende Messwerte bekannt (Iliuta u. Thyrion 1996):

x_{NaSCN}	x_1^{s}	y_1	T [K]
0,03	0,834	0,853	329,55
0,07	0,834	0,876	331,15

Man berechne den Aktivitätskoeffizienten des Acetons für beide Messpunkte und schätze die Siedetemperatur in beiden Fällen unter Verwendung des Referenzsystems der idealen Lösung ab. Die Dissoziation des Elektrolyten NaSCN soll vernachlässigt werden, die Dampfphase kann als ideal angenommen werden. Diskutieren Sie die Auswirkung der Salzzugabe auf y_1, T und γ_1^0 sowie ihre Berücksichtigung im Modell.

<u>Reinstoffdaten</u>:

$$\log_{10}\left(\frac{p_{01}^{\mathrm{lv}}}{[\mathrm{kPa}]}\right) = 6{,}24204 - \frac{1210{,}59}{t/[^{\circ}\mathrm{C}] + 229{,}664},$$

$$\log_{10}\left(\frac{p_{02}^{\mathrm{lv}}}{[\mathrm{kPa}]}\right) = 7{,}20587 - \frac{1582{,}27}{t/[^{\circ}\mathrm{C}] + 239{,}726}.$$

Lösung

Der Aktivitätskoeffizient des Acetons ergibt sich direkt aus dem erweiterten Raoultschen Gesetz, Gl. (3.1.10), zu

$$\gamma_1^0 = \frac{y_1\, p}{x_1\, p_{01}^{\mathrm{lv}}}. \tag{B3.1.1}$$

Der in der Aufgabenstellung angegebene Molenbruch x_1^{s} bezieht sich auf die salzfreie Basis und muss zunächst nach Gl. (3.1.1) in den wahren Molenbruch umgerechnet werden:

$$x_1 = x_1^s \, (1 - x_{\text{NaSCN}}).$$

(B3.1.2)

Für den ersten Messpunkt (A) erhält man damit

$$x_{1,\text{A}} = 0{,}834 \cdot (1 - 0{,}03) = 0{,}809$$

und analog für den zweiten Messpunkt: $x_{1,\text{B}} = 0{,}776$. Hiermit sind die Aktivitäts-koeffizienten des Acetons für beide Messpunkte aus Gl. (B3.1.1) berechenbar. Wertet man die gegebene Dampfdruckkorrelation bei der experimentellen Siede-temperatur aus, so erhält man

$$\gamma_{1,\text{A}}^0 = \frac{0{,}853 \cdot 101{,}32}{0{,}809 \cdot 102{,}37} = 1{,}0436 \quad \text{und} \quad \gamma_{1,\text{B}}^0 = \frac{0{,}876 \cdot 101{,}32}{0{,}776 \cdot 108{,}07} = 1{,}0584.$$

Die Aktivitätskoeffizienten in beiden Messpunkten unterscheiden sich nur gering-fügig. Der prozentuale Unterschied beträgt lediglich:

$$\Delta_{\text{AB}}\gamma_1^0 = \frac{1{,}0584 - 1{,}0436}{1{,}0436} \cdot 100\,\% = +\,1{,}42\,\%.$$

Die Dampfphasenkonzentration steigt demgegenüber durch die erhöhte Zugabe des Salzes um

$$\Delta_{\text{AB}}y_1 = \frac{0{,}876 - 0{,}853}{0{,}853} \cdot 100\,\% = +\,2{,}70\,\%$$

Bei unveränderten Werten von Reinstoffdampfdruck und Flüssigkeitskonzentrati-on sind der Aktivitätskoeffizient und die Dampfphasenkonzentration nach dem erweiterten Raoultschen Gesetz direkt proportional zueinander. Da die wahre Konzentration des Acetons in der flüssigen Phase durch die erhöhte Salzzugabe sogar noch sinkt, lässt sich der Anstieg in y_1 nicht allein auf Basis der Änderung in γ_1^0 erklären. Der zugesetzte Elektrolyt NaSCN wirkt nicht allein auf den Akti-vitätskoeffizienten, sondern führt über einen Anstieg der Siedetemperatur auch zu einer Erhöhung des Reinstoffdampfdruckes von Aceton um

$$\Delta_{\text{AB}}p_{01}^{\text{lv}} = \frac{108{,}07 - 102{,}37}{102{,}37} \cdot 100\,\% = +\,5{,}57\,\%.$$

Dieser Anstieg ist ein Effekt, dessen Größenordnung sich bereits auf Basis des Re-ferenzsystems der idealen Lösung, d.h. ohne Berücksichtigung jeglicher Realkor-rekturen, in guter Genauigkeit abschätzen lässt. Hierzu geht man von der Glei-chung der Siedelinie, Gl. (3.1.11), aus. Setzt man den Dampfdruck des Salzes zu Null, so erhält man aus dem idealen Mischungsmodell für die Siedelinie:

$$p - \{x_1 \, p_{01}^{\text{lv}}(T) + (1 - x_1) \, p_{02}^{\text{lv}}(T)\} = 0.$$

Da der Dampfdruck eine nichtlineare Funktion der Temperatur ist, bietet sich eine numerische Lösung der Gleichung, beispielsweise mit dem Newton-Verfahren, an. Man erhält:

$$T_A^{iL} = 331,54\,\text{K} \quad \text{bzw.} \quad T_B^{iL} = 332,75\,\text{K}.$$

Hiermit lässt sich die Erhöhung des Dampfdruckes berechnen:

$$(\Delta_{AB} p_{01}^{lv})^{iL} = \frac{114,02 - 109,49}{109,49} \cdot 100\,\% = 4,14\,\%.$$

Die auf Basis der idealen Lösung ohne Berücksichtigung der Dissoziation abgeschätzte Dampfdruckerhöhung liegt in der gleichen Größenordnung wie die Änderung, die man aus den experimentellen Siedetemperaturen erhält.

Der Zusatz des Elektrolyten verändert das VLE des Systems Aceton + Methanol in der Weise, dass die Siedetemperatur ansteigt und die Aktivitätskoeffizienten der beiden Komponenten sich verändern. Der Einfluss der Temperaturerhöhung auf die Dampfdrücke und -konzentrationen überwiegt im vorliegenden Beispiel gegenüber der Auswirkung der Salzzugabe auf die Aktivitätskoeffizienten.

Beispiel 3.2

Das Absorptionsgleichgewicht von Ammoniak in Wasser wird durch Zugabe von Natriumhydroxid (NaOH) signifikant beeinflusst. Folgender Messpunkt bei $T = 313,15\,\text{K}$ wird in der Literatur angegeben (Sing et al. 1999):

$$m_{NaOH,tot} = 5,994\,\text{mol kg}^{-1}, \quad m_{NH_3,tot} = 0,963\,\text{mol kg}^{-1},$$

$$p_{NH_3} = 14,2\,\text{kPa}, \quad p = 19,6\,\text{kPa}.$$

Berechnen Sie die Aktivitätskoeffizienten $\gamma_{NH_3}^{*,m}$ und $\gamma_{H_2O}^0$ von Ammoniak und Wasser. Gehen Sie von einer idealen Gasphase aus.

<u>Stoffdaten:</u> $H_{NH_3,H_2O}^m = 3,38\,\text{kPa kg mol}^{-1}, \quad p_{0,H_2O}^{lv} = 7,358\,\text{kPa},$

$$M_{H_2O} = 18,015\,\text{g mol}^{-1}.$$

Lösung

Ammoniak wird in wässeriger NaOH-Lösung ausschließlich physikalisch gelöst und zeigt im vorliegenden Konzentrationsbereich keine Eigendissoziation. Aus dem erweiterten Henryschen Gesetz (3.1.21b) erhält man den Aktivitätskoeffizienten des Ammoniaks zu

$$\gamma_{\mathrm{NH_3}}^{*,m} = \frac{p_{\mathrm{NH_3}}}{m_{\mathrm{NH_3,tot}}\, H_{\mathrm{NH_3,H_2O}}^{m}} = 14{,}2 / (0{,}963 \cdot 3{,}38) = 4{,}363.$$

Entsprechend der unsymmetrischen Normierung erhält man den Aktivitätskoeffizienten des Wassers aus dem erweiteten Raoultschen Gesetz, Gl. (3.1.10), zu

$$\gamma_{\mathrm{H_2O}}^{0} = \frac{p_{\mathrm{H_2O}}}{x_{\mathrm{H_2O}}\, p_{0,\mathrm{H_2O}}^{\mathrm{lv}}} = \frac{p - p_{\mathrm{NH_3}}}{x_{\mathrm{H_2O}}\, p_{0,\mathrm{H_2O}}^{\mathrm{lv}}}. \tag{B3.2.1}$$

Hier wurde vorausgesetzt, dass der zugesetzte starke Elektrolyt NaOH vollständig dissoziiert und daher selbst keinen Dampfdruck besitzt. Der zur Auswertung von Gl. (B3.2.1) benötigte Molenbruch des Wassers folgt aus Gl. (2.2.3) zu

$$x_{\mathrm{H_2O}} = \frac{1}{1 + \dfrac{M_{\mathrm{H_2O}}}{1000}\left(m_{\mathrm{NH_3,tot}} + m_{\mathrm{Na^+}} + m_{\mathrm{OH^-}}\right)}$$

$$= 1 / [1 + 0{,}018015\,(0{,}963 + 5{,}994 + 5{,}994)] = 0{,}8108.$$

Aus Gl. (B3.2.1) erhält man damit den Aktivitätskoeffizienten des Wassers zu

$$\gamma_{\mathrm{H_2O}}^{0} = \frac{19{,}6 - 14{,}2}{0{,}8108 \cdot 7{,}358} = 0{,}905.$$

Man erkennt eine Verringerung des Aktivitätskoeffizienten, die zu einer Dampfdruckerniedrigung des Wassers im Elektrolytgemisch führt.

Beispiel 3.3

Für die Henry-Konstante von Schwefeldioxid in Wasser findet man in der Literatur die folgende experimentell ermittelte Korrelation (Rumpf u. Maurer 1992):

$$\ln\left(\frac{H_{\mathrm{SO_2}}^{m}(T, p_{0,\mathrm{H_2O}}^{\mathrm{lv}})}{[\mathrm{MPa\ kg\ mol^{-1}}]}\right) = A + \frac{B}{T/[\mathrm{K}]} + C\,T/[\mathrm{K}] + D\ln(T/[\mathrm{K}])$$

mit $A = -154{,}827$, $B = 321{,}17$, $C = -0{,}0634$ und $D = 29{,}872$.

Berechnen Sie hieraus die molalitätsbezogene Henry-Konstante bei $T = T^0$ und $p = p^0$.

Weitere Angaben: $v_{\mathrm{SO_2(aq)}}^{\infty} = 40{,}8\ \mathrm{cm^3\ mol^{-1}}$, $p_{0,\mathrm{H_2O}}^{\mathrm{lv}}(T^0) = 3{,}158\ \mathrm{kPa}$.

Lösung

Aus der gegebenen Temperaturkorrelation erhält man die Henry-Konstante bei der gesuchten Temperatur $T = 298{,}15$ K zu

$$\ln\left(\frac{H^m_{SO_2}(T^0, p^{lv}_{0,H_2O})}{[(MPa\ kg\ mol^{-1}]} \right) =$$

$$-154{,}827 + \frac{321{,}17}{298{,}15} - 0{,}0634 \cdot 298{,}15 + 29{,}872 \cdot \ln(298{,}15)$$

$$\Leftrightarrow\quad H^m_{SO_2}(T^0, p^{lv}_{0,H_2O}) = 0{,}08596\ MPa\ kg\ mol^{-1}.$$

Entsprechend der experimentellen Randbedingungen gilt die gegebene Korrelation beim Sättigungsdampfdruck des Lösungsmittels. Eine Umrechnung auf den Druck $p = p^0$ ist mit Hilfe der Krichevsky/Kasarnovsky-Korrektur, Gl. (3.1.18), möglich:

$$H^m_{SO_2,H_2O}(T^0, p^0) = H^m_{SO_2,H_2O}(T^0, p^{lv}_{0,H_2O}) \exp\left(\frac{1}{RT} \int_{p^{lv}_{0,H_2O}}^{p^0} v^*_{SO_2}\, dp \right)$$

Unter der Annahme eines konstanten molaren Volumens der gelösten Komponente, d.h.

$$v^*_{SO_2} = v^\infty_{SO_2} \approx const.$$

vereinfacht sich obiger Integralausdruck zu

$$H^m_{SO_2,H_2O}(T^0, p^0) = H^m_{SO_2,H_2O}(T^0, p^{lv}_{0,H_2O}) \exp\left(\frac{1}{RT} v^\infty_{SO_2} (p^0 - p^{lv}_{0,H_2O}) \right)$$

Unter Berücksichtigung der Einheiten von Druck und molarem Volumen erhält man hieraus

$$H^m_{SO_2,H_2O}(T^0, p^0) =$$

$$0{,}08596\ MPa\ kg\ mol^{-1} \cdot \exp[1 / (8{,}3145 \cdot 298{,}15) \cdot 40{,}8 \cdot 10^{-6} \cdot (100\text{-}3{,}158) \cdot 10^3]$$

$$= 0{,}08610\ MPa\ kg\ mol^{-1}.$$

Die prozentuale Änderung der Henry-Konstanten beträgt hier nur 0,16 %. Der Druckeinfluss auf die Henry-Konstante ist für praktische Anwendungen meist in guter Näherung vernachlässigbar.

Beispiel 3.4

Berechnen Sie den Partialdruck von HCl über einer 5-molalen wässerigen Lösung bei 50 °C aus den folgenden Angaben:

Spezies	Bezugs-zustand	$\Delta_f G^0$	$\Delta_f H^0$	C_p^0
		[kJ mol^{-1}]	[kJ mol^{-1}]	[J mol^{-1} K^{-1}]
HCl(g)	ig	95,299	-92,307	29,527
H$^+$	$*, m$	0	0	0
Cl$^-$	$*, m$	-131,228	-167,159	-136,4

Für den mittleren Ionenaktivitätskoeffizienten von HCl in wässeriger Lösung bei 50 °C findet man in der Literatur (Fritz u. Fuget 1956): $\gamma_{\text{HCl},\pm}^{*,m}$ = 1,958. Es darf von vollständiger Dissoziation der starken Säure gemäß HCl(aq) $\rightarrow$ H$^+$ + Cl$^-$ ausgegangen werden.

Lösung

Unter der Annahme vollständiger Dissoziation berechnet sich das Phasengleichgewicht nach Gl. (3.1.26):

$$\phi_{\text{HCl}}\, p_{\text{HCl}} =$$

$$(m_{\text{HCl},\pm}\, \gamma_{\text{HCl},\pm}^{*,m})^{\nu_\pm}\; \frac{p^0}{(m^*)^{\nu_\pm}} \exp\left(\frac{\mu_{\text{HCl},\pm}^{*,m}(T,p^0) - \mu_{0,\text{HCl}}^{\text{ig}}(T,p^0)}{R\,T} \right). \qquad \text{(B3.4.1)}$$

Der Chlorwasserstoff dissoziiert als 1-1-Elektrolyt. Damit gilt nach Gl. (2.9.7) und (2.9.8):

$$\nu_\pm = 1+1 = 2,$$

$$m_{\text{HCl},\pm} = \left(1^1\, 1^1\right)^{1/2} m_{\text{HCl, tot}} = 5 \text{ mol kg}^{-1}.$$

Geht man weiterhin von einer idealen Gasphase aus, so vereinfacht sich Gl. (B3.4.1) zu

$$p_{\text{HCl}} = \frac{p^0}{(m^*)^2} \exp\left(\frac{\mu_{\pm,\text{HCl}}^{*,m}(T,p^0) - \mu_{0,\text{HCl}}^{\text{ig}}(T,p^0)}{R\,T} \right) m_{\text{HCl, tot}}^2\, (\gamma_{\pm,\text{HCl}}^{*,m})^2. \qquad \text{(B3.4.2)}$$

Die chemischen Potenziale bei $t = 50\,°C$ werden aus thermodynamischen Standarddaten nach Gl. (2.6.7) berechnet. Mit einer temperaturunabhängigen molaren Wärmekapazität erhält man

$$\mu_{0,\mathrm{HCl}}^{\mathrm{ig}}(T,p^0) = \Delta_\mathrm{f}G_{\mathrm{HCl}}^0(\mathrm{ig})\frac{T}{T^0} + \Delta_\mathrm{f}H_{\mathrm{HCl}}^0(\mathrm{ig})\left(1 - \frac{T}{T^0}\right)$$

$$+ \; C_{p,\mathrm{HCl}}^0(\mathrm{ig})\left(T - T^0 - T\ln\left(\frac{T}{T^0}\right)\right)$$

$$= -95{,}299 \cdot (323{,}15\,/\,298{,}15) + (-92{,}307) \cdot (1 - 323{,}15\,/\,298{,}15)$$

$$+ \; 29{,}527{\cdot}10^{-3} \cdot [323{,}15 - 298{,}15 - 323{,}15 \cdot \ln(323{,}15\,/\,298{,}15)]\;\mathrm{kJ\;mol^{-1}}$$

$$= -95{,}580\;\mathrm{kJ\;mol^{-1}}.$$

Analog erhält man $\mu_{\mathrm{Cl^-}}^{*,m}(T,p^0) = -128{,}076\;\mathrm{kJ\;mol^{-1}}$. Außerdem gilt nach Gl. (2.6.9) und (2.6.10) definitionsgemäß $\mu_{\mathrm{H^+}}^{*,m}(T,p^0) = 0$. Für das mittlere chemische Potenzial des vollständig dissoziierten Elektrolyten ergibt sich damit

$$\mu_{\mathrm{HCl},\pm}^{*,m}(T,p^0) = \mu_{\mathrm{H^+}}^{*,m} + \mu_{\mathrm{Cl^-}}^{*,m} = -128{,}076\;\mathrm{kJ\;mol^{-1}}.$$

Damit erhält man schließlich für den Partialdruck des HCl aus Gl. (B3.4.2)

$$p_{\mathrm{HCl}} = 100\;\mathrm{kPa} \cdot \exp[(-128{,}076 + 95{,}580)\,/\,(8{,}3145{\cdot}10^{-3} \cdot 323{,}15)] \cdot 5^2 \cdot (1{,}958)^2$$

$$= 53{,}6\;\mathrm{Pa}.$$

Beispiel 3.5

Für das Verteilungsgleichgewicht im ternären Systems $NaBr(1) + H_2O(2) + Acetonitril(3)$ ist folgender Messpunkt bei $T = 298{,}15\;K$ bekannt (Renard u. Heichelheim 1968):

$w_2^{(\alpha)}$	$w_3^{(\alpha)}$	$w_2^{(\beta)}$	$w_3^{(\beta)}$
0,448	0,151	0,034	0,958

Berechnen Sie die Zusammensetzung beider Phasen unter der Annahme vollständiger Dissoziation des Elektrolyten sowohl in Massen- als auch in Molanteilen.

Stoffdaten: $M_{\mathrm{Na^+}} = 22{,}99\;\mathrm{g\;mol^{-1}}$, $M_{\mathrm{Br^-}} = 79{,}90\;\mathrm{g\;mol^{-1}}$,

$M_{\mathrm{H_2O}} = 18{,}015\;\mathrm{g\;mol^{-1}}$, $M_{\mathrm{CH_3CN}} = 59{,}43\;\mathrm{g\;mol^{-1}}$.

Lösung

Betrachten wir zunächst die wässerige Phase (α-Phase). Der fehlende Massenanteil des Salzes ergibt sich aus der Schließbedingung:

$$w_1^{(\alpha)} = 1 - 0{,}448 - 0{,}151 = 0{,}401.$$

Bei der Dissoziation von einem Mol Natriumbromid entstehen zwei Mole an Ionen:

$$1 \text{ mol NaBr} \rightarrow 1 \text{ mol Na}^+ + 1 \text{ mol Br}^-.$$

Unter Berücksichtigung der Molmassen lässt sich die genannte Reaktionsgleichung umformen zu

$$1 \text{ g NaBr} \rightarrow \frac{M_{\text{Na}^+}}{M_{\text{NaBr}}} \text{ g Na}^+ + \frac{M_{\text{Br}^-}}{M_{\text{NaBr}}} \text{ g Br}^-$$

Aus einem Gramm Natriumbromid entstehen somit durch Dissoziation 0,2234 g Natrium- und 0,7766 g Bromid-Ionen. Die Gesamtmasse bleibt erhalten. Die Massenanteile der Ionen lassen sich angeben zu

$$w_{\text{Na}^+}^{(\alpha)} = 0{,}2234 \cdot 0{,}401 = 0{,}0896 \quad \text{und} \quad w_{\text{Br}^-}^{(\alpha)} = 0{,}7766 \cdot 0{,}401 = 0{,}3114.$$

Da die vollständige Zusammensetzung in Massenanteilen nun bekannt ist, lassen sich die Molenbrüche sofort angeben. Es gilt

$$x_i = \frac{n_i}{\sum\limits_j n_j} = \frac{\dfrac{\widetilde{m}_i}{M_i}}{\sum\limits_j \dfrac{\widetilde{m}_j}{M_j}} = \frac{\dfrac{w_i}{M_i}\widetilde{m}_{\text{ges}}}{\sum\limits_j \dfrac{w_j}{M_j}\widetilde{m}_{\text{ges}}} = \frac{\dfrac{w_i}{M_i}}{\sum\limits_j \dfrac{w_j}{M_j}}. \tag{B3.5.1}$$

Hierbei bedeutet $\widetilde{m}$ die Masse in g. Durch Einsetzen in Gl. (B3.5.1) erhält man die Molenbrüche der Spezies Na$^+$, Br$^-$, Wasser und Acetonitril in der wässerigen Phase (α-Phase). Es sei hier darauf hingewiesen, dass die Molenbrüche der beiden Lösungsmittel, im Gegensatz zu ihren Massenanteilen, von der Dissoziation des Elektrolyten in der Lösung abhängen.

Alle Überlegungen lassen sich ohne Einschränkungen auf die organische Phase (β-Phase) übertragen. Die Einzelergebnisse sind in Tabelle B3.1 dargestellt.

Tabelle B3.1. Spezifizierung der beiden flüssigen Phasen

Spezies	$w_i^{(\alpha)}$	$x_i^{(\alpha)}$	$w_i^{(\beta)}$	$x_i^{(\beta)}$
Na$^+$	0,090	0,107	0,002	0,003
Br$^-$	0,311	0,107	0,006	0,003
H$_2$O	0,448	0,684	0,034	0,074
CH$_3$CN	0,151	0,102	0,958	0,920

Beispiel 3.6

Berechnen Sie die Gleichgewichtskonstante der chemischen Reaktion

$$HgCl_2(aq) + 2\,H_2O(l) + SO_2(aq) \rightleftharpoons Hg(g) + 2\,Cl^- + 3\,H^+ + HSO_4^-$$

bei $t = 50\ °C$ aus den im Anhang gegebenen thermodynamischen Standarddaten. Die molare Wärmekapazität kann näherungsweise als temperaturunabhängig angesehen werden. Wie ist die empirische mit der thermodynamischen Gleichgewichtskonstante verknüpft?

Lösung

Die thermodynamische Gleichgewichtskonstante als Funktion der Temperatur lässt sich aus Standarddaten berechnen. Mit einer temperaturunabhängigen molaren Wärmekapazität lässt sich Gl. (3.2.13) vereinfachen zu:

$$- R \ln K(T) = \frac{\Delta_r G^0}{T^0} + \Delta_r H^0 \left(\frac{1}{T} - \frac{1}{T^0} \right) + \Delta_r C_p^0 \left[1 - \frac{T^0}{T} - \ln\left(\frac{T}{T^0} \right) \right]. \qquad (B3.6.1)$$

Die Reaktionsgrößen erhält man durch Summation der thermodynamischen Standarddaten entsprechend der angegebenen Reaktionsgleichung. Die Referenzzustände sind günstigerweise in den vorliegenden Aggregatzuständen der Komponenten zu wählen, z.B. für Hg(g) das ideale Gas und für die Ionen die ideal verdünnte einmolale Lösung in Wasser. Die freie Standardreaktionsenthalpie lautet damit:

$$\begin{aligned}
\Delta_r G^0 &= \Delta_f G^0_{Hg}(ig) + 2\Delta_f G^0_{Cl^-} + 3\Delta_f G^0_{H^+} + \Delta_f G^0_{HSO_4^-} \\
&\quad - \left(\Delta_f G^0_{HgCl_2}(*,m) + 2\Delta_f G^0_{H_2O}(l) + \Delta_f G^0_{SO_2}(*,m) \right) \\
&= 31{,}820 + 2 \cdot (-131{,}228) + 3 \cdot 0 + (-755{,}910) \\
&\quad - [(-172{,}800) + 2 \cdot (-237{,}129) + (-300{,}503)] = -38{,}985\ \text{kJ mol}^{-1}.
\end{aligned}$$

Entsprechend ergibt sich

$$\Delta_r H^0 = -48{,}421\ \text{kJ mol}^{-1} \quad \text{und} \quad \Delta_r C_p^0 = -0{,}832\ \text{kJ mol}^{-1}\,\text{K}^{-1}.$$

Durch Einsetzen in Gl. (B3.6.1) erhält man

$$\begin{aligned}
-R \ln K(50°C) &= (-38{,}985 / 298{,}15) + (-48{,}421) \cdot (1 / 323{,}15 - 1 / 298{,}15) + \\
&\quad + (-0{,}832) \cdot [1 - 298{,}15 / 323{,}15 - \ln(323{,}15 / 298{,}15)] \\
&= -0{,}1156\ \text{kJ mol}^{-1}.
\end{aligned}$$

und damit die gesuchte Gleichgewichtskonstante zu

$$K(50\ °C) = 1{,}092 \cdot 10^5.$$

Die so bestimmte thermodynamische Gleichgewichtskonstante ist nur eine Funktion der Temperatur, nicht aber der Konzentration. Sie ist über das Produkt der Aktivitäten entsprechend Gl. (3.2.7) definiert:

$$K(T) = \prod_{i=1}^{K} \left(a_i^{\text{ref}}\right)^{\nu_i}.$$

Die Formulierung der einzelnen Aktivitäten für die betrachtete heterogene Reaktion entnimmt man aus Tabelle 3.1. Die Referenzzustände müssen dabei denen der verwendeten Standarddaten für jede Komponente entsprechen. Also im vorliegenden Fall:

$$K(T) = \frac{a_{\text{Hg}}^{\text{ig}} \left(a_{\text{Cl}^-}^{*,m}\right)^2 \left(a_{\text{H}^+}^{*,m}\right)^3 a_{\text{HSO}_4^-}^{*,m}}{a_{\text{HgCl}_2}^{*,m} \left(a_{\text{H}_2\text{O}}^0\right)^2 a_{\text{SO}_2}^{*,m}}. \qquad \text{(B3.6.2)}$$

Die aus experimentell bestimmten Konzentrationen ermittelte empirische Gleichgewichtskonstante ist demgegenüber nach Gl. (3.2.21) über das Produkt der Konzentrationen definiert. Man gelangt zur empirischen Gleichgewichtskonstante, indem man die Realkorrekturen in allen Aktivitäten vernachlässigt. Unter erneuter Verwendung von Tabelle 3.1 erhält man im vorliegenden Fall:

$$K_c(T,\{c_j\}) = \frac{\dfrac{p_{\text{Hg}}}{p^0} \left(\dfrac{m_{\text{Cl}^-}}{m^*}\right)^2 \left(\dfrac{m_{\text{H}^+}}{m^*}\right)^3 \dfrac{m_{\text{HSO}_4^-}}{m^*}}{\dfrac{m_{\text{HgCl}_2(\text{aq})}}{m^*} \, x_{\text{H}_2\text{O}}^2 \, \dfrac{m_{\text{SO}_2(\text{aq})}}{m^*}}. \qquad \text{(B3.6.3)}$$

Die gesuchte Verknüpfung mit der thermodynamischen Gleichgewichtskonstante ist damit über das Produkt der Realkorrekturen gegeben. Durch Einsetzen von Gl. (B3.6.3) in (B3.6.2) erhält man unter Berücksichtigung von Tabelle 3.1:

$$K(T) = K_c(T,\{c_j\}) \, \frac{\phi_{\text{Hg}} \left(\gamma_{\text{Cl}^-}^{*,m}\right)^2 \left(\gamma_{\text{H}^+}^{*,m}\right)^3 \gamma_{\text{HSO}_4^-}^{*,m}}{\gamma_{\text{HgCl}_2(\text{aq})}^{*,m} \left(\gamma_{\text{H}_2\text{O}}^0\right)^2 \gamma_{\text{SO}_2(\text{aq})}^{*,m}}.$$

Die thermodynamische Gleichgewichtskonstante K ist ein Maß für das chemische Gleichgewicht in einem idealen System, während die empirische Gleichgewichtskonstante K_c das durch die physikalischen Wechselwirkungen bedingte Realverhalten des Systems mit berücksichtigt. Durch Extrapolation der Messwerte auf den Zustand unendlicher Verdünnung, in dem alle Realkorrekturen in der Flüssigkeit verschwinden, lassen sich bei Flüssigkeitsreaktionen, wie in Abb. 3.5 gezeigt, beide Konstanten ineinander überführen. In Anwesenheit gasförmiger Reaktanden muss bei der Extrapolation zusätzlich Idealgasverhalten gewährleistet sein.

Beispiel 3.7

Eine Ausgangsmischung aus 0,05 mol Natriumcarbonat (Na_2CO_3), 0,001 mol Natriumhydroxid (NaOH) und 55,509 mol Wasser (1 kg) wird bei 25 °C ins chemische Gleichgewicht gesetzt. Folgende chemische Reaktionen sind dabei zu berücksichtigen:

$$Na_2CO_3(s) \ \rightarrow \ 2\,Na^+ + CO_3^{2-} \qquad \text{(R1)}$$

$$NaOH(s) \ \rightarrow \ Na^+ + OH^- \qquad \text{(R2)}$$

$$HCO_3^- + OH^- \ \rightleftharpoons \ CO_3^{2-} + H_2O(l) \qquad \text{(R3)}$$

Berechnen Sie die Zusammensetzung im Gleichgewicht unter der Annahme einer ideal verdünnten Lösung. Vereinfachend darf angenommen werden: $n_{H_2O} \approx n_{tot} \approx n_{H_2O}^{(0)}$. Wie groß ist der *pH*-Wert der Lösung im Gleichgewicht? Die Stoffdaten sind dem Anhang zu entnehmen.

Lösung:

Gesucht sind die Stoffmengen der sieben auftretenden Komponenten Na_2CO_3, Na^+, CO_3^{2-}, NaOH, OH^-, HCO_3^- und H_2O. Diese sind über die Stöchiometrie der drei angegebenen Reaktionen miteinander verknüpft. Durch Einführung der Reaktionslaufzahl nach Gl. (3.2.23) erhält man folgendes Gleichungssystem:

$$n_{Na_2CO_3} = n_{Na_2CO_3}^{(0)} - \xi_1 = 0{,}05\ \text{mol} - \xi_1$$

$$n_{Na^+} = n_{Na^+}^{(0)} + 2\xi_1 + \xi_2 = 0\ \text{mol} + 2\xi_1 + \xi_2$$

$$n_{CO_3^{2-}} = n_{CO_3^{2-}}^{(0)} + \xi_1 + \xi_3 = 0\ \text{mol} + \xi_1 + \xi_3$$

$$n_{NaOH} = n_{NaOH}^{(0)} - \xi_2 = 0{,}001\ \text{mol} - \xi_2$$

$$n_{OH^-} = n_{OH^-}^{(0)} + \xi_2 - \xi_3 = 0\ \text{mol} + \xi_2 - \xi_3$$

$$n_{HCO_3^-} = n_{HCO_3^-}^{(0)} - \xi_3 = 0\ \text{mol} - \xi_3$$

$$n_{H_2O} = n_{H_2O}^{(0)} + \xi_3 = 55{,}509\ \text{mol} + \xi_3$$

Da die Reaktionen (R1) und (R2) im Gleichgewicht vollständig abgelaufen sind, ergeben sich die zugehörigen Reaktionslaufzahlen unmittelbar:

$$n_{Na_2CO_3} = 0 \ \rightarrow \ \xi_1 = 0{,}05\ \text{mol}$$

und

$$n_{NaOH} = 0 \ \rightarrow \ \xi_2 = 0{,}001\ \text{mol}.$$

Die dritte Reaktionslaufzahl folgt aus der Bedingung für das chemische Gleichgewicht der dritten Reaktion (R3). Unter Annahme einer ideal verdünnten Lösung folgt aus Gl. (3.2.7):

$$K_3(T) \;=\; \dfrac{\dfrac{m_{CO_3^{2-}}}{m^*}\, x_{H_2O}}{\dfrac{m_{HCO_3^-}}{m^*}\,\dfrac{m_{OH^-}}{m^*}} \;=\; \dfrac{m_{CO_3^{2-}}\, x_{H_2O}}{m_{HCO_3^-}\, m_{OH^-}}\, m^* \,.$$

Die auftretenden Konzentrationen lassen sich nach Gl. (2.2.1) und (2.2.2) auf die Stoffmengen zurückführen. Man erhält:

$$K_3(T) \;=\; \dfrac{n_{CO_3^{2-}}\, n_{H_2O} \left(\overbrace{n_{H_2O}\, \dfrac{M_{H_2O}}{1000}}^{1\,kg} \right)}{n_{HCO_3^-}\, n_{OH^-} \left(\displaystyle\sum_i n_i \right)}\, m^* \,.$$

Die Stoffmengen sind mit der unbekannten Reaktionslaufzahl ξ_3 verknüpft. Die Gesamtstoffmenge soll laut Aufgabenstellung näherungsweise gleich der Anfangsstoffmenge des Wassers gesetzt werden. Mit dieser Annahme folgt als Zahlenwertgleichung zur Bestimmung der unbekannten Reaktionslaufzahl:

$$K_3(T) \;=\; \dfrac{0{,}05 + \xi_3}{(-\xi_3)\,(0{,}001 - \xi_3)} \,.$$

Durch einfache Äquivalenzumformung lässt sich diese Beziehung in die Normalform einer quadratischen Gleichung überführen:

$$\xi_3^2 - \left(0{,}001 + \dfrac{1}{K_3} \right)\xi_3 - \dfrac{0{,}05}{K_3} \;=\; 0\,.$$

Zur Lösung dieser Gleichung muss zunächst der Zahlenwert der Gleichgewichtskonstanten aus den im Anhang gegebenen freien Standardbildungsenthalpien ermittelt werden. Aus Gl. (3.2.13) folgt für $T = T^0$:

$$-R \ln K_3 \;=\; \dfrac{(-237{,}129) + (-527{,}81) - (-586{,}77) - (-157{,}244)}{298{,}15} \quad \dfrac{kJ}{mol\,K}$$

$$\Rightarrow \quad K_3 \;=\; 4{,}633 \cdot 10^3 \,.$$

Damit erhält man für die gesuchte Reaktionslaufzahl die beiden mathematisch möglichen Lösungen:

$$\xi_3 \;=\; \left\{ \begin{array}{l} +\,0{,}003948 \\[2mm] -\,0{,}002732 \end{array} \right. .$$

Der positive Wert würde auf eine negative Stoffmenge des Hydrogencarbonats führen und kann daher ausgeschlossen werden. Die physikalisch sinnvolle Lösung ist daher $\xi_3 = -0{,}002732$. Hiermit können die Stoffmengen und anschließend die Konzentrationen im chemischen Gleichgewicht bestimmt werden. Man erhält:

$$m_{\mathrm{Na^+}} \;=\; 0{,}1010 \; \mathrm{mol\ kg^{-1}},$$

$$m_{\mathrm{CO_3^{2-}}} \;=\; 0{,}0473 \; \mathrm{mol\ kg^{-1}},$$

$$m_{\mathrm{OH^-}} \;=\; 0{,}0037 \; \mathrm{mol\ kg^{-1}},$$

$$m_{\mathrm{HCO_3^-}} \;=\; 0{,}0027 \; \mathrm{mol\ kg^{-1}},$$

$$x_{\mathrm{H_2O}} \;\approx\; 1.$$

Die Richtigkeit des erhaltenen Ergebnisses kann durch Kontrolle der Elektroneutralität in der Lösung leicht überprüft werden. Nach Gl. (2.1.6) gilt

$$\sum_i m_i\, z_i \;=\; 0.$$

Mit der ermittelten Gleichgewichtszusammensetzung erhält man

$$-2 \cdot 0{,}0473 - 0{,}0037 - 0{,}0027 + 0{,}1010 \;=\; 0{,}0000.$$

Die Elektroneutralität ist damit erfüllt. Für den pH-Wert erhält man aus Gl. (3.3.6) in der ideal verdünnten Lösung mit $\gamma_{\mathrm{H^+}}^{*,m} = 1$:

$$pH \;=\; -\log_{10}\!\left(\frac{m_{\mathrm{H^+}}}{m^*} \right).$$

Das $\mathrm{H^+}$-Ion ist im betrachteten Reaktionsschema bislang nicht enthalten. Zur Ermittlung seiner Konzentration muss daher eine weitere Reaktion berücksichtigt werden. Dies ist die Dissoziation des Wassers:

$$\mathrm{H_2O(l)} \;\rightleftarrows\; \mathrm{H^+} + \mathrm{OH^-}. \qquad (R4)$$

Die zugehörige Gleichgewichtskonstante folgt auch hier durch Einsetzen der freien Standardbildungsenthalpien in Gl. (3.2.13):

$$-\,\mathrm{R}\ln K_{\mathrm{H_2O}} \;=\; \frac{(0{,}000) + (-157{,}244) - (-237{,}129)}{298{,}15} \; \frac{\mathrm{kJ}}{\mathrm{mol\ K}}$$

$$\Rightarrow \quad K_{\mathrm{H_2O}} \;=\; 1{,}011 \cdot 10^{-14}.$$

Da eine ideal verdünnte Lösung angenommen wird, reduzieren sich die Aktivitäten der an der Reaktion beteiligten Spezies auf die Konzentrationen, und man erhält für die gesuchte Molalität des H^+-Ions:

$$K_{H_2O} = \frac{m_{H^+}\, m_{OH^-}}{(m^*)^2\, x_{H_2O}} \Leftrightarrow m_{H^+} = \frac{1{,}011 \cdot 10^{-14} \cdot 1}{0{,}0037}\ \text{mol kg}^{-1} = 2{,}73 \cdot 10^{-12}\ \text{mol kg}^{-1}.$$

Da die Konzentration des H^+-Ions extrem gering ist, war es zulässig, diese in der vorangegangenen Rechnung zu vernachlässigen. Als pH-Wert der wässerigen Lösung ergibt sich: $pH = 11{,}6$. Ein Plausibilitätstest des erhaltenen Ergebnisses ist durch Vergleich mit Abb. 3.11a möglich. Der berechnete Zustandspunkt ist durch einen relativen Stoffmengenanteil des Carbonats bezogen auf den insgesamt gelösten Kohlenstoff von

$$\tilde{x}_{CO_3^{2-}} = \frac{m_{CO_3^{2-}}}{m_{CO_3^{2-}} + m_{HSO_3^-}} = 0{,}946.$$

gekennzeichnet. Diesen Punkt findet man bei dem berechneten pH-Wert von 11,6 qualitativ in der genannten Abbildung wieder.

Beispiel 3.8

Es soll das Löslichkeitsgleichgewicht von Kochsalz in Wasser als Funktion der Temperatur aus den folgenden thermodynamischen Standarddaten berechnet werden. Dabei kann von einer vollständigen Dissoziation des festen Kochsalzes gemäß $NaCl(s) \rightarrow Na^+ + Cl^-$ ausgegangen werden.

Substanz	Referenz-zustand	$\Delta_f H^0$ [kJ mol^{-1}]	S^0 [J mol^{-1} K^{-1}]	C_p^0 [J mol^{-1} K^{-1}]
NaCl(s)	0,s	- 411,153	72,13	50,5
Na$^+$	*,m	- 240,120	59,00	46,4
Cl$^-$	*,m	- 167,159	56,50	-136,4

Lösung

Das Löslichkeitsprodukt, d.h. die Gleichgewichtskonstante der Dissoziationsreaktion des festen Elektrolyten, berechnet sich nach Gl. (3.2.13) aus den freien Standardbildungsenthalpien, den Standardbildungsenthalpien und den molaren Wärmekapazitäten. Unter Vernachlässigung der Temperaturabhängigkeit der molaren Wärmekapazität erhält man

$$-R \ln K_D = \frac{\Delta_r G^0}{T^0} + \Delta_r H^0 \left(\frac{1}{T} - \frac{1}{T^0} \right) + \Delta_r C_p^0 \left[1 - \frac{T^0}{T} - \ln\left(\frac{T}{T^0} \right) \right]. \quad (B3.8.1)$$

In der Aufgabenstellung sind Zahlenwerte für die Standardbildungsenthalpie und die Standardentropie gegeben. Die (absolute) Standardentropie S^0 und die Standardbildungsenthalpie $\Delta_f H^0$ unterscheiden sich in ihrem Nullpunkt. Im Gegensatz zur Umrechnung stoffspezifischer Bildungswerte (vgl. Beispiel 2.3) ist die Berechnung von Reaktionsdaten auf Grund der Atomerhaltung jedoch unabhängig vom gewählten Nullpunkt. Daher gilt

$$\Delta_r G^0 = \Delta_r H^0 - T^0 \Delta_r S^0 = \sum_i \nu_i \Delta_f H_i^0 - T^0 \sum_i \nu_i S_i^0 .$$

Man erhält für die Dissoziation des Kochsalzes

$$\Delta_r H^0 = 3{,}874 \text{ kJ mol}^{-1}, \quad \Delta_r S^0 = 43{,}37 \text{ J mol}^{-1} \text{K}^{-1}, \quad \Delta_r C_p^0 = -140{,}5 \text{ J mol}^{-1} \text{K}^{-1}$$

und damit

$$\Delta_r G^0 = -9{,}057 \text{ kJ mol}^{-1} .$$

Durch Einsetzen in Gl. (B3.8.1) und Gl. (3.3.10) erhält man schließlich für das Löslichkeitsprodukt und die mittlere Ionenaktivität die in Tabelle B3.2 dargestellten Ergebnisse.

Tabelle B3.2. Berechnung der mittleren Ionenaktivität von Kochsalz in wässeriger Lösung

T	$\Delta_r G^0 / T^0$	$\Delta_r H^0 (1/T - 1/T^0)$	$\Delta_r C_p^0 [1 - \ldots]$	K_D	$a_{NaCl,\pm}^{*,m}$
[K]	[J mol^{-1} K^{-1}]	[J mol^{-1} K^{-1}]	[J mol^{-1} K^{-1}]		
298,15	-30,377	0	0	38,609	6,214
273,15	-30,377	1,189	0,555	31,305	5,595
263,15	-30,377	1,728	1,142	27,340	5,229
253,15	-30,377	2,310	1,987	23,028	4,799

Die positive Lösungsenthalpie zeigt, dass es sich beim Auflösen von Kochsalz um einen endothermen Prozess handelt. Mit abnehmender Temperatur sinkt dementsprechend die Aktivität des Kochsalzes in der wässerigen Lösung. Die Ermittlung der Konzentration des gelösten NaCl nach Gl. (3.3.11) erfordert die Kenntnis des mittleren Ionenaktivitätskoeffizienten:

$$m_{\mathrm{NaCl},\pm} = m^* \, \frac{a^{*,m}_{\mathrm{NaCl},\pm}}{\gamma^{*,m}_{\mathrm{NaCl},\pm}}.$$

In Kap. 4 werden hierzu verschiedene theoretische Ansätze vorgestellt und hinsichtlich ihrer Leistungsfähigkeit miteinander verglichen.

Beispiel 3.9

Schwefeldioxid löst sich physikalisch in Wasser nach

$$\mathrm{SO_2(g)} \;\rightleftharpoons\; \mathrm{SO_2(aq)},$$

wobei das molekular gelöste $\mathrm{SO_2}$ teilweise nach

$$\mathrm{SO_2(aq)} + \mathrm{H_2O(l)} \;\rightleftharpoons\; \mathrm{H^+(aq)} + \mathrm{HSO_3^-(aq)}$$

reagiert (Hydrolyse). Es darf von einer idealen Gasphase, d.h. $\phi^{\mathrm{lv}}_{0i} = \phi_i = 1$, sowie einer idealen Lösung in unsymmetrischer Normierung, d.h. $\gamma^0_i = \gamma^{*,m}_i = 1$, ausgegangen werden. Die Druckabhängigkeit des Henry-Koeffizienten und der chemischen Potenziale in der flüssigen Phase soll ebenfalls vernachlässigt werden. Die Temperatur beträgt 25 °C.

Wie viele Freiheitsgrade besitzt das betrachtete Problem, wenn neben Schwefeldioxid und Wasser auch noch Stickstoff als Inertgas zu berücksichtigen ist? Berechnen Sie die Henry-Konstante für die $\mathrm{SO_2}$-Absorption $H^m_{\mathrm{SO_2,H_2O}}(T^0, p^0)$, die chemische Gleichgewichtskonstante für die Hydrolyse $K_{\mathrm{SO_2}}(T^0)$ sowie den Reinstoffdampfdruck des Wassers $p^{\mathrm{lv}}_{0,\mathrm{H_2O}}(T^0)$ aus den im Anhang gegebenen Standardbildungswerten.

Lösung

Die Anzahl der frei wählbaren intensiven Zustandsgrößen folgt aus der Gibbsschen Phasenregel in Analogie zu Beispiel 2.2, wobei nun allerdings zusätzlich das Inertgas zu berücksichtigen ist. Als Komponenten treten demnach auf: $\mathrm{H_2O}$, $\mathrm{N_2}$, $\mathrm{SO_2}$, $\mathrm{H^+}$ und $\mathrm{HSO_3^-}$. Mit Gl. (2.5.15) folgt:

$$F = K - P + 1 - R = 5 - 2 + 1 - 1 = 3.$$

In Beispiel 3.10 wird eine Gleichgewichtsrechnung für die Löslichkeit von Schwefeldioxid durchgeführt. Als Freiheitsgrade werden dann die Temperatur T, die pauschale Molalität $m_{\mathrm{SO_2,tot}}$ und der Gesamtdruck p, der im Wesentlichen durch das Inertgas aufgeprägt wird, vorgegeben.

Die Gleichgewichtskonstante der Hydrolyse, der Henry-Koeffizient des SO_2 und der Reinstoffdampfdruck des Wassers folgen unmittelbar aus den chemischen Potenzialen der beteiligten Komponenten. Da die Temperatur 25 °C beträgt, können die auftretenden chemischen Potenziale gleich den freien Standardbildungsenthalpien gesetzt werden. Für die chemische Gleichgewichtskonstante erhält man aus Gl. (3.2.13) mit den im Anhang angegebenen Standardwerten:

$$K_{SO_2}(T^0) = \exp\left(-\frac{\Delta_f G^0_{H^+} + \Delta_f G^0_{HSO_3^-} - \Delta_f G^0_{SO_2}(*,m) - \Delta_f G^0_{H_2O}(l)}{RT}\right)$$

$$= \exp\left(-\frac{0 + (-527{,}032) - (-300{,}503) - (-237{,}129)}{8{,}3145\cdot 10^{-3}\ 298{,}15}\right)$$

$$= 0{,}0139.$$

Die Henry-Konstante für die SO_2-Absorption erhält man durch Einsetzen in Gl. (3.1.17) zu:

$$H^m_{SO_2,H_2O}(T^0, p^0) = \frac{p^0}{m^*}\exp\left(\frac{\Delta_f G^0_{SO_2}(*,m) - \Delta_f G^0_{SO_2}(ig)}{RT}\right)$$

$$= \frac{100\ kPa}{1\ mol\ kg^{-1}}\exp\left(\frac{(-300{,}503) - (-300{,}090)}{8{,}3145\cdot 10^{-3}\cdot 298{,}15}\right)$$

$$= 86{,}654\ kPa\ kg\ mol^{-1}.$$

Der Reinstoffdampfdruck ergibt sich schließlich durch Koeffizientenvergleich von Gl. (3.1.6) und (3.1.8). Wird die Dampfphase als ideal angesehen, so gilt:

$$p^{lv}_{0,H_2O}(T^0) = p^0\exp\left(\frac{\Delta_f G^0_{H_2O}(l) - \Delta_f G^0_{H_2O}(ig)}{RT}\right)$$

$$= 100\ kPa\ \exp\left(\frac{(-237{,}129) - (-228{,}572)}{8{,}3145\cdot 10^{-3}\cdot 298{,}15}\right)$$

$$= 3{,}169\ kPa.$$

Die ermittelten Größen $K_{SO_2}(T^0)$, $H^m_{SO_2,H_2O}(T^0, p^0)$ und $p^{lv}_{0,H_2O}(T^0)$ werden im folgenden Beispiel zur Berechnung der Löslichkeit von Schwefeldioxid in Wasser verwendet.

Beispiel 3.10

Es soll die Löslichkeit von SO_2 in Wasser bei Anwesenheit von Stickstoff berechnet werden. Alle in Beispiel 3.9 getroffenen Vereinfachungen gelten entsprechend. Die Löslichkeit des Stickstoffs in Wasser kann vernachlässigt werden. Der gesuchte Zustandspunkt ist definiert durch:

$$T = 298{,}15 \text{ K}, \quad m_{SO_2,tot} = 0{,}005 \text{ mol kg}^{-1} \quad \text{und} \quad p = 1 \text{ bar.}$$

Berechnen Sie die vollständige Zusammensetzung der flüssigen Phase in Molalitäten und der Gasphase in Partialdrücken. Verwenden Sie zur Lösung die in Beispiel 3.9 aus Standardbildungswerten berechneten Größen.

Lösung

Zunächst wird die flüssige Phase betrachtet. Hier sind die Molalitäten der vier Komponenten H_2O, $SO_2(aq)$, H^+ und HSO_3^- zu ermitteln. Die Molalität des Wassers in der wässerigen Lösung folgt durch Einsetzen in Gl. (2.2.1) zu

$$m_{H_2O} = \frac{1000}{18{,}015} \text{ mol kg}^{-1} = 55{,}509 \text{ mol kg}^{-1}.$$

Zur Ermittlung der Konzentrationen der drei übrigen Komponenten stehen die Bedingung für das chemische Gleichgewicht der Hydrolyse, die Elektroneutralität sowie die Atombilanz für den gelösten Schwefel zur Verfügung. Für das Referenzsystem der idealen Lösung in unsymmetrischer Normierung man aus Gl. (3.2.7):

$$K_{SO_2}(T^0) = \frac{m_{H^+}\, m_{HSO_3^-}}{m_{SO_2(aq)}\, x_{H_2O}}\, \frac{1}{m^*} \approx \frac{m_{H^+}\, m_{HSO_3^-}}{m_{SO_2(aq)}}\, \frac{1}{m^*}. \qquad (B3.10.1)$$

Unter Annahme einer konstanten Masse des Wassers lässt sich die Elektroneutralität (2.1.6)

$$m_{H^+} - m_{HSO_3^-} = 0 \qquad (B3.10.2)$$

und die Elementbilanz für den Schwefel (3.2.1)

$$m_{SO_2,tot} = m_{SO_2(aq)} + m_{HSO_3^-} \qquad (B3.10.3)$$

in Molalitäten schreiben. Durch Einsetzen von Gl. (B3.10.2) und (B3.10.3) in Gl. (B3.10.1) erhält man

$$K_{SO_2} = \frac{(m_{SO_2,tot} - m_{SO_2(aq)})^2}{m_{SO_2(aq)}\, m^*}$$

$$\Leftrightarrow m_{SO_2(aq)}^2 - m_{SO_2(aq)}\,(2\,m_{SO_2,tot} + K_{SO_2}\,m^*) + m_{SO_2,tot}^2 = 0.$$

Dies ist eine quadratische Gleichung für $m_{SO_2(aq)}$ in Normalform. Durch Ansetzen der Diskriminante erhält man die beiden mathematisch möglichen Lösungen:

$$m_{SO_2(aq)} = (0{,}01195 \pm 0{,}01085) \text{ mol kg}^{-1}.$$

Da die Molalität des molekular gelösten Schwefeldioxid kleiner als $m_{SO_2,\,tot} = 0{,}005$ mol kg^{-1} sein muss, lässt sich die Lösung mit dem positiven Vorzeichen ausschließen und man erhält

$$m_{SO_2(aq)} = 0{,}0011 \text{ mol kg}^{-1}.$$

Durch Einsetzen in Gl. (B3.10.3) und (B3.10.2) folgt damit

$$m_{H^+} = m_{HSO_3^-} = 0{,}0039 \text{ mol kg}^{-1}.$$

Die Zusammensetzung der wässerigen Phase ist damit vollständig bestimmt. Den Partialdruck des Schwefeldioxids über der Lösung erhält man aus dem Henryschen Gesetz (3.1.21) zu

$$p_{SO_2} = m_{SO_2(aq)}\, H^m_{SO_2,H_2O} = 0{,}0011 \text{ mol kg}^{-1} \cdot 84{,}654 \text{ kPa kg mol}^{-1}$$

$$= 0{,}0931 \text{ kPa}.$$

Der Partialdruck des Wasserdampfes wird auf Grund der unsymmetrischen Normierung aus dem Raoultschen Gesetz bestimmt. Man erhält aus Gl. (3.1.9):

$$p_{H_2O} = x_{H_2O}\, p^{lv}_{0,H_2O} \approx 1 \cdot 3{,}169 \text{ kPa} = 3{,}169 \text{ kPa}.$$

Aus der Schließbedingung für die Gasphase ergibt sich dann der Partialdruck des Inertgases

$$p_{N_2} = p - p_{SO_2} - p_{H_2O} = (100 - 0{,}0931 - 3{,}169) \text{ kPa} = 96{,}738 \text{ kPa}.$$

Hiermit sind die Konzentrationen beider Phasen vollständig bestimmt. Es fällt auf, dass bei geeigneter Vorgabe der intensiven Zustandsgrößen die Berechnung der Zusammensetzung in beiden Phasen getrennt voneinander erfolgen kann. Auf diesen Aspekt wird im Rahmen der Berechnung komplexer Gleichgewichte noch einmal eingegangen.

Von den getroffenen Vereinfachungen stellt die Vernachlässigung des Aktivitätskoeffizienten der gebildeten Ionen die größte Einschränkung dar. Diese müssen aus einem geeigneten Ansatz für die freie Exzessenthalpie der Mischung bestimmt werden. Im folgenden Kapitel werden hierzu geeignete Modelle vorgestellt.

4 Aktivitätskoeffizientenmodelle für Elektrolyt-lösungen

Die Beschreibung von Elektrolytlösungen ist auf Grund der zusätzlichen lang-reichweitigen elektrostatischen Wechselwirkungen zwischen den Ionen sowie zwischen den Ionen und den dipolaren Lösungsmittelmolekülen wesentlich schwieriger als die Modellierung der Nichtelektrolyte. Abbildung 4.1 zeigt für einige ausgewählte Elektrolyte den Konzentrationsverlauf des mittleren Ionenaktivitätskoeffizienten in wässeriger Lösung bei 25 °C. Die Aktivitätskoeffizienten durchlaufen vom Gebiet unendlicher Verdünnung aus zunächst ein Minimum und steigen dann häufig auf Werte an, die bei höheren Konzentrationen wesentlich größer als Eins sind. Dieser für Elektrolyte charakteristische Konzentrationsverlauf resultiert aus den speziellen intermolekularen Wechselwirkungen der Ionen.

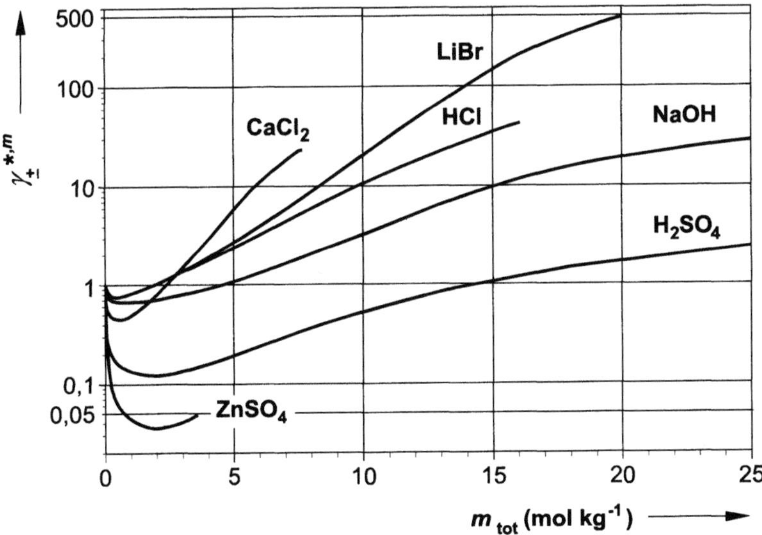

Abb. 4.1. Konzentrationsverlauf des mittleren Ionenaktivitätskoeffizienten starker Elektrolyte in wässeriger Lösung bei 25 °C

Im Bereich sehr niedriger Konzentrationen und damit entsprechend hoher intermolekularer Abstände dominieren die langreichweitigen Coulombschen Anziehungskräfte zwischen Kationen und Anionen, die zu einer Verbesserung der Löslichkeit und somit zu einer Abnahme der Aktivitätskoeffizienten führen. Mit steigender Konzentration nimmt der Einfluss der kurzreichweitigen Kräfte, die im wesentlichen abstoßender Natur sind, kontinuierlich zu – die Löslichkeit verringert sich. Bei hohen Ionenkonzentrationen werden darüber hinaus auch die Coulombschen Abstoßungskräfte zwischen gleichartig geladenen Ionen wirksam.

In den folgenden Abschnitten werden die wichtigsten Modelle und Berechnungsgleichung zur Beschreibung des Zustandsverhaltens von Aktivitätskoeffizienten vorgestellt. Auf detaillierte Ableitungen wird dabei zu Gunsten einer komprimierten Zusammenstellung praxisrelevanter Arbeitsgleichungen und Parameter verzichtet.

4.1 Die Debye/Hückel-Gleichung (DHG) und empirische Erweiterungen

Im Grenzfall der unendlich verdünnten Lösung, d.h. wenn die Konzentration aller Ionen gegen Null geht, können die Abweichungen vom idealen Lösungsverhalten infolge der Coulombkräfte zwischen Kationen und Anionen durch die *Debye/-Hückel*-Theorie (Debye u. Hückel 1923) beschrieben werden. Für die Ionenaktivitätskoeffizienten gilt danach unter Vernachlässigung des Eigenvolumens der Ionen:

$$\log_{10} \gamma_i^{*,m} = - A_m \, z_i^2 \, \sqrt{I_m} \, . \tag{4.1.1}$$

Für den mittleren Ionenaktivitätskoeffizienten folgt daraus

$$\log_{10} \gamma_\pm^{*,m} = - A_m \left| z_c \, z_a \right| \sqrt{I_m} \tag{4.1.2}$$

mit

$$\begin{aligned}
A_m(T) &= \frac{1}{\ln 10} \sqrt{2 \cdot 10^3 \, \pi \, N_A \, \rho_{LM}(T)} \left(\frac{e^2}{4\pi \, \varepsilon_0 \, \varepsilon(T) \, k\,T} \right)^{3/2} \\
&\approx \frac{1{,}8248 \cdot 10^6 \sqrt{\rho_{LM}}}{(T \varepsilon)^{3/2}}
\end{aligned} \tag{4.1.3}$$

als Debye/Hückel-Parameter. Dabei ist ρ_{LM} die Dichte in g cm^{-3} und ε die relative Dielektrizitätskonstante des Lösungsmittels. Bei 25 °C hat A_m für Wasser den Wert 0,5108 kg$^{1/2}$ mol$^{-1/2}$. Die Ladungszahlen der Kationen und Anionen sind mit z_c und z_a bezeichnet. Die Ionenstärke I_m ist definiert als

$$I_m = \frac{1}{2} \sum_i m_i \, z_i^2 \, . \tag{4.1.4}$$

Die Summation erstreckt sich dabei über alle Ionen in der Lösung. Das Debye/-Hückel-Grenzgesetz gilt nur im Bereich $I_m < 0{,}005$ mol kg^{-1}. Eine Erweiterung des Anwendungsbereichs der Debye/Hückel-Theorie bis zu Ionenstärken von $I_m =$

0,05 bis 0,1 mol kg^{-1} erhält man, wenn die Größe der Ionen mitberücksichtigt wird. In diesem Fall gilt

$$\log_{10} \gamma_i^{*,m} = -A_m\, z_i^2\, \frac{\sqrt{I_m}}{1 + a\, B_m \sqrt{I_m}} \tag{4.1.5}$$

mit

$$B_m(T) = 2\sqrt{2\cdot 10^3\, \pi\, \mathrm{N_A}\, \rho_{\mathrm{LM}}(T)} \left(\frac{\mathrm{e}^2}{4\pi\,\varepsilon_0\,\varepsilon(T)\,\mathrm{k}\,T}\right)^{1/2}$$

$$\approx \frac{5{,}0291\cdot 10^{11}\, \sqrt{\rho_{\mathrm{LM}}}}{\sqrt{T\,\varepsilon}} \tag{4.1.6}$$

als weiterem Debye/Hückel-Parameter und a als mittlerem Durchmesser aller gelösten Ionen. Bei 25 °C hat B_m für Wasser den Wert $3{,}287\cdot 10^9$ m^{-1} kg$^{1/2}$ mol$^{-1/2}$.

Unter der Annahme, dass der mittlere Durchmesser aller Ionen ~ 3 Å beträgt und der Faktor $a\cdot B_m$ damit den Wert Eins annimmt, folgt nach *Güntelberg* für den mittleren Ionenaktivitätskoeffizienten:

$$\log_{10} \gamma_\pm^{*,m} = -A_m\, |z_\mathrm{c}\, z_\mathrm{a}|\, \frac{\sqrt{I_m}}{1 + \sqrt{I_m}}. \tag{4.1.7}$$

Eine empirische Erweiterung von *Davies* (1938, 1962) erlaubt die Berechnung der Aktivitätskoeffizienten mit einer Genauigkeit von etwa 2 % bis zu Ionenstärken von 0,1 mol kg^{-1}:

$$\log_{10} \gamma_\pm^{*,m} = -A_m\, |z_\mathrm{c}\, z_\mathrm{a}| \left(\frac{\sqrt{I_m}}{1 + \sqrt{I_m}} - 0{,}30\, I_m\right). \tag{4.1.8}$$

Von *Pitzer* wird im Rahmen seines Aktivitätskoeffizientenmodells (s. Abschn. 4.2.2) die folgende Erweiterung der Debye/Hückel-Gleichung verwendet, die auf Überlegungen aus der Hartkugeltheorie der Statistischen Thermodynamik basiert (Pitzer 1973):

$$\ln \gamma_i^{*,m} = z_i^2\, f^\gamma, \tag{4.1.9}$$

d.h.

$$\ln \gamma_\pm^{*,m} = |z_\mathrm{c}\, z_\mathrm{a}|\, f^\gamma \tag{4.1.10}$$

mit

$$f^\gamma = -A_\phi \left[\frac{\sqrt{I_m}}{1 + b\sqrt{I_m}} + \frac{2}{b}\ln(1 + b\sqrt{I_m})\right], \qquad b = 1{,}2. \tag{4.1.11}$$

Zur Berechnung der Temperaturabhängigkeit des Debye/Hückel-Parameters A_ϕ für den osmotischen Koeffizienten wird von Chen et al. (1982) für wässerige Lösungen die folgende, an die Daten von Silvester u. Pitzer (1977) im Temperaturbereich $273{,}15 \le T \le 623{,}15$ K angepasste Korrelationsgleichung angegeben:

$$A_\phi = -61{,}44534 \exp\left\{\frac{T-273{,}15}{273{,}15}\right\} + 2{,}864468 \left[\exp\left\{\frac{T-273{,}15}{273{,}15}\right\}\right]^2$$

$$+ 183{,}5379 \ln\left\{\frac{T}{273{,}15}\right\} - 0{,}6820223\,(T-273{,}15) \tag{4.1.12}$$

$$+ 0{,}0007875695\,\{T^2 - (273{,}15)^2\} + 58{,}95788\,\frac{273{,}15}{T}.$$

Für die Umrechnung in den Debye/Hückel-Parameter A_m gilt

$$A_m = A_\phi\,\frac{3}{\ln 10}. \tag{4.1.13}$$

Für verdünnte Elektrolytlösungen wurde von Pitzer eine weitere empirische Modifikation der Debye/Hückel-Gleichung entwickelt, die u.a. im NRTL-Elektrolyt-Aktivitätskoeffizientenmodell (s. Abschn. 4.2.3) Verwendung findet. Danach gilt für den auf den Molenbruch bezogenen rationellen Ionenaktivitätskoeffizienten (Pitzer 1980)

$$\ln \gamma_i^{*,\mathrm{PDH}} = -A_\phi \sqrt{\frac{1000}{M_{\mathrm{LM}}}} \left[\frac{2\,z_i^2}{\rho} \ln\!\left(1 + \rho\sqrt{I_x}\right) + \frac{z_i^2\,\sqrt{I_x} - 2\,I_x^{3/2}}{1 + \rho\sqrt{I_x}}\right]. \tag{4.1.14}$$

Die Ionenstärke I_x ist auf der Basis der Molenbrüche x_i definiert als

$$I_x = \frac{1}{2}\sum_i x_i\,z_i^2. \tag{4.1.15}$$

Der Parameter ρ, der, ähnlich wie der Parameter a in Gl. (4.1.5) und der Parameter b in Gl. (4.1.11) ein Maß für die mittlere Größe der Ionen darstellt („closest approach parameter"), ist vom Prinzip her eine stoffspezifische Größe. In der Praxis hat sich jedoch auch hier die Verwendung eines konstanten mittlerer Wertes von $\rho = 14{,}9$ für viele Elektrolytsysteme als recht erfolgreich erwiesen (Pitzer 1980).

Die in den bislang behandelten Ansätze auftretenden Debye/Hückel-Parameter können aus den Eigenschaften des reinen Lösungsmittels berechnet werden. Die übrigen Parameter werden in der praktischen Anwendung als universelle Konstanten behandelt, so dass in den Gleichungen keine stoffspezifischen Parameter auftreten. Sie stellen damit allgemein gültige Beziehungen dar, die im Bereich hoher Verdünnung eine Vorausberechnung des realen Mischungsverhaltens von Elektrolytlösungen erlauben.

Zur Beschreibung konzentrierterer Lösungen müssen zur Erfassung des Einflusses der zwischen den gelösten Spezies wirkenden intermolekularen Kräften zusätzliche stoffspezifische Wechselwirkungsparameter eingeführt werden, die durch Anpassung an experimentelle Gemischdaten gewonnen werden. Im Folgenden werden die wichtigsten Ansätze hierzu vorgestellt.

4.2 Aktivitätskoeffizientenmodelle für konzentrierte Elektrolytlösungen

Die Debye/Hückel-Gleichung und ihre empirischen Erweiterungen beschreiben den Beitrag der langreichweitigen Coulombschen Wechselwirkung der Ionen zur freien Exzessenthalpie. Dieser Anteil ist nur in stark verdünnten Lösungen dominant, in konzentrierten Lösungen überwiegt dagegen der Beitrag der kurzreichweitigen Kräfte. Ausgehend von diesen Überlegungen werden die freie Exzessenthalpie und damit auch die Aktivitätskoeffizienten eines Elektrolytsystems im Rahmen der Modellbildung üblicherweise in einen lang- und einen kurzreichweitigen Anteil aufgespalten. Zur Beschreibung des langreichweitigen Beitrags kann ein Debye/Hückel-Ansatz verwendet werden, während zur Modellierung der kurzreichweitigen Beiträge empirische Funktionen oder molekulartheoretisch begründete Ansätze eingesetzt werden können.

4.2.1 Die Gleichung von Bromley

Ein typisches Beispiel für die empirische Erweiterung der Debye/Hückel-Theorie durch Einführung eines stoffspezifischen Wechselwirkungsparameters ist die Korrelationsgleichung von *Bromley*. Danach gilt für die Aktivitätskoeffizienten starker Elektrolyte in wässerigen Lösungen bis zu einer Ionenstärke von $I_m = 6$ mol kg^{-1} (Bromley 1973):

$$\log_{10} \gamma_{\pm}^{*,m} = - A_m \left| z_c\, z_a \right| \frac{\sqrt{I_m}}{1 + a_{ca} \sqrt{I_m}} + \frac{(0{,}06 + 0{,}6\, B_{ca})\left| z_c\, z_a \right| I_m}{\left(1 + \dfrac{1{,}5\, I_m}{\left| z_c\, z_a \right|} \right)^2} + B_{ca}\, I_m \, . \tag{4.2.1}$$

Der Parameter a_{ca} ist für jeden Elektrolyttyp eine temperaturunabhängige Konstante, die in den meisten Anwendungen zu Eins gesetzt wird. Der Parameter B_{ca} stellt sich als Funktion der Temperatur dar. Ausgewählte Zahlenwerte für B_{ca} bei 25 °C sind in Tabelle 4.1 aufgelistet. Falls keine Parameter oder experimentellen Daten zur Verfügung stehen, können die Parameter B_{ca} für 25 °C aus tabellierten Ionenbeiträgen nach

$$B_{ca} = B_c + B_a + \delta_c\, \delta_a \, . \tag{4.2.2}$$

empirisch abgeschätzt werden (Bromley 1973). In Tabelle 4.2 sind die Daten für einige häufig auftretende Ionen zusammengestellt.

Tabelle 4.1. Ausgewählte Wechselwirkungsparameter für die Gleichung von Bromley bei 25 °C ($a_{ca} = 1$) (Bromley 1973)

Stoff	B [kg mol^{-1}]	Stoff	B [kg mol^{-1}]	Stoff	B [kg mol^{-1}]
1-1-Elektrolyte, $I_m \leq 6m$		$NaClO_3$	0,0127	BaI_2	0,1254
$AgNO_3$	-0,08280	$NaClO_4$	0,0330	$Ba(NO_3)_2$	-0,0545
HBr	0,1734	NaF	0,0041	$Ba(OH)_2$	-0,0240
HCl	0,1433	NH_4Br	-0,0066	$CaBr_2$	0,1179
$HClO_4$	0,1639	NH_4Cl	0,0200	$CaCl_2$	0,0948
HI	0,2054	NH_4ClO_4	-0,0640	$Ca(ClO_4)_2$	0,1457
HNO_3	0,0776	NH_4I	0,0210	CaI_2	0,1440
KBr	0,0296	NH_4NO_3	-0,0358	$CuCl_2$	0,0654
$KBrO_3$	-0,0884	**1-2-Elektrolyte, $I_m \leq 3m$**		$FeCl_2$	0,0961
KCl	0,0240	H_2SO_4	0,0606	$MgBr_2$	0,1419
$KClO_3$	-0,0739	K_2CO_3	0,0372	$MgCl_2$	0,1129
$KClO_4$	-0,1637	K_2HPO_4	-0,0096	$Mg(ClO_4)_2$	0,1760
KF	0,0565	K_2SO_4	-0,0320	MgI_2	0,1695
KI	0,0428	Li_2SO_4	0,0207	$Mg(NO_3)_2$	0,1014
KNO_3	-0,0862	Na_2CO_3	0,0089	$ZnBr_2$	0,0911
KOH	0,1131	Na_2HPO_4	-0,0265	$ZnCl_2$	0,0364
$LiBr$	0,1527	Na_2SO_4	-0,0204	$Zn(ClO_4)_2$	0,1755
$LiCl$	0,1283	$Na_2S_2O_3$	-0,0005	ZnI_2	0,1341
$LiClO_3$	0,1442	$(NH_4)_2SO_4$	-0,0287	$Zn(NO_3)_2$	0,1002
$LiClO_4$	0,1702	**1-3-Elektrolyte, $I_m \leq 6m$**		**2-2-Elektrolyte, $I_m \leq 4m$**	
LiI	0,1815	K_3PO_4	0,0344	$CuSO_4$	-0,0364
$LiNO_3$	0,0938	Na_3PO_4	0,0043	$MgSO_4$	-0,0153
$LiOH$	-0,0097	**2-1-Elektrolyte, $I_m \leq 3m$**		$NiSO_4$	-0,0296
$NaBr$	0,0749	$BaBr_2$	0,0852	$ZnSO_4$	-0,0240
$NaBrO_3$	-0,0278	$BaCl_2$	0,0638		
$NaCl$	0,0574	$Ba(ClO_4)_2$	0,0936		

Tabelle 4.2. Einzelionenbeiträge für wässerige Lösungen bei 25 °C (Bromley 1973)

Kation	B_c	δ_c	Anion	B_a	δ_a
H^+	0,0875	0,103	F^-	0,0295	-0,93
Li^+	0,0691	0,138	Cl^-	0,0643	-0,067
Na^+	0 [a]	0,028	Br^-	0,0741	0,064
K^+	-0,0452	-0,079	I^-	0,0890	0,0196
Rb^+	-0,0537	-0,100	ClO_3^-	0,005	0,45
Cs^+	-0,0710	-0,138	ClO_4^-	0,002	0,79
NH_4^+	-0,042	-0,02	BrO_3^-	-0,032	0,14
Ag^+	-0,058	(0)	NO_3^-	-0,025	0,27
Mg^{2+}	0,0570	0,157	$H_2PO_4^-$	-0,052	0,20
Ca^{2+}	0,0374	0,119	CNS^-	0,071	0,16
Ba^{2+}	0,0022	0,098	OH^-	0,076	-1,00 [a]
Mn^{2+}	0,037	(0,21)	CrO_4^{2-}	0,019	-0,33
Fe^{2+}	0,046	(0,21)	SO_4^{2-}	0,000	-0,40
Co^{2+}	0,049	0,210	$S_2O_3^{2-}$	0,019	(-0,7)
Ni^{2+}	0,054	(0,21)	HPO_4^{2-}	-0,010	-0,57
Cu^{2+}	0,022	0,30	$HAsO_4^{2-}$	0,021	-0,67
Zn^{2+}	0,101	0,09	CO_3^{2-}	0,028	-0,67
Pb^{2+}	-0,104	0,25	PO_4^{3-}	0,024	-0,70
Cr^{3+}	0,066	0,15	AsO_4^{3-}	0,038	-0,78
Al^{3+}	0,052	0,12			

[a] Vorgegebene Werte.

Für Mehrkomponentengemische lautet der Ansatz von Bromley:

$$\log_{10} \gamma_i^{*,m} = -A_m z_i^2 \frac{\sqrt{I_m}}{1+\sqrt{I_m}} + F_i , \quad i = c, a \text{ (Kationen, Anionen)} \tag{4.2.3}$$

mit

$$F_a = \sum_c B_{ca}^* z_{ca}^2 m_c , \quad F_c = \sum_a B_{ca}^* z_{ca}^2 m_a \tag{4.2.4}$$

und

$$z_{ca} = \frac{1}{2}(|z_c| + |z_a|), \tag{4.2.5}$$

$$B_{ca}^* = \frac{(0,06 + 0,6 B_{ca})|z_c z_a|}{\left(1 + \frac{1,5 I_m}{|z_c z_a|}\right)^2} + B_{ca} . \tag{4.2.6}$$

Die Abbildungen 4.2 und 4.3 zeigen einen Vergleich der verschiedenen Aktivitätskoeffizientenmodelle für HCl und Na_2SO_4 in wässeriger Lösung unter der Annahme einer vollständigen Dissoziation des Elektrolyten, d.h. $m_c = v_c\, m_{tot}$, $m_a = v_a\, m_{tot}$, sowie unter Vernachlässigung der geringen Eigendissoziation des Wassers.

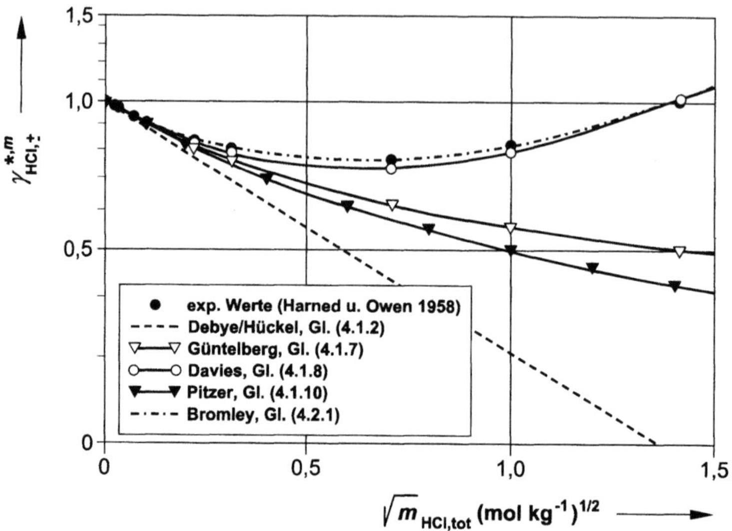

Abb. 4.2. Vergleich verschiedener Aktivitätskoeffizientenansätze für HCl + H_2O bei 25 °C

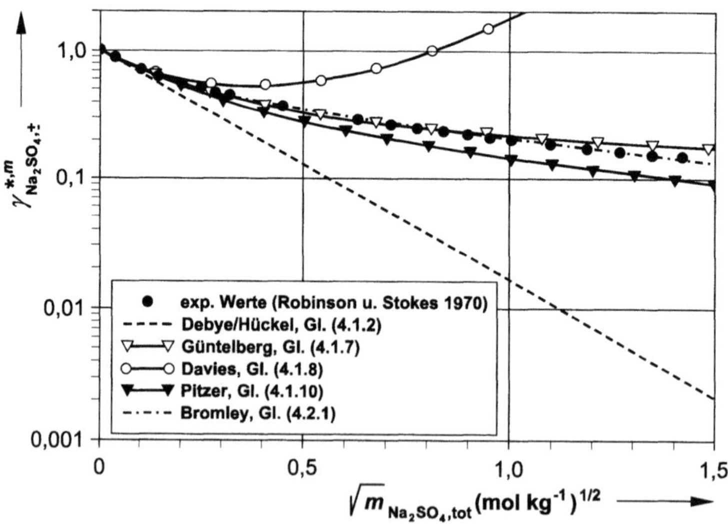

Abb. 4.3. Vergleich verschiedener Aktivitätskoeffizientenansätze für Na_2SO_4 + H_2O bei 25 °C

Für die in Tabelle B3.2 berechneten Löslichkeitsdaten von Kochsalz in einer wässerigen Lösung erhält man unter Verwendung des Aktivitätskoeffizientenansatzes von Bromley die in Tabelle 4.3 angegebenen Ergebnisse. Der Schnittpunkt der Löslichkeitskurve des Kochsalzes mit der in Tabelle 3.5 berechneten Liquiduslinie des Wassers liefert den eutektischen Punkt des Wasser/Kochsalz-Gemisches. Das auf diese Weise berechnete, in Abb. 4.4 dargestellte Phasendiagramm zeigt eine gute Übereinstimmung mit den experimentellen Werten. Die geringfügigen Abweichungen am eutektischen Punkt resultieren im Wesentlichen aus der Vernachlässigung der Temperaturabhängigkeit der Aktivitätskoeffizienten sowie der Bildung des Dihydrats, das in der Rechnung nicht berücksichtigt wurde.

Tabelle 4.3. Berechnung der Löslichkeit von Kochsalz in wässeriger Lösung, $a_{NaCl} = 1{,}0$; $B_{NaCl} = 0{,}0574$ kg mol^{-1}

T [K]	$a_{\pm}^{*,m}$	$m_{\pm}$ [mol kg^{-1}]	$\gamma_{\pm}^{*,m}$
298,15	6,214	6,234	0,997
273,15	5,595	5,854	0,956
263,15	5,229	5,615	0,931
253,15	4,799	5,319	0,902

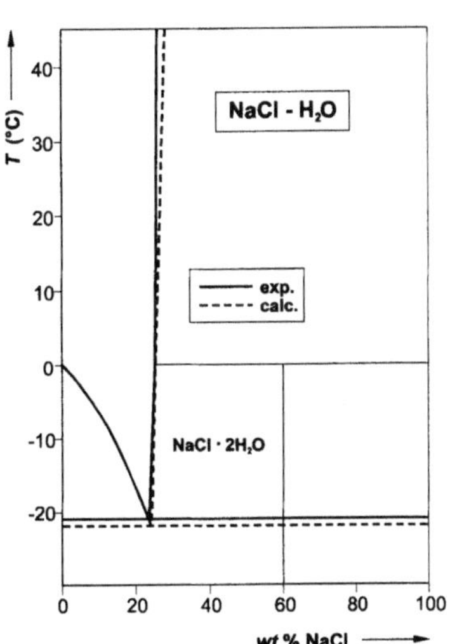

Abb. 4.4. Phasengleichgewicht des Wasser/Kochsalz-Systems

Wie bereits in Abschn. 3.4 gezeigt wurde, kann die Aktivität des Lösungsmittels mit Hilfe der Gibbs/Duhem-Gleichung aus den Aktivitätskoeffizienten der übrigen gelösten Spezies durch Integration über den Konzentrationsverlauf berechnet werden. Für die Debye/Hückel-Gleichung erhält man aus Gl. (3.4.2)

$$\ln a_{LM}^{0} = \frac{M_{LM}}{1000}\left(-\sum_{i \neq LM} v_{i,\pm}\, m_{i,\text{tot}} + \frac{2\ln 10}{3} A_{m}\, I_{m}^{3/2} \right) \qquad (4.2.7)$$

Der Ansatz von Bromley liefert für einen einzelnen Elektrolyten:

$$\ln a_{\mathrm{LM}}^0 = -\frac{M_{\mathrm{LM}}}{1000} \nu_\pm m_{\mathrm{tot}} - \frac{M_{\mathrm{LM}}}{1000} \frac{2\ln 10}{|z_{\mathrm{c}} z_{\mathrm{a}}|} \times$$

$$\left[-\frac{A_{\mathrm{m}} |z_{\mathrm{c}} z_{\mathrm{a}}|}{a_{\mathrm{ca}}^3} \left\{ (1 + a_{\mathrm{ca}} \sqrt{I_{m})}) - 2\ln(1 + a_{\mathrm{ca}} \sqrt{I_{\mathrm{m}}}) - \frac{1}{1 + a_{\mathrm{ca}} \sqrt{I_{\mathrm{m}}}} \right\} \right.$$

$$\left. + \frac{0{,}06 + 0{,}6 B_{\mathrm{m}}}{1{,}5} I_{\mathrm{m}} |z_{\mathrm{c}} z_{\mathrm{a}}|^2 \left\{ \frac{1 + \dfrac{3 I_{\mathrm{m}}}{|z_{\mathrm{c}} z_{\mathrm{a}}|}}{\left(1 + \dfrac{1{,}5 I_{\mathrm{m}}}{|z_{\mathrm{c}} z_{\mathrm{a}}|}\right)^2} - \frac{\ln\left(1 + \dfrac{1{,}5 I_{\mathrm{m}}}{|z_{\mathrm{c}} z_{\mathrm{a}}|}\right)}{\dfrac{1{,}5 I_{\mathrm{m}}}{|z_{\mathrm{c}} z_{\mathrm{a}}|}} \right\} + B_{\mathrm{m}} \frac{I_{\mathrm{m}}^2}{2} \right] \quad (4.2.8)$$

Tabelle 4.4 zeigt als Beispiel die Auswertung von Gl. (4.2.7) und (4.2.8) für Natriumchlorid bei 25 °C im Vergleich mit Messwerten. Während mit der Gleichung von Bromley im gesamten Bereich eine gute Beschreibung des Konzentrationsverlaufs der Wasseraktivität gelingt, treten bei Verwendung der einparametrigen Debye/Hückel-Gleichung mit steigender Konzentration erwartungsgemäß zunehmende Abweichungen auf.

Tabelle 4.4. Die Aktivität des Wassers in Kochsalzlösung bei 25 °C
(Exp. Daten aus Robinson u. Stokes (1970),
$a_{\mathrm{NaCl}} = 1{,}0$; $B_{\mathrm{NaCl}} = 0{,}0574$ kg mol^{-1} (Bromley 1973))

$m_{\mathrm{NaCl,tot}}$ [mol kg^{-1}]	$a_{\mathrm{H_2O}}^0$ (DHG)	$a_{\mathrm{H_2O}}^0$ (Bromley)	$a_{\mathrm{H_2O}}^0$ (exp.)
0,1	0,9968	0,9966	0,9966
0,5	0,9870	0,9835	0,9836
1,0	0,9783	0,9668	0,9669
2,0	0,9683	0,9312	0,9316
3,0	0,9657	0,8925	0,8932
4,0	0,9690	0,8512	0,8515
5,0	0,9775	0,8077	0,8068
6,0	0,9907	0,7627	0,7598

Neben der Gleichung von Bromley existieren zahlreiche weitere Korrelationsgleichungen und halbempirische Modelle. Einige dieser Entwicklungen, die im nächsten Abschnitt vorgestellt werden, basieren auf molekulartheoretischen Modellvorstellungen. Auch diese Ansätze berücksichtigen die in einer Elektrolytlösung zwischen den gelösten Spezies wirkenden Kräfte durch an Messdaten anpassbare Wechselwirkungsparameter.

4.2.2 Das Aktivitätskoeffizientenmodell von Pitzer

Ein in der Praxis sehr häufig zur Korrelation von Mehrkomponenten-Elektrolytlösungen verwendetes Aktivitätskoeffizientenmodell wurde von K. S. Pitzer entwickelt. Ausgangspunkt aller Arbeiten bildet eine Reihenentwicklung für die freie Exzessenthalpie in der folgenden Form (Pitzer 1973)

$$\frac{G^{\mathrm{E}}}{\widetilde{m}_{\mathrm{LM}}\,RT} = f(I_m) + \sum_i \sum_j \lambda_{ij}(I_m)\,m_i\,m_j + \sum_i \sum_j \sum_k \mu_{ijk}\,m_i\,m_j\,m_k \qquad (4.2.9)$$

Die Gleichung stellt, in Anlehnung an die bekannte Virial-Zustandsgleichung, eine Virialentwicklung der freien Exzessenthalpie dar. Der erste Summand repräsentiert einen erweiterten Debye/Hückel-Term zur Berücksichtigung der langreichweitigen Wechselwirkung. Die weiteren Summanden stellen Zwei- und Dreikörper Wechselwirkungsterme zur Beschreibung der kurzreichweitigen Beiträge von Paaren und Triplets der gelösten Spezies dar. Die binären Parameter λ_{ij} erfassen darin den Einfluss der kurzreichweitigen Kräfte zwischen den Spezies i und j, während die ternären Parameter μ_{ijk} die Wechselwirkungen zwischen den Spezies i, j und k berücksichtigen. Alle Beiträge sind auf die Masse des Lösungsmittels $\widetilde{m}_{\mathrm{LM}}$ bezogen. Da es sich bei Gl. (4.2.9) im Gegensatz zur Virial-Zustandsgleichung nicht um eine im Sinne der Statistischen Mechanik exakte Gleichung handelt, müssen für eine gute Beschreibung des realen Mischungsverhalten die wichtigsten binären Parameter, nämlich die für die Wechselwirkung zwischen ungleichartig geladenen Ionen (Kation-Anion-Parameter), als Funktion der Ionenstärke angesetzt werden. Die Parameter für die Ion-Molekül- und Molekül-Molekül-Wechselwirkung werden durch einen konstanten Faktor erfasst. Es gilt also

$$\lambda_{ij}(I_m) = \begin{cases} B_{ij}(I_m) \ \text{für}\ z_i\,z_j \neq \left| z_i\,z_j \right| \ \ (\text{Kation–Anion}), \\[2mm] \Theta_{ij} \ \ (\text{Kation–Kation, Anion–Anion, Ion–Molekül}, \\ \qquad \text{Molekül–Molekül}). \end{cases} \qquad (4.2.10)$$

Für die Funktionen $f(I_m)$ und $B(I_m)$ wurden von Pitzer mehrere Ansätze vorgeschlagen und hinsichtlich ihrer Eignung zur Korrelation experimenteller Gleichgewichtsdaten überprüft. Die besten Resultate ergaben sich mit (Pitzer 1973; Pitzer u. Mayorga 1974)

$$f(I_m) = -A_\phi(T)\frac{4I_m}{b}\ln(1 + b\sqrt{I_m}) \qquad (4.2.11)$$

und

$$B_{ij}(I_m) = \beta_{ij}^{(0)} + \sum_{n=1}^{q} \frac{2\beta_{ij}^{(n)}}{\alpha_n^2\,I_m}\left[1 - (1 + \alpha_n\sqrt{I_m})\exp(-\alpha_n\sqrt{I_m})\right]. \qquad (4.2.12)$$

Der Ansatz für die Funktion $B_{ij}(I_m)$ ist empirischer Natur und erfüllt vorgegebene physikalische Randbedingungen. Für die Grenzfälle $I_m \to 0$ und $I_m \to \infty$ nimmt B endliche Werte an. Außerdem steigt B bei geringen Ionenstärken annähernd linear mit $\sqrt{I_m}$, was den beobachteten realen Verhältnissen entspricht. Pitzer berücksichtigte ursprünglich nur den ersten Summanden im zweiten Term von Gl. (4.2.12), d.h. $q = 1$. Für das spezielle Verhalten von 2-2-Elektrolyten erwies sich dieser Ansatz jedoch als unzureichend und wurde daher für diese Elektrolyte in einer späteren Arbeit (Pitzer u. Mayorga 1974) um einen zusätzlichen Summanden erweitert. Die Parameter b und α_n ergeben sich aus Anpassung an die gemessenen Verläufe mittlerer Ionenaktivitätskoeffizienten. Die besten Ergebnisse erhält man mit den folgenden Werten:

<u>standardmäßig</u>: $b = 1{,}2$ $q = 1$ $\alpha_1 = 2{,}0$

<u>2-2-Elektrolyte</u>: $b = 1{,}2$ $q = 2$ $\alpha_1 = 1{,}4$ $\alpha_2 = 12{,}0$

Die ternären Wechselwirkungen werden unter Einführung der Parameter C_{ij} und ψ_{ijk} ebenfalls in zwei Anteile aufgespalten. Es gilt

$$\mu_{ijk} = \begin{cases} C_{ij} \displaystyle\sum_k m_k |z_k| & \text{für } z_i z_j \neq |z_i z_j| \\[2ex] \text{sonst } \Psi_{ijk}. \end{cases} \qquad (4.2.13)$$

Der Anion-Kation-Paramer C_{ij} beschreibt ternäre Wechselwirkungen, an denen nur zwei unterschiedliche Ionen beteiligt sind, z.B. *cca* oder *caa*. Er tritt daher schon in binären Lösungen auf und kann somit aus Gleichgewichtsdaten eines einzelnen Elektrolyten ermittelt werden. Im Bereich niedriger Molalitäten, $m \leq 2$ mol kg^{-1}, ist der Einfluss von C_{ij} unerheblich (Pitzer 1973). Der Parameter ψ_{ijk} berücksichtigt die Wechselwirkungen zwischen drei unterschiedlichen Spezies (Ionen oder Moleküle), z.B. *cc'a* oder *caa'*, und tritt daher erst in ternären und höheren Mischungen auf.

In der Praxis werden die Parameter Θ_{ij} und ψ_{ijk} häufig vernachlässigt. Unter diesen Voraussetzungen folgt für die Aktivitätskoeffizienten der gelösten Spezies:

$$\ln \gamma_i^{*,m} = \frac{\partial \left(\dfrac{G^E}{RT} \right)}{\partial n_i}$$

$$= \frac{1}{2} z_i^2 f^\gamma + 2 \sum_j m_j B_{ij} + \sum_j \left(\sum_k m_k |z_k| \right) m_j C_{ij} \qquad (4.2.14)$$

$$+ \frac{1}{2} z_i^2 \sum_j \sum_k m_j m_k B'_{jk} + \frac{1}{2} |z_i| \sum_j \sum_k m_j m_k C_{jk}$$

mit

$$f^{\gamma} \;=\; \frac{\mathrm{d}f}{\mathrm{d}I_m} \;=\; -2\mathrm{A}_{\phi}\left[\frac{\sqrt{I_m}}{1+\mathrm{b}\sqrt{I_m}} + \frac{2}{\mathrm{b}}\ln(1+\mathrm{b}\sqrt{I_m})\right] \tag{4.2.15}$$

und

$$B_{ij} \;=\; \beta_{ij}^{(0)} + \frac{2\beta_{ij}^{(1)}}{\alpha_1^2\,I_m}\left\{1-(1+\alpha_1\sqrt{I_m})\exp(-\alpha_1\sqrt{I_m})\right\}$$
$$\tag{4.2.16}$$
$$+\;\frac{2\beta_{ij}^{(2)}}{\alpha_2^2\,I_m}\left\{1-(1+\alpha_2\sqrt{I_m})\exp(-\alpha_2\sqrt{I_m})\right\},$$

$$B_{ij}^{'} \;=\; \frac{2\beta_{ij}^{(1)}}{\alpha_1^2\,I_m^2}\left\{-1+(1+\alpha_1\sqrt{I_m}+0{,}5\alpha_1^2\,I_m)\exp(-\alpha_1\sqrt{I_m})\right\}$$
$$\tag{4.2.17}$$
$$+\;\frac{2\beta_{ij}^{(2)}}{\alpha_2^2\,I_m^2}\left\{-1+(1+\alpha_2\sqrt{I_m}+0{,}5\alpha_2^2\,I_m)\exp(-\alpha_2\sqrt{I_m})\right\}$$

sowie

$$C_{ij} \;=\; \frac{C_{ij}^{\phi}}{2\sqrt{|z_i\,z_j|}}. \tag{4.2.18}$$

Für den Aktivitätskoeffizienten des Lösungsmittels ergibt sich:

$$\frac{1000}{M_{\mathrm{LM}}}\ln\gamma_{\mathrm{LM}}^{0} \;=\; f - I_m\,f^{\gamma} - \sum_i\sum_j m_i\,m_j\,(B_{ij}+B_{ij}^{'}I_m)$$
$$\tag{4.2.19}$$
$$-\;\sum_i\sum_j\left(\sum_k m_k\,|z_k|\right)m_i\,m_j\,C_{ij}.$$

Die Summationen in Gl. (4.2.14) und (4.2.19) erstrecken sich über alle gelösten Komponenten und Lösungsmittel. Die Matrizen der Wechselwirkungsparameter B_{ij} und C_{ij} sind symmetrisch, d.h. $B_{ij}=B_{ji}$, $C_{ij}=C_{ji}$ und $B_{ii}=C_{ii}=0$.

In Tabelle 4.5 sind für eine Reihe wichtiger Ionenpaare die Parameter des Pitzer-Modells zusammengestellt. Die Anwendung der Pitzer-Gleichung ist auf niedrige und mittlere Konzentrationen beschränkt. In Zemaitis et al. (1986) und Pitzer (1991) werden für zahlreiche weitere Stoffe neben den Pitzer-Parametern auch der Gültigkeitsbereich und die Genauigkeit der Gleichung angegeben. Die maximale Konzentration liegt bei 6 mol kg^{-1}.

Tabelle 4.5. Parameter für den Aktivitätskoeffizientenansatz von Pitzer (Rosenblatt 1981)

Ionenpaar ij	$\beta_{ij}^{(0)}$	$\beta_{ij}^{(1)}$	$\beta_{ij}^{(2)}$	α_1	α_2	C_{ij}^{ϕ}
$H^+ - Cl^-$	0,1775	0,2945		2,0		0,0008
$Na^+ - Cl^-$	0,0765	0,2664		2,0		0,00127
$K^+ - Cl^-$	0,0484	0,2122		2,0		-0,00084
$Ca^{2+} - Cl^-$	0,3159	1,614		2,0		-0,00034
$Mg^{2+} - Cl^-$	0,3524	1,6815		2,0		0,00519
$H^+ - HSO_4^-$	0,2103	0,4711		2,0		
$H^+ - SO_4^{2-}$	0,0027			2,0		0,0416
$Na^+ - HSO_4^-$	0,0554	0,2755		2,0		-0,00118
$Na^+ - SO_4^{2-}$	0,0196	1,113		2,0		0,0057
$K^+ - SO_4^{2-}$	0,0500	0,7793		2,0		
$Ca^{2+} - SO_4^{2-}$	0,2000	2,65	-55,7	1,4	12,0	
$Mg^{2+} - SO_4^{2-}$	0,2210	3,343	-37,23	1,4	12,0	0,0250
$Na^+ - HCO_3^-$	0,0277	0,0411		2,0		
$K^+ - HCO_3^-$	-0,0005	-0,013		2,0		
$Ca^{2+} - HCO_3^-$	0,440	1,70		2,0		
$Mg^{2+} - HCO_3^-$	0,490	1,90		2,0		
$Na^+ - CO_3^{2-}$	0,1898	0,846		2,0		-0,04803
$K^+ - CO_3^{2-}$	0,075	0,66		2,0		
$Ca^{2+} - CO_3^{2-}$	0,160	2,10	-69,0	1,4	12,0	
$Mg^{2+} - CO_3^{2-}$	0,180	2,70	-46,0	1,4	12,0	
$Na^+ - HSO_3^-$	0,0249	0,2455		2,0		0,0004
$K^+ - HSO_3^-$	-0,096	0,2481		2,0		
$Ca^{2+} - HSO_3^-$	0,438	1,76		2,0		
$Mg^{2+} - HSO_3^-$	0,490	1,804		2,0		
$Na^+ - SO_3^{2-}$	0,021	1,0		2,0		
$K^+ - SO_3^{2-}$	0,065	1,0		2,0		
$Ca^{2+} - SO_3^{2-}$	0,180	2,38	-61,3	1,4	12,0	
$Mg^{2+} - SO_3^{2-}$	0,200	3,00	-41,0	1,4	12,0	
$Na^+ - S_2O_5^{2-}$	0,07	0,9		2,0		
$K^+ - S_2O_5^{2-}$	0,10	1,1		2,0		
$Ca^{2+} - S_2O_5^{2-}$	0,22	3,0	-50,0	1,4	12,0	
$Mg^{2+} - S_2O_5^{2-}$	0,24	3,7	-34,0	1,4	12,0	

4.2.3 Local Composition (LC) Modelle

Bei der Beschreibung des realen Mischungsverhalten von Nichtelektrolyten haben sich in der Praxis G^E-Modelle durchgesetzt, die auf den Konzept der lokalen Zusammensetzung, dem sog. local composition model (LC-Modell), basieren. Die bekanntesten Beispiele hierfür sind die Wilson-Gleichung, der NRTL-Ansatz sowie die UNIQUAC-Gleichung und die UNIFAC-Methode. Das LC-Modell berücksichtigt die Tatsache, dass die lokale molekulare Zusammensetzung um ein ausgewähltes Molekül in einer Mischung auf Grund der kurzreichweitigen intermolekularen Kräfte in aller Regel von der mittleren Zusammensetzung der Mischphase abweicht. Diese Vorstellung ist sicherlich auch für Elektrolytlösungen gültig. Bei der Übertragung muss jedoch zusätzlich der Einfluss der langreichweitigen Coulombschen Anziehungskräfte berücksichtigt werden. Dies geschieht, ähnlich wie in der Pitzer-Gleichung, durch Addition eines modifizierten Debye/-Hückel-Terms (DH). Die freie Exzessenthalpie stellt sich in einem reinen Lösungsmittel somit als Summe aus dem DH-Term und dem LC-Anteil dar:

$$g^{E} = g^{E,DH} + g^{E,LC}. \tag{4.2.20}$$

In Lösungsmittelgemischen (LMM) wird der Debye/Hückel-Parameter aus der Dichte und Dielektrizitätszahl des Lösungsmittelgemisches berechnet. Nach Gl. (4.1.3) und (4.1.13) gilt damit

$$A_{\phi} = \frac{\ln 10}{3} 1{,}8248 \cdot 10^{6} \frac{\sqrt{\rho_{LMM}/[\text{kg dm}^{-3}]}}{\left(T/[\text{K}]\; \varepsilon_{LMM}\right)^{1{,}5}} \tag{4.2.21}$$

Durch die Verwendung der Dichte und Dielektrizitätszahl des Gemisches wird die Vorstellung eines dielektrischen Kontinuums prinzipiell richtig auf Lösungsmittelgemische übertragen. Allerdings ist der zu Grunde liegende Referenzzustand für die Ionen nun die ideal verdünnte Lösung im Lösungsmittelgemisch. Die thermodynamischen Standarddaten zur Berechnung von Gleichgewichtskonstanten und der Henry-Konstanten beziehen sich jedoch im Regelfall auf die ideal verdünnte Lösung in Wasser. Der über den DH-Term berechnete Ionenaktivitätskoeffizient muss daher auf die wässerige Lösung normiert werden. Dies geschieht über den sog. *Born*-Term, der die Differenz zwischen der Dielektrizitätszahl des Lösungsmittelgemisches und der Dielektrizitätszahl des Wassers erfasst (Austgen et al. 1989):

$$\Delta_{Born}g^{E} = \frac{e^{2}N_{A}}{8\pi\varepsilon_{0}}\left(\frac{1}{\varepsilon_{LMM}} - \frac{1}{\varepsilon_{H_2O}}\right)\sum_{i} x_{i}\frac{z_{i}^{2}}{r_{i}}, \tag{4.2.22}$$

Selbstverständlich kann die Born-Gleichung auch zur Umrechnung auf beliebige andere Lösungsmittel verwendet werden. Als Defaultwert für den Ionenradius r_i wird von Austgen et al. (1989) ein Wert von 3 Å empfohlen.

Für die freie Exzessenthalpie gilt somit

$$g^{E} = g^{E,DH} + g^{E,LC} + \Delta_{Born} g^{E}. \qquad (4.2.23)$$

Für die einzelnen Beiträge können alle in der Literatur etablierten DH- und LC-Ansätze verwendet werden. Ein bekanntes Beispiel ist das von Chen et al. (1982, 1986) entwickelte Elektrolyt-NRTL-Aktivitätskoeffizientenmodell, das in der Praxis breite Anwendung findet und im Folgenden, exemplarisch für die Local Composition Modelle, erläutert werden soll.

Das ursprüngliche Modell wurde von Chen für die Lösung einzelner Elektrolyte in Wasser entwickelt (Chen et al. 1982) und in einer späteren Arbeit (Chen u. Evans 1986) auf wässerige Systeme mit mehreren gelösten Elektrolyten erweitert. Das Modell besteht aus dem von Pitzer erweiterten Debye/Hückel-Term (PDH), Gl. (4.1.14), und einem modifizierten NRTL-Term, der die Elektrolyt-Lösungsmittel-Wechselwirkungen über neu eingeführte Elektrolytpaar-Parameter berücksichtigt. Im Fall der Abwesenheit gelöster Elektrolyte geht der modifizierte Ansatz in den ursprünglichen NRTL-Ansatz von Renon über, so dass die Binärparameter für Lösungsmittel-Lösungsmittel-Wechselwirkungen unverändert übernommen werden können.

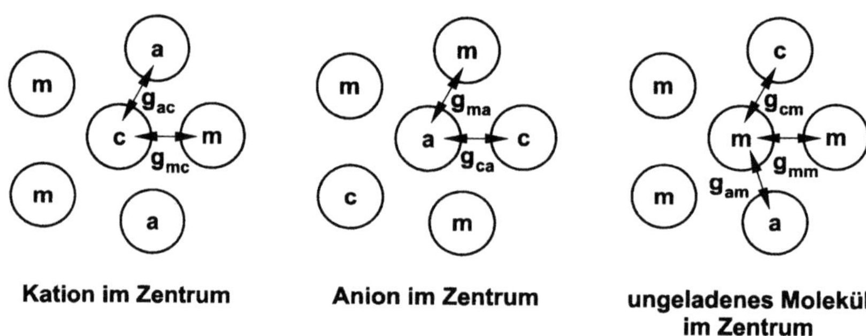

Abb. 4.5. Lokale Zusammensetzung in Elektrolytlösungen

Bei der Formulierung des LC-Anteils müssen einige elektrolytspezifische Eigenschaften berücksichtigt werden, so dass die für Nichtelektrolyte bekannten Berechnungsgleichungen wie Wilson, NRTL oder UNIQUAC nicht direkt für Elektrolytsysteme übernommen werden können. Grundsätzlich sind, wie in Abb. 4.5 dargestellt, bei Elektrolytsystemen innerhalb der molekularen Struktur drei verschiedene Zelltypen zu unterscheiden. Eine Zelle enthält ein ungeladenes Molekül m, beispielsweise ein Lösungsmittelmolekül, im Zentrum und ist von anderen ungeladenen Molekülen sowie von Kationen und Anionen umgeben. Die beiden anderen Zelltypen enthalten jeweils ein Kation oder ein Anion als Zentralmolekül. In diesen beiden Zellen wird davon ausgegangen, dass in der direkten Nachbarschaft (erste Koordinationsschale) um das jeweilige Zentralion auf Grund der Coulombschen Abstoßungskräfte kein weiteres Ion mit demselben Ladungsvorzeichen auftritt, d.h. ein Kation ist nur von Anionen und ungeladenen Molekülen und ein

Anion nur von Kationen und ungeladenen Molekülen umgeben (like-ion repulsion). Für die lokalen Molenbrüche X_{ij}, die die Konzentration der Spezies i in unmittelbarer Umgebung des Zentralmoleküls j erfassen, bedeutet dies

$$X_{mc} + X_{ac} = 1 \qquad \text{(Kation im Zentrum)},$$

$$X_{ma} + X_{ca} = 1 \qquad \text{(Anion im Zentrum)}, \qquad (4.2.24)$$

$$X_{cm} + X_{am} + X_{mm} = 1 \qquad \text{(ungeladenes Molekül im Zentrum)}.$$

Als weitere elektrolytspezifische Bedingung wird im Modell von Chen et al. für die Zellen mit einem ungeladenen Molekül im Zentrum *lokale Elektroneutralität* angenommen, d.h.

$$X_{am} \, \big| z_a \big| = X_{cm} \, z_c \, . \qquad (4.2.25)$$

Für die Verknüpfung der lokalen Molenbrüche mit den Molenbrüchen gilt im Elektrolytmodell von Chen u. Evans (1986) in Analogie zur NRTL-Gleichung von Renon und Prausnitz (Renon u. Prausnitz 1968) :

$$\frac{X_{ji}}{X_{ii}} = \frac{X_j}{X_i} G_{ji} = \frac{x_j \, C_j}{x_i \, C_i} G_{ji} \, , \qquad (4.2.26)$$

$$\frac{X_{ji}}{X_{ki}} = \frac{X_j}{X_k} G_{ji,ki} = \frac{x_j \, C_j}{x_k \, C_k} G_{ji,ki} \qquad (4.2.27)$$

mit $C_j = z_j$ für Ionen, $C_j = 1$ für Moleküle sowie

$$G_{ji} = \exp(-\alpha_{ji} \, \tau_{ji}),$$

$$\tau_{ji} = (g_{ji} - g_{ii})/RT \qquad (4.2.28)$$

und

$$G_{ji,ki} = \exp(-\alpha_{ji,ki} \, \tau_{ji,ki}),$$

$$\tau_{ji,ki} = (g_{ji} - g_{ki})/RT \, . \qquad (4.2.29)$$

Dabei bezeichnet $g_{ji} = g_{ij}$ die Wechselwirkungsenergie zwischen den Spezies i und j. Die sog. Nonrandomness-Faktoren α_{ji} und $\alpha_{ji,ki}$ werden in vielen Anwendungen auf einen einheitlichen Wert von 0,2 gesetzt. Infolge der Annahme der lokalen Elektroneutralität reduziert sich die Anzahl der anpassbaren Parameter des NRTL-Elektrolytmodells. Es gilt

$$\tau_{cm} = \tau_{am} = \tau_{ca,m} \, ,$$

$$\tau_{mc,ac} = \tau_{ma,ca} = \tau_{m,ca} \qquad (4.2.30)$$

sowie

$$\alpha_{cm} = \alpha_{am} = \alpha_{ca,m},$$

$$\alpha_{mc,ac} = \alpha_{ma,ca} = \alpha_{m,ca}. \qquad (4.2.31)$$

An die Stelle der ionenspezifischen Parameter treten damit elektrolytspezifische Koeffizienten, sog. Elektrolytpaar-Parameter. Aus der Gleichheit der Energieparameter von Kationen und Anionen folgt, dass die Aktivitätskoeffizienten der Kationen und Anionen eines 1-1-, 2-2- oder 3-3-Elektrolyten jeweils gleich sind. In einem System mit einem einzelnen vollständig dissoziierten Elektrolyten und einem Lösungsmittel m treten somit nur die beiden binären Parameter $\tau_{m,ca}$ und $\tau_{ca,m}$ auf, die die Wechselwirkung zwischen den Kationen und Anionen sowie zwischen den Ionen und dem Lösungsmittel modellmäßig berücksichtigen.

Enthält die Lösung weitere Kationen c' und Anion a' sowie ungeladene Verbindungen (Lösungsmittel) m', so werden zusätzlich die Energieparameter $\tau_{ca,ca'}$, $\tau_{ca,c'a}$, $\tau_{m',ca}$, $\tau_{ca,m'}$, $\tau_{m,m'}$ und $\tau_{m',m}$ sowie die dazugehörigen Nonrandomness-Faktoren zur Berechnung benötigt. Die nur aus Messdaten ternärer und höherer Systeme bestimmbaren Salz-Salz-Parameter $\tau_{ca,ca'}$, $\tau_{ca,c'a}$, $\alpha_{ca,ca'}$ und $\alpha_{ca,c'a}$ werden in vielen Anwendungen zu Null gesetzt. Auf diese Weise wird die Berechnung von Mehrkomponentengemischen auf die Kenntnis der binären Teilsysteme zurückgeführt. Die damit erzielte Genauigkeit ist in vielen Fällen für technische Zwecke ausreichend.

Für die freie Ezessenthalpie des Elektroly-NRTL-Modells ergibt sich schließlich (Chen u. Evans 1986; Austgen et al. 1989):

$$g^{E} = g^{E,PDH} + \Delta_{Born} g^{E} + g^{E,NRTL} \qquad (4.2.32)$$

mit

$$\underbrace{\frac{g^{E,NRTL}}{R\,T} = \sum_{m} X_{m} \frac{\sum\limits_{j} X_{j} G_{jm} \tau_{jm}}{\sum\limits_{k} X_{k} G_{km}}}_{\text{Original-NRTL-Ansatz}}$$

$$+ \sum_{c} X_{c} \sum_{a'} \frac{X_{a'}}{\sum\limits_{a''} X_{a''}} \frac{\sum\limits_{j} X_{j} G_{jc,a'c} \tau_{jc,a'c}}{\sum\limits_{k} X_{k} G_{kc,a'c}} \qquad (4.2.33)$$

$$+ \sum_{a} X_{a} \sum_{c'} \frac{X_{c'}}{\sum\limits_{c''} X_{c''}} \frac{\sum\limits_{j} X_{j} G_{ja,c'a} \tau_{ja,c'a}}{\sum\limits_{k} X_{k} G_{ka,c'a}}$$

Für die Aktivitätskoeffizienten folgt daraus

$$\ln\gamma_i^* = \ln\gamma_{i,\mathrm{PDH}}^* + \Delta_{\mathrm{Born}}\ln\gamma_i^* + \ln\gamma_{i,\mathrm{NRTL}}^* \qquad (4.2.34)$$

mit

$$\ln\gamma_{i,\mathrm{PDH}}^* =$$

$$-A_\phi\sqrt{\frac{1000}{M_{\mathrm{LMM}}}}\left[\left(\frac{2\,z_i^2}{\rho_{\mathrm{LMM}}}\right)\ln(1+\rho_{\mathrm{LMM}}\sqrt{I_x})+\frac{z_i^2\sqrt{I_x}-2I_x^{1,5}}{1+\rho_{\mathrm{LMM}}\sqrt{I_x}}\right] \qquad (4.2.35)$$

und

$$\Delta_{\mathrm{Born}}\ln\gamma_i^* = \frac{z_i^2 e^2 N_A}{8\pi\varepsilon_0\,RT\,r_i}\left(\frac{1}{\varepsilon_{\mathrm{LMM}}}-\frac{1}{\varepsilon_{H_2O}}\right)$$

$$\approx 8355{,}183\cdot\frac{z_i^2}{\left(T\!\big/_{[\mathrm{K}]}\right)\left(r_i\!\big/_{[\mathrm{nm}]}\right)}\left(\frac{1}{\varepsilon_{\mathrm{LMM}}}-\frac{1}{\varepsilon_{H_2O}}\right). \qquad (4.2.36)$$

Die Dichte des Lösungsmittelgemisches lässt sich durch Summation über die salzfreien Molenbrüche (vgl. Gl. 3.1.1) bestimmen:

$$\rho_{\mathrm{LMM}} = \frac{\sum_i x_i^s M_i}{v_{\mathrm{LMM}}^l}. \qquad (4.2.37)$$

Das molare Volumen v_{LMM}^l des salzfreien Lösungsmittelgemisches kann über die Rackett-Gleichung (Reid et al. 1987) berechnet werden. Eine Alternative besteht in der einfachen Abschätzung aus den flüssigen Reinstoffdichten nach:

$$\rho_{\mathrm{LMM}} \approx \frac{1}{\left(\sum_i \dfrac{w_i^s}{\rho_i}\right)}. \qquad (4.2.38)$$

Die Massenanteile werden dazu aus den Molenbrüchen im salzfreien Zustand nach Gl. (3.1.1) berechnet. Zur Abschätzung der Dielektrizitätszahl im Lösungsmittelgemisch schlägt Austgen folgende Mittelungsvorschrift über die salzfreien Massenanteile des Lösungsgemisches vor (Austgen 1989):

$$\varepsilon_{\mathrm{LMM}} = \sum_i w_i^s \varepsilon_i. \qquad (4.2.39)$$

Für den NRTL-Beitrag zu den Aktivitätskoeffizienten der molekularen Komponenten gilt

$$\ln \gamma^0_{m,\mathrm{NRTL}} = \frac{\sum_j X_j G_{jm} \tau_{jm}}{\sum_k X_k G_{km}}$$

$$+ \sum_{m'} \frac{X_{m'} G_{mm'}}{\sum_k X_k G_{km'}} \left(\tau_{mm'} - \frac{\sum_k X_k G_{km'} \tau_{km'}}{\sum_k X_k G_{km'}} \right)$$

$$+ \sum_c \sum_{a'} \frac{X_{a'}}{\sum_{a''} X_{a''}} \frac{X_c G_{mc,a'c}}{\sum_k X_k G_{kc,a'c}} \left(\tau_{mc,a'c} - \frac{\sum_k X_k G_{kc,a'c} \tau_{kc,a'c}}{\sum_k X_k G_{kc,a'c}} \right) \tag{4.2.40}$$

$$+ \sum_a \sum_{c'} \frac{X_{c'}}{\sum_{c''} X_{c''}} \frac{X_a G_{ma,c'a}}{\sum_k X_k G_{ka,c'a}} \left(\tau_{ma,c'a} - \frac{\sum_k X_k G_{ka,c'a} \tau_{ka,c'a}}{\sum_k X_k G_{ka,c'a}} \right).$$

Für die Kationen und Anionen ergibt sich

$$\frac{1}{z_c} \ln \gamma^0_{c,\mathrm{NRTL}} = \sum_{a'} \frac{X_{a'}}{\sum_{a''} X_{a''}} \frac{\sum_k X_k G_{kc,a'c} \tau_{kc,a'c}}{\sum_k X_k G_{kc,a'c}}$$

$$+ \sum_m \frac{X_m G_{cm}}{\sum_k X_k G_{km}} \left(\tau_{cm} - \frac{\sum_k X_k G_{km} \tau_{km}}{\sum_k X_k G_{km}} \right) \tag{4.2.41}$$

$$+ \sum_a \sum_{c'} \frac{X_{c'}}{\sum_{c''} X_{c''}} \frac{X_a G_{ca,c'a}}{\sum_k X_k G_{ka,c'a}} \left(\tau_{ca,c'a} - \frac{\sum_k X_k G_{ka,c'a} \tau_{ka,c'a}}{\sum_k X_k G_{ka,c'a}} \right)$$

und

$$\frac{1}{|z_a|} \ln \gamma^0_{a,\mathrm{NRTL}} = \sum_{c'} \frac{X_{c'}}{\sum_{c''} X_{c''}} \frac{\sum_k X_k G_{ka,c'a} \tau_{ka,c'a}}{\sum_k X_k G_{ka,c'a}} +$$

$$\sum_m \frac{X_m G_{am}}{\sum_k X_k G_{km}} \left(\tau_{am} - \frac{\sum_k X_k G_{km} \tau_{km}}{\sum_k X_k G_{km}} \right)$$

$$+ \sum_c \sum_{a'} \frac{X_{a'}}{\sum_{a''} X_{a''}} \frac{X_c G_{ac,a'c}}{\sum_k X_k G_{kc,a'c}} \left(\tau_{ac,a'c} - \frac{\sum_k X_k G_{kc,a'c} \tau_{kc,a'c}}{\sum_k X_k G_{kc,a'c}} \right). \tag{4.2.42}$$

Dabei gelten folgende Mischungsregeln (Chen u. Evans 1986):

$$\alpha_{cm} = \frac{\sum_a X_a \alpha_{ca,m}}{\sum_{a'} X_{a'}}, \qquad \alpha_{am} = \frac{\sum_c X_c \alpha_{ca,m}}{\sum_{c'} X_{c'}}, \tag{4.2.43}$$

$$G_{cm} = \frac{\sum_a X_a G_{ca,m}}{\sum_{a'} X_{a'}}, \qquad G_{am} = \frac{\sum_c X_c G_{ca,m}}{\sum_{c'} X_{c'}}. \tag{4.2.44}$$

Durch formale Umformungen lassen sich folgende Beziehungen zwischen den Parametern herleiten (Chen u. Evans 1986):

$$\tau_{ma,ca} = \tau_{am} - \tau_{ca,m} + \tau_{m,ca} \tag{4.2.45}$$

$$\tau_{mc,ac} = \tau_{cm} - \tau_{ca,m} + \tau_{m,ca} \tag{4.2.46}$$

In Tabelle 4.6 sind für eine Reihe wichtiger Salze und Lösungsmittel Parameter für den Elektrolyt-NRTL-Ansatz zusammengestellt.

Die Normierung des NRTL-Beitrags auf den Zustand der ideal verdünnten Lösung erfolgt mit Hilfe des Grenzaktivitätskoeffizienten nach:

$$\ln \gamma_{i,\mathrm{NRTL}}^* = \ln \gamma_{i,\mathrm{NRTL}}^0 - \ln \gamma_{i,\mathrm{NRTL}}^\infty . \tag{4.2.47}$$

Für die unendliche Verdünnung in einem reinem Lösungsmittel, z.B. Wasser (W), sind analytische Ausdrücke für die Grenzaktivitätskoeffizienten der Ionen und molekular gelösten Komponenten in der Literatur publiziert (Zemaitis et al. 1986)

Kationen:

$$\frac{1}{z_c} \ln \gamma_{c,\mathrm{w}}^\infty = \sum_{a'} \frac{X_{a'}}{\sum_{a''} X_{a''}} \tau_{\mathrm{wc},a'c} + G_{cw} \tau_{cw} , \tag{4.2.48}$$

Tabelle 4.6. Parameter für das Elektrolyt-NRTL-Modell (Mock et al. 1986)

Salz	T [K]	max. Konz. [mol kg^{-1}]	$\tau_{ca,m}$	$\tau_{m,ca}$
Lösungsmittel: Wasser				
KAc	298	3,5	-4,868	9,769
KBr	298	5,0	-4,318	8,981
KF	298	4,0	-4,671	9,660
LiAc	298	4,0	-4,616	9,395
LiCl	298	6,0	-5,902	13,592
LiClO$_3$	298	10,3	-5,075	10,330
NaBr	298	4,0	-4,770	9,790
NaCl	298	6,0	-4,678	9,693
NaAc	298	3,5	-4,780	9,621
NaClO$_3$	298	9,4	-3,917	8,144
NaNO$_3$	298	6,0	-3,807	8,179
NH$_4$NO$_3$	298	6,0	-3,181	6,939
LiBr	373	10,0	-5,401	11,875
LiCl	373	8,0	-5,161	11,074
KCl	373	6,0	-4,465	9,573
KI	373	10,0	-4,332	8,837
NaBr	373	6,0	-4,734	9,744
NaCl	373	10,0	-4,666	9,866
NaI	373	10,0	-5,001	10,315
NaNO$_3$	373	10,0	-3,655	7,649
NH$_4$Br	373	10,0	-3,923	8,088
NH$_4$Cl	373	10,0	-4,098	8,825
BaCl$_2$	373	2,0	-5,202	10,054
Ba(NO$_3$)$_2$	373	1,0	-5,752	11,745
CaCl$_2$	373	5,0	-5,848	11,623
Ca(NO$_3$)$_2$	373	5,0	-4,892	9,159
Na$_2$SO$_4$	373	3,0	-4,754	9,728
Sr(NO$_3$)$_2$	373	4,0	-4,736	9,260
Lösungsmittel: Methanol				
KI	298	1,1	-5,199	11,474
LiCl	298	5,4	-5,394	11,611
NaBr	298	1,6	-5,187	11,310
NaI	298	4,5	-5,043	9,769
NaOH	298	5,9	-5,455	10,073
CaCl$_2$	298	2,6	-5,343	10,414
CuCl$_2$	298	4,0	-4,522	9,285
Lösungsmittel: Ethanol				
NaI	278	2,8	-5,077	10,740
NaI	318	2,8	-4,929	10,869
Lösungsmittel: Isopropanol				
LiBr	348	2,0	-4,390	10,782
LiCl	348	1,5	-5,057	13,176

Anionen:

$$\frac{1}{|z_a|} \ln \gamma_{a,\mathrm{w}}^{\infty} = \sum_{c'} \frac{X_{c'}}{\sum_{c''} X_{c''}} \tau_{wa,c'a} + G_{aw}\tau_{aw} \,, \tag{4.2.49}$$

molekular gelöste Komponenten:

$$\frac{1}{z_c} \ln \gamma_{m,\mathrm{w}}^{\infty} = \tau_{wm} + G_{mw}\tau_{mw} \,. \tag{4.2.50}$$

Mit Hilfe von Gl. (4.2.48) bis (4.2.50) kann der NRTL-Aktivitätskoeffizientenbeitrag in Systemen mit einem einzigen Lösungsmittel auf die ideal verdünnte Lösung in diesem Lösungsmittel normiert werden. In Systemen mit mehreren Lösungsmitteln werden die Aktivitätskoeffizienten der Ionen dagegen mit Hilfe der entsprechenden Grenzaktivitätskoeffizienten auf die unendliche Verdünnung im Lösungsmittelgemisch bezogen. Der Debye/Hückel-Parameter wird dabei nach Gl. (4.2.21) mit der Dichte und Dielektrizitätszahl des Gemisches berechnet. Die Normierung auf ein reines Lösungsmittel erfolgt anschließend im Bereich der unendlichen Verdünnung mit Hilfe der Born-Korrektur. In aller Regel wird als Bezugslösungsmittel, wie in Gl. (4.2.22), reines Wasser gewählt. Durch diese Vorgehensweise passen die für die wässerige Lösung vertafelten Standardbildungswerte mit den berechneten Aktivitätskoeffizienten zusammen. Eine Sonderstellung nehmen die molekular gelösten Komponenten ein. Da die Born-Korrektur für elektroneutrale Spezies keinen Beitrag liefert, ist eine formal korrekte Umrechnung des Debye/Hückel-Anteils für molekular gelöste Komponenten nicht möglich. Zur Beschreibung der Absorption eines schwachen Elektrolyten in einem Lösungsmittelgemisch ist es daher sinnvoller, entweder auf den Debye/Hückel-Term zu verzichten und den NRTL-Beitrag auf die unendliche Verdünnung in einem reinen Bezugslösungsmittel zu normieren, oder die Henry-Konstante aus den einzelnen Henry-Konstanten in den reinen beteiligten Lösungsmitteln –soweit vorhanden– zu mitteln und nur die Korrektur zur unendlichen Verdünnung im Lösungsmittelgemisch über einen Aktivitätskoeffizienten zu beschreiben. Wird demgegenüber die Henry-Konstante für die Löslichkeit in reinem Wasser verwendet, so ist auch der Aktivitätskoeffizient auf die unendliche Verdünnung in Wasser zu normieren (Bishnoi u. Rochelle 2000). Dieser Aspekt wird in Beispiel 6.3 noch einmal aufgegriffen.

Das von Chen et al. entwickelte Modell diente ursprünglich zur Korrelation mittlerer Ionenaktivitätskoeffizienten bzw. osmotischer Koeffizienten wässeriger Lösungen. In einer Folgearbeit wendeten Mock et al. (1986) das Modell erfolgreich zur Beschreibung des Elektrolyteinflusses auf das Phasengleichgewicht (VLE und LLE) in Lösungsmittelgemischen (zwei Lösungsmittel, ein starker Elektrolyt) an. Dabei treten drei Arten von Parametern auf. Die Binärparameter der Lösungsmittel untereinander wurden aus Anpassung des Original-NRTL-Ansatzes an VLE/LLE-Daten, die Elektrolytpaar-Wasser-Parameter aus der Anpassung an mittlere Ionenaktivitätskoeffizienten wässeriger Lösungen übernommen. Die Elektrolytpaar-Lösungsmittel-Parameter wurden schließlich durch eine neue Anpassung an Messdaten für den Salzeinfluss auf das Phasengleichgewicht, die Zielgröße der Untersuchung, ermittelt. Da zur Beschreibung des Phasengleichgewichts nur die Aktivitätskoeffizienten der Lösungsmittel benötigt werden, wurde von Mock et al. auf den PDH-Term verzichtet. Dadurch wird eine bessere Korrelation erreicht. Allerdings ist mit dieser Form des Modells keine Berechnung der Ionenaktivitätskoeffizienten in Lösungsmittelgemischen möglich, die zur Beschreibung partieller Dissoziation schwacher Elektrolyte erforderlich wäre. Diesen Mangel beseitigte Austgen (Austgen 1989; Austgen et al. 1989; Austgen et al. 1991), der die Sauergaswäsche mit wässerigen Alkanolaminlösungen modelliert. Er verwendet den von Chen modifizierten NRTL-Ansatz sowie den PDH-Ansatz für die langreichweitigen Kräfte, den er mit gemittelten Werten für Dichte und Dielektrizitätszahl des Lösungsmittelgemisches bildet. Hierdurch wird ein Aktivitätskoeffizient erhalten, der sich auf die ideale Verdünnung im Lösungsmittelgemisch bezieht. Zur Korrektur des Referenzzustandes für die Ionen auf die ideale Verdünnung in Wasser verwendet Austgen die Bornsche Gleichung.

Ein ausführlicher Vergleich der Aktivitätskoeffizientenmodelle von Bromley, Pitzer und Chen et al. wird für zahlreiche wässerige Systeme in Zemaitis et al. (1986) gegeben.

Neben dem NRTL-Elektrolytmodell von Chen et al. existiert eine Reihe weiterer Aktivitätskoeffizientenmodelle, die auf dem Local Composition Konzept beruhen. Das Modell von Liu et al. (Liu et al. 1998; Liu u. Grén 1991) verwendet die dreiparametrige Wilson-Gleichung zur Modellierung der Wechselwirkungen innerhalb der ersten Koordinationsschale und eine modifizierte Debye/Hückel-Gleichung zur Beschreibung der langreichweitigen elektrostatischen Wechselwirkungen außerhalb der ersten Schale. Auf die Annahme der lokalen Elektroneutralität um ein ungeladenes Molekül wird verzichtet. Als anpassbare Wechselwirkungsparameter treten in diesem Modell keine elektrolyt- sondern ionenspezifische Parameter auf. Die Wasser-Wasser-Wechselwirkungsenergie ist zu Null gesetzt. In einer Mischung aus einem einzelnen Elektrolyten und einem Lösungsmittel werden somit ein Anion-Kation- und zwei Ion-Wasser-Wechselwirkungsparameter benötigt. Das Modell von Liu et al. benötigt damit in einem binären System einen Wechselwirkungsparameter mehr als das von Chen et al.. Da die Anzahl der unterschiedlichen Ionen in Mehrkomponentengemischen jedoch in aller Regel wesentlich geringer ist als die Anzahl der Elektrolyte, reduziert sich mit steigender Elektrolytzahl die Anzahl der anpassbaren Parameter im Modell von Liu et al. gegenüber der Parameterzahl des Chen-Modells. Neben den Kation-Anion- und Ion-Lösungsmittel-Wechselwirkungsparametern treten im Modell von Liu et al. die Radien der Kationen als weitere anpassbare Größen auf. Der Korrelationsbereich des Aktivitätskoeffizientenmodells von Liu et al. reicht bei den meisten binären Elektrolytlösungen praktisch bis zur Sättigungsgrenze und ist damit wesentlich weiter als der aller anderen vorgestellten Ansätze (Luckas 1996). Die Leistungsfähigkeit bei der Vorausberechnung des Mischungsverhaltens von Mehrkomponentensystemen ist bislang noch nicht hinreichend untersucht worden.

Weitere bekannte Modelle sind das von Sander et al. (1986) und Macedo et al. (1990) entwickelte Elektrolyt-Aktivitätskoeffizientenmodell, das einen erweiterten Debye/Hückel-Term mit einer modifizierten UNIQUAC-Gleichung kombiniert. Kikic et al. (1991) ersetzten den UNIQUAC-Anteil im Modell von Macedo et al. durch die UNIFAC-Gleichung. Als anpassbare Größen treten in diesem Modell die Wechselwirkungsparameter zwischen den Ionen sowie zwischen den Ionen und den Strukturgruppen der ungeladenen (Lösungsmittel)moleküle auf. Für die UNIFAC-Parameter zwischen den Strukturgruppen der verschiedenen Lösungsmittel werden die aus Messungen an Nichtelektrolytsystemen bekannten Literaturdaten verwendet. Im UNIQUAC-Modell von Lu u. Maurer (1993) sowie im UNIFAC-Modell von Achard et al. (1994) wird zusätzlich die Solvatation der Ionen berücksichtigt. Das LIQUAC-Modell von Li et al. (1994) besteht aus einem Debye/Hückel-Term für die langreichweitige Coulombsche Wechselwirkung, einem Virialterm zur Berücksichtigung der mittelreichweitigen Kräfte und einem UNIQUAC-Term zur Erfassung des Einflusses der kurzreichweitigen Wechselwirkungen. Yan et al. (1999) ersetzten den UNIQUAC-Anteil des LIQUAC-Modells durch einen UNIFAC-Term, der nur die Wechselwirkungen zwischen den Strukturgruppen der ungeladenen Moleküle berücksichtigt.

In (Yan et al. 1998) wird die Korrelationsfähigkeit der Ansätze von Sander, Chen, Kikic und Li anhand von VLE-Daten des Systems Aceton + Methanol + Lithiumbromid exemplarisch untersucht. Alle Ansätze liefern vergleichbare Ergebnisse. Die Auswahl des optimalen G^E-Modells ist vom Einzelfall abhängig. Neben der prinzipiellen Eignung des thermodynamischen Ansatzes ist hier auch die Verfügbarkeit der benötigten Modellparameter in der Literatur ein wichtiges Entscheidungskriterium.

4.2.4 Berücksichtigung der Solvatation

Wie bereits in Abschn. 2.3 dargestellt wurde, umgeben sich die Ionen in einer Elektrolytlösung auf Grund der zwischen den Ionen und dem Lösungsmittel wirkenden Anziehungskräfte mit einer Hülle aus Lösungsmittelmolekülen. Die Solvatationszahl, die die mittlere Anzahl der Lösungsmittelmoleküle in der Hülle der Ionen angibt, ist dabei für jedes Ion eine Funktion des Zustands der Lösung. Sie nimmt typischerweise mit steigender Temperatur und Ionenkonzentration ab. In verschiedenen G^E-Ansätzen wird die Solvatation in unterschiedlichen Detaillierungsgraden modellmäßig berücksichtigt. Die Solvatationszahlen s der einzelnen Ionen werden dabei als zustandsunabhängige Parameter eingeführt. Die Zustandsabhängigkeit der Solvatation wird durch Berücksichtigung der Gleichgewichte entsprechender Solvatationsreaktionen

$$s_c\, \mathrm{LM} + \mathrm{A}^{z_c} \overset{\rightarrow}{\leftarrow} \mathrm{C_c}\,, \qquad s_a\, \mathrm{LM} + \mathrm{B}^{z_a} \overset{\rightarrow}{\leftarrow} \mathrm{C_a} \qquad (4.2.51)$$

berücksichtigt, wobei

$$\mathrm{C_c} = \mathrm{A}^{z_c} \cdot s_c\, \mathrm{LM}\,, \qquad \mathrm{C_a} = \mathrm{B}^{z_a} \cdot s_a\, \mathrm{LM} \qquad (4.2.52)$$

die gebildeten solvatisierten Kationen- und Anionenkomplexe bezeichnen. Als Spezies treten in den Solvatationsmodellen damit neben den freien Lösungsmittelmolekülen und den nicht solvatisierten Ionen zusätzlich Ionenkomplexe C_c, C_a auf, deren Bildung die Konzentration der übrigen Spezies, insbesondere des freien Lösungsmittels, vermindert. Die Solvatationszahlen der Ionen und die Gleichgewichtskonstanten der Solvatationsreaktionen werden in den Modellen als zusätzliche anpassbare Parameter behandelt.

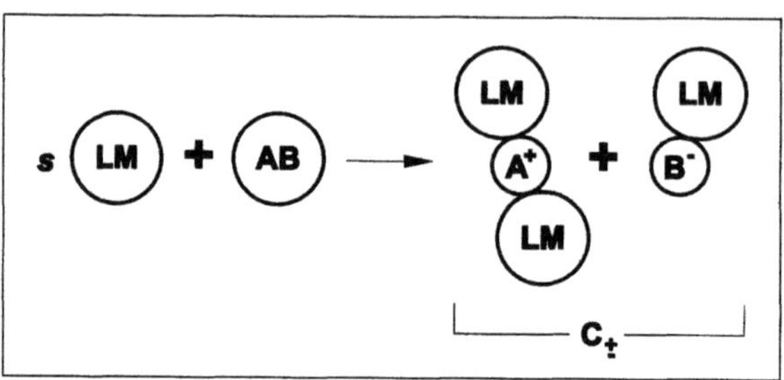

Abb. 4.6. Modellvorstellung der Solvatation nach Engels (s = 3)

Eine besonders einfaches und effizientes Solvatationsmodell wurde von Engels (1985, 1990) entwickelt. Die durch die Dissoziation und Solvatation gebildeten An- und Kationenkomplexe eines Elektrolyten werden darin, wie in Abb. 4.6 für einen 1-1-Elektrolyten dargestellt, zu einem elektrisch neutralen Komplex $C_\pm$, dem eine ganzzahlige Solvatationszahl s zugeordnet wird, zusammengefasst. Als pauschale Solvatationsreaktion ergibt sich damit

$$s\,\mathrm{LM} + \mathrm{A}_{v_c}\mathrm{B}_{v_a} \;\overset{\rightarrow}{\underset{\leftarrow}{}}\; v\,\mathrm{C}_\pm\,. \tag{4.2.53}$$

Das Auftreten von Einzelionen wird auf dies Weise völlig vernachlässigt. Als wechselwirkende Spezies treten das Lösungsmittel LM, der undissoziierte Elektrolyt $\mathrm{A}_{v_c}\mathrm{B}_{v_a}$ und der neutrale Komplex $C_\pm$ auf. Die Dissoziation des Elektrolyten wird nur rein stöchiometrisch bei der Berechnung der Stoffmengenanteile durch Einführung der Zerfallszahl v des Elektrolyten berücksichtigt ($v = 2$ in Abb. 4.6). Bei Bedarf können bei dieser Betrachtungsweise zur besseren Beschreibung des Gleichgewichtsverhaltens im Rahmen der Modellierung auch mehrere Komplexe mit jeweils unterschiedlichen Solvatationszahlen, Gleichgewichtskonstanten und Wechselwirkungsparametern eingeführt werden. Diese Art der Modellbildung bietet den Vorteil, dass zur Beschreibung des Mischungsverhaltens von Elektrolytsystemen unter Berücksichtigung der Solvatationsgleichgewichte und der dadurch entstehenden neuen Komponenten alle bekannten, in Prozesssimulatoren üblicherweise implementierten Aktivitätskoeffizientenmodelle für Nichtelektrolyte eingesetzt werden können. Engels (1985) verwendete exemplarisch den Original-Wilson-Ansatz im Kombination mit dem Solvatationsgleichgewicht zur Beschreibung des Phasengleichgewichts und der Lösungswärmen des Systems HCl + H_2O. Das System H_2SO_4 + H_2O wurde von Bosen u. Engels (1988) im Rahmen des Solvatationsmodells mit Hilfe des NRTL-Ansatzes über einen weiten Konzentrations- und Temperaturbereich korreliert. Die Solvatationszahl und die Gleichgewichtskonstante der Solvatationsreaktion wurden dabei jeweils zusammen mit den Parametern der Aktivitätskoeffizientenansätze an Messdaten angepasst. Für HCl + H_2O wurde $s = 2$ als optimale Solvatationszahl gefunden, für H_2SO_4 + H_2O ergab sich mit $s = 4$ eine optimale Anpassung. Durch Kombination des Pitzer/-Debye/Hückel-Terms mit dem NRTL-Ansatz für Nichtelektrolyte konnte das Solvatationsmodell von Engels auf den Bereich hoher Verdünnung erweitert werden (Bosen 1992). Mit Hilfe dieses Modells wurden die Systeme HCl + H_2O und $HClO_4$ + H_2O korreliert. Zur Beschreibung des Fest-Flüssig-Dampf-Systems von $HClO_4$ + H_2O wurden dabei 3 Komplexe mit unterschiedlichen Solvatationszahlen ($s = 1, 2, 3$) und Gleichgewichtskonstanten eingeführt.

Lu u. Maurer (1993) berücksichtigen in ihrem Elektrolyt-Aktivitätskoeffizientenmodell die Solvatation der Ionen durch Einzelreaktionen der Form (4.2.51). Unter der Voraussetzung vollständiger Dissoziation treten neben dem Lösungsmittel als weitere Spezies die Ionen in solvatisierter und nicht solvatisierter Form auf. Zur Reduzierung der Anzahl anpassbarer Wechselwirkungsparameter wird hinsichtlich der Wechselwirkungsenergien nicht zwischen solvatisierten und nicht solvatisierten Ionen unterschieden.

Im Elektrolyt-Aktivitätskoeffizientenmodell von Achard et al. (1994) werden alle Ionen als solvatisierte Gruppen betrachtet. Die Anpassung der Solvatisierungskonstanten sowie die Berücksichtigung zusätzlicher Spezies entfällt damit in diesem Modell.

4.2.5 Beschreibung der Temperaturabhängigkeit

Wie in Abschn. 2.11 gezeigt wurde, ist die Temperaturableitung der Aktivitätskoeffizienten eng verknüpft mit den auftretenden Lösungs- und Verdünnungswärmen. Während die Lösungswärmen der meisten festen Salze relativ gering sind und damit auf eine schwache Temperaturabhängigkeit der Aktivitätskoeffizienten schließen lassen, sind die Wärmeeffekte bei der Lösung und Verdünnung starker Säuren und Basen sehr ausgeprägt. Der Beschreibung des Temperaturverlaufs der Aktivitätskoeffizienten dieser Systeme ist von wesentlicher Bedeutung für die Berechnung der Phasengleichgewichte. In praktisch allen Elektrolyt-Aktivitätskoeffizientenmodellen tritt die Temperatur in physikalisch korrekter Form nur in den Debye/Hückel-Parametern auf. Diese Abhängigkeit ist jedoch auf den Gültigkeitsbereich der Debye/Hückel-Theorie beschränkt und reicht zur Beschreibung des Temperaturverhaltens bei höheren Konzentrationen in der Regel nicht aus. Vielmehr müssen zu einer guten Beschreibung der Temperaturabhängigkeit von Systemen mit starker Wärmetönung temperaturabhängige Wechselwirkungsparameter in die Aktivitätskoeffizientenmodelle eingeführt werden. Die entsprechenden Temperaturfunktionen sind rein empirischer Natur und müssen daher an temperaturabhängige Gleichgewichtsdaten angepasst werden.

Bromley (1973) empfiehlt zur Korrelation der Temperaturabhängigkeit zwei Funktionen:

$$B = B^* \ln\left(\frac{T-243}{T}\right) + \frac{B_1}{T} + B_2 + B_3 \ln T, \tag{4.2.54}$$

$$B = \frac{B^*}{T-230} + \frac{B_1}{T} + B_2 + B_3 \ln T. \tag{4.2.55}$$

Rastogi u. Tassios (1980) haben die 2-Parameter-Form ($B_2 = B_3 = 0$) von Gl. (4.2.54) für eine Reihe wichtiger Elektrolyte an Messdaten bei 25 und 100 °C angepasst. Die Ergebnisse zeigen, dass die zweiparametrige Temperaturkorrelation hinsichtlich der Beschreibung der Aktivitätskoeffizienten und Dampfdrücke für die meisten Elektrolyte befriedigende Ergebnisse liefert, während die Berechnung der kalorischen Eigenschaften, zu deren Ermittlung die Temperaturableitung des Bromley-Parameters B benötigt wird, Fehler von über 50 % aufweist.

Silvester u. Pitzer (1977) und Rogers u. Pitzer (1982) haben die Temperaturabhängigkeit der Pitzer-Parameter exemplarisch für das System NaCl + H_2O bei Temperaturen zwischen 25 und 300 °C untersucht. Die dabei zur Korrelation verwendeten Gleichungen lauten:

$$\beta^{(0)} = q_1 + q_2\left(\frac{1}{T} - \frac{1}{T_0}\right) + q_3 \ln\left(\frac{T}{T_0}\right) + q_4(T-T_0) + q_5(T^2 - T_0^2), \tag{4.2.56}$$

$$\beta^{(1)} = q_6 + q_9(T-T_0) + q_{10}(T^2 - T_0^2), \tag{4.2.57}$$

$$C^\phi = q_{11} + q_{12}\left(\frac{1}{T} - \frac{1}{T_0}\right) + q_{13} \ln\left(\frac{T}{T_0}\right) + q_{14}(T-T_0) \tag{4.2.58}$$

mit $T_0 = 298{,}15$ K. Für eine Reihe von Elektrolyten sind die Temperaturableitungen $(\partial\beta^{(0)}/\partial T)_p$, $(\partial\beta^{(1)}/\partial T)_p$ und $(\partial C^\phi/\partial T)_p$ durch Anpassung an kalorische Daten ermittelt worden. Eine Zusammenstellung wird in Zemaitis (1986) und Pitzer (1991) gegeben.

Eine Temperaturfunktion für die Energieparameter in den Local Composition Modellen lässt sich aus bekannten thermodynamischen Beziehungen ableiten. Interpretiert man die Wechselwirkungsenergien g_{ij} im NRTL-Modell von Chen et al. als partielle freie Enthalpien, so folgt für die NRTL-Parameter τ mit $\tau = \mu/RT$ nach Gl. (2.6.7)

$$\tau = a + b\left(\frac{1}{T} - \frac{T}{T_0}\right) + c\left[\frac{T_0 - T}{T} + \ln\left(\frac{T}{T_0}\right)\right] \tag{4.2.59}$$

Luckas u. Eden (1995) haben diese Gleichung erfolgreich zur Korrelation und Extrapolation der Temperaturabhängigkeit des Verdampfungsgleichgewichts des Systems HCl + H_2O verwendet.

In den meisten praktischen Anwendungsfällen reichen die zur Verfügung stehenden Messdaten jedoch nicht zur sicheren Anpassung der Temperaturfunktionen aus. Der überwiegende Teil der Messwerte liegt bei 25 °C vor. In diesen Fällen ermöglicht die Korrelation von Meissner (Meissner u. Peppas 1973) im Bereich $25 \leq t \leq 120$ °C eine Abschätzung des Temperaturverhaltens der Aktivitätskoeffizienten. Nach Meissner gilt:

$$\log_{10}(\Gamma_t^0) = (1{,}125 - 0{,}005t)\log_{10}(\Gamma_{25\,°C}^0) - (0{,}125 - 0{,}005t)\log_{10}(\Gamma_{ref}^0) \qquad (4.2.60)$$

mit

$$\log_{10}(\Gamma_{ref}^0) = -\frac{0{,}41\sqrt{I_m}}{1+\sqrt{I_m}} + 0{,}039\,I_m^{\,0{,}92} \qquad (4.2.61)$$

und

$$\Gamma^0 = \left(\gamma_\pm^{*,m}\right)^{1/z_c|z_a|} \qquad (4.2.62)$$

als reduziertem Aktivitätskoeffizienten. Die Genauigkeit dieser Methode ist nur schwer abzuschätzen. In Abb. 4.7 sind als Beispiel die unter Verwendung der Meissner-Gleichung berechneten Abweichungen im Gesamtdruck für das System $HCl + H_2O$ dargestellt.

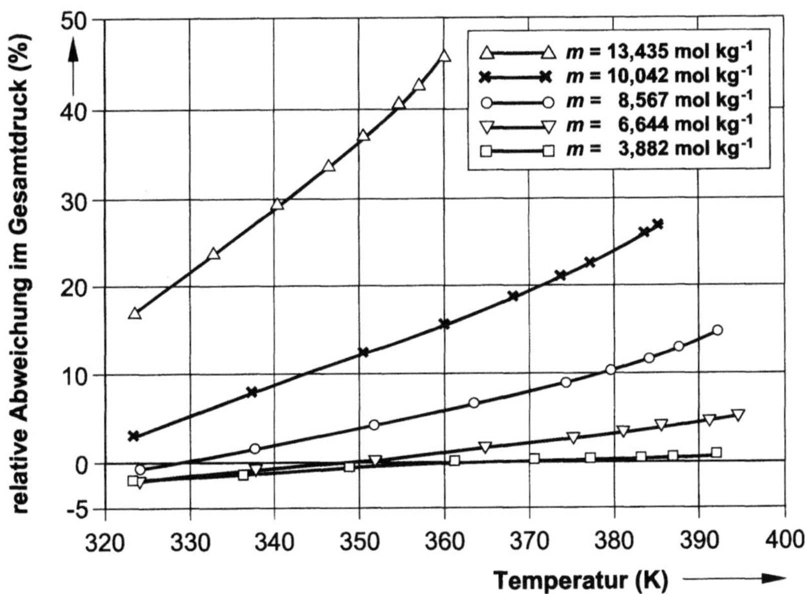

Abb. 4.7. Abweichungen im Gesamtdruck des Systems $HCl + H_2O$, Temperaturabhängigkeit nach Meissner (Exp. Daten aus Sako et al. (1985))

Zur Beschreibung des mittleren Ionenaktivitätskoeffizienten von HCl bei 25 °C wurde die von Hamer u. Wu (1972) angegebene Korrelationsgleichung verwendet. Die Aktivität des Wassers wurde daraus mit Hilfe der Gibbs/Duhem-Gleichung berechnet. Die Darstellung in Abb. 4.7 zeigt, dass die Fehler mit steigender Elektrolytkonzentration progressiv zunehmen. Im Vergleich zu den Ergebnissen, die unter der Annahme temperaturunabhängiger Aktivitätskoeffizienten berechnet werden, stellt die Gleichung von Meissner dennoch eine substanzielle Verbesserung dar.

5 Elektrodengleichgewichte

Freie Bildungsenthalpien und Aktivitätskoeffizienten werden aus Messwerten von Phasen- und Reaktionsgleichgewichten ermittelt. Neben der Temperatur, dem Druck und der Konzentration stellt in Elektrolytsystemen die elektrische Spannung zwischen zwei Elektrolytphasen eine zusätzliche Messgröße dar, die zur Bestimmung von Gleichgewichtskonstanten, Standardbildungswerten und Aktivitätskoeffizienten herangezogen werden kann. Im Bereich hoher Verdünnung, in dem die Dampfdrücke starker Elektrolyte infolge der nahezu vollständigen Dissoziation häufig unterhalb der Messgrenze liegen und der Einfluss auf das Phasengleichgewicht, insbesondere die Lösungsmittelaktivität, sehr gering ist, stellt die Messung der Galvanispannung oftmals die einzige Möglichkeit zur Ermittlung hinreichend genauer Gleichgewichtsdaten dar. Da der Aktivitätskoeffizienteneinfluss in diesem Konzentrationsbereich mit sehr guter Genauigkeit durch das Debye/Hückel-Gesetz beschrieben wird, ermöglicht die Messung der Galvanispannung hier insbesondere die Bestimmung der thermodynamischen Gleichgewichtskonstanten und der darin enthaltenen freien Bildungsenthalpien.

Die Spannungsmessung erfolgt in allen Anwendungen grundsätzlich mit Hilfe von *Elektroden*. Unter einer Elektrode versteht man allgemein ein elektrochemisches Zwei- oder Mehrphasensystem, in welchem Elektronen und insbesondere auch spezielle Ionen die Phasengrenze überschreiten können. Ein System, das nur aus einer Phasengrenze besteht, wird als *Elektrode erster Art* bezeichnet. Ein einfaches Beispiel hierfür ist ein Kupferdraht, der in eine Kupfersulfatlösung eintaucht. *Elektroden zweiter Art* enthalten zwei Phasengrenzen. Als Beispiel hierfür sei die häufig als Bezugselektrode verwendete Ag/AgCl-Elektrode genannt, die aus einem mit einem porösen Überzug aus Silberchlorid beschichteten Silberdraht besteht, der mit einer Chloridionen enthaltenden Elektrolytlösung in Kontakt steht.

Da eine absolute Messung der Galvanispannung zwischen einer Elektrode und einer Elektrolytlösung nicht möglich ist, muss die Messung der Spannung stets gegen eine Bezugselektrode erfolgen. Elektroden und Messlösung bilden eine sog. *galvanische Zelle*. Eine galvanische Zelle besteht dabei grundsätzlich aus zwei Elektroden, die über einen oder mehrere Elektrolyte miteinander verbunden sind. Im einfachsten Falle erfolgt der Kontakt, wie in Abb. 5.1 dargestellt, über eine einzelne Elektrolytlösung. Man spricht in diesem Fall von einer *galvanischen Zelle ohne Überführung*. Häufig werden in galvanischen Zellen jedoch wie in Abb. 5.2 zwei Elektrolytlösungen, die durch eine poröse Trennwand, ein sog. *Diaphragma*, getrennt sind, eingesetzt. Das Diaphragma soll die Vermischung der beiden Lösungen verhindern, jedoch für alle Ionen oder zumindest für bestimmte Ionenarten durchlässig sein. Diese Anordnung wird als *galvanische Zelle mit*

Überführung bezeichnet. Die Durchlässigkeit des Diaphragmas für Ionen ist dabei eine Grundvoraussetzung für die Gleichgewichtseinstellung in der Messkette.

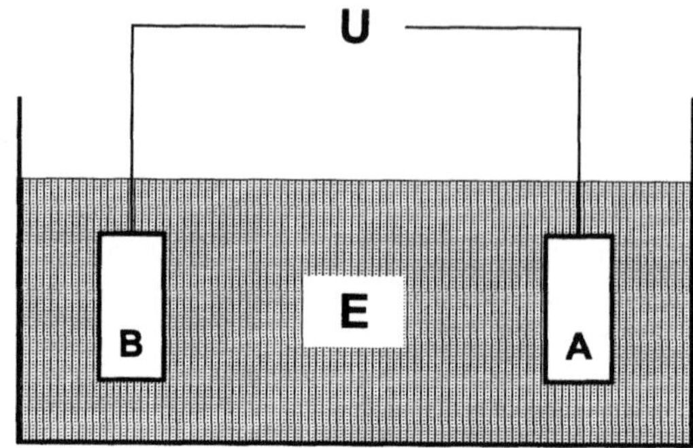

Abb. 5.1. Galvanische Zelle ohne Überführung. **A, B** Elektroden, **E** Elektrolyt, **U** Zellspannung

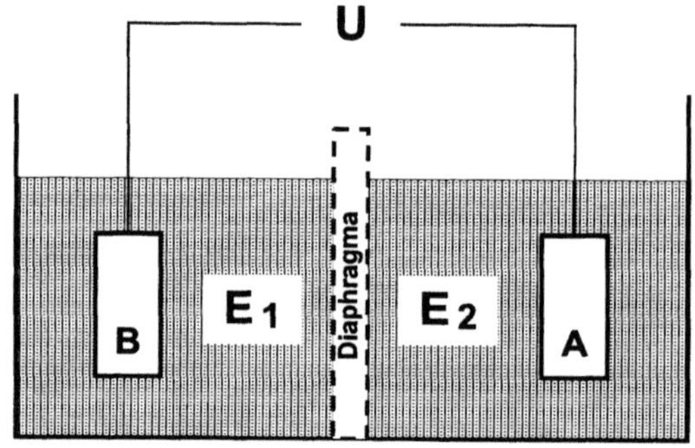

Abb. 5.2. Galvanische Zelle mit Überführung. **A, B** Elektroden, E_1, E_2 Elektrolyte, **U** Zellspannung

Zwischen den Elektroden einer galvanischen Zelle stellt sich in Abhängigkeit von der Zusammensetzung der Elektrolytlösungen, der Art des Elektrodenmaterials und der Temperatur eine Spannung ein, die zu einem entsprechenden Stromfluss führt. Durch Regelung des elektrischen Widerstands (potenziometrische Messung) kann dieser Stromfluss nahezu vollständig kompensiert werden. Im stromlosen Zustand stellt sich an den Phasengrenzen zwischen den Elektroden und der Lösung für alle Spezies elektrochemisches Gleichgewicht ein. Die dazugehörige elektrische Spannung, die sich in Zellen ohne Überführung zumeist direkt aus der Differenz der beiden Elektrodenspannungen ergibt, ist ein Maß für dieses Gleichgewicht.

5.1 Metallelektroden

Für das sich an der Grenzfläche einer Elektrode (E) in Kontakt mit einer Lösung (L) einstellende elektrochemische Gleichgewicht einer Ionenart i gilt allgemein nach Gl. (2.5.6)

$$\eta_i^{(L)} = \eta_i^{(E)} \qquad \text{d.h.} \qquad \mu_i^{(L)} + z_i F \phi^{(L)} = \mu_i^{(E)} + z_i F \phi^{(E)} . \qquad (5.1.1)$$

Nach Einführung der Aktivitäten erhält man unter Vernachlässigung der Druckabhängigkeit daraus für die Galvanispannung (Elektrodenspannung) φ:

$$\varphi \equiv \phi^{(E)} - \phi^{(L)} = \frac{\mu_i^{*,m}(T, p^0) - \mu_i^{(E)}(T, p^0)}{z_i F} + \frac{RT}{z_i F} \ln\left(\frac{a_i^{*,m}}{a_i^{(E)}}\right) . \qquad (5.1.2)$$

Der erste Summand auf der rechten Seite enthält die chemischen Potenziale der Spezies i in der Lösung und in der Elektrodenphase beim Standarddruck und ist somit eine reine Temperaturfunktion. Bei dem üblichen Fall einer Metallelektrode, die in Kontakt mit einer Lösung steht, die dieselben Metallkationen enthält, ist die Aktivität des Metallkations i in der Elektrode gleich Eins, $a_i^{(E)} = 1$, und sein chemisches Potenzial in der Elektrode gleich dem Reinstoffwert, da die Gitterplätze im Metallgitter von Metallkationen besetzt sind, zwischen denen sich die Elektronen frei bewegen. Es gilt also $\mu_i^{(E)}(T, p^0) = \mu_{0i}^s(T, p^0)$. Damit ergibt sich für die Galvanispannung einer Metallelektrode

$$\varphi = \varphi_0 + \frac{RT}{z_i F} \ln a_i^{*,m} \qquad (5.1.3)$$

mit

$$\varphi_0 = \frac{\mu_i^{*,m}(T, p^0) - \mu_{0i}^s(T, p^0)}{z_i F} \qquad (5.1.4)$$

als *Standardspannung* oder *Standard-Elektrodenpotenzial* der Metallelektrode. Gleichung (5.1.3) wird als *Nernst-Gleichung* bezeichnet. Sie stellt unter isothermen Bedingungen einen linearen Zusammenhang zwischen der Elektrodenspannung und dem Logarithmus der Aktivität in der Lösung dar. Für eine Kupferelektrode, die mit einer Kupferionen enthaltenden Elektrolytlösung im Gleichgewicht steht, erhält man mit dem im Anhang angegebenen Standardbildungswert für die Standardspannung bei 25 °C den Wert

$$\varphi_0(\text{Cu/Cu}^{2+}) = \frac{65.700 - 0}{2 \cdot 96.484{,}56} = 0{,}3405\,\text{V}.$$

Für Zink ergibt sich

$$\varphi_0(\text{Zn/Zn}^{2+}) = \frac{-147.160 - 0}{2 \cdot 96.484{,}56} = -0{,}7626\,\text{V}.$$

Die auf diese Weise berechneten Standard-Elektrodenpotenziale bilden die sog. *elektrochemische Spannungsreihe.*

Für das elektrochemische Gleichgewicht zwischen einer Silberionen enthaltenden Lösung und einer Silber/Silberchlorid-Elektrode liefert die Nernst-Gleichung

$$\varphi(\text{Ag/Ag}^+) = \frac{\mu_{\text{Ag}^+}^{*,m}(T,p^0) - \mu_{0,\text{Ag}}^s(T,p^0)}{z_{\text{Ag}^+}\text{F}} + \frac{RT}{z_{\text{Ag}^+}\text{F}}\ln a_{\text{Ag}^+}^{*,m} \qquad (5.1.5)$$

Nach Substitution der Silberionenaktivität durch Einführung des Löslichkeitsprodukts $K(\text{AgCl}) = a_{\text{Ag}^+}^{*,m}\, a_{\text{Cl}^-}^{*,m}$ erhält man für die Elektrodenspannung der Silber/-Silberchlorid-Elektrode

$$\varphi(\text{Ag/AgCl/Cl}^-) = \frac{\mu_{\text{Ag}^+}^{*,m}(T,p^0) - \mu_{0,\text{Ag}}^s(T,p^0)}{z_{\text{Ag}^+}\text{F}}$$

$$+ \frac{RT}{z_{\text{Ag}^+}\text{F}}\ln K(\text{AgCl}) - \frac{RT}{z_{\text{Ag}^+}\text{F}}\ln a_{\text{Cl}^-}^{*,m}$$

$$= \frac{\mu_{0,\text{AgCl}}^s(T,p^0) - \mu_{0,\text{Ag}}^s(T,p^0) - \mu_{\text{Cl}^-}^{*,m}(T,p^0)}{z_{\text{Ag}^+}\text{F}} \qquad (5.1.6)$$

$$- \frac{RT}{z_{\text{Ag}^+}\text{F}}\ln a_{\text{Cl}^-}^{*,m}$$

$$= \varphi_0(\text{Ag/AgCl/Cl}^-) - \frac{RT}{z_{\text{Ag}^+}\text{F}}\ln a_{\text{Cl}^-}^{*,m}$$

Aus den im Anhang tabellierten Standarddaten berechnet sich bei 25 °C ein Wert von $\varphi_0 = 0{,}2222\,\text{V}$ für die Silber/Silberchlorid-Elektrode.

Die experimentelle Bestimmung von Elektrodenspannungen erfolgt in wässerigen Lösungen gegen die Standard-Wasserstoffelektrode, deren eigene Standardspannung per definitionem zu Null gesetzt ist. Die Messungen erfordern dabei große Sorgfalt, da die Genauigkeit durch kinetische Hemmungen und/oder unerwünschte Nebenreaktionen leicht beeinträchtigt werden kann. Eine Methode zur Bestimmung der Standardspannung aus konzentrationsabhängigen Messdaten wird im nächsten Abschnitt vorgestellt.

5.2 Die elektromotorische Kraft (EMK)

Die chemische Energie, die in Ionenreaktionen freigesetzt wird, kann in galvanischen Zellen ohne den Umweg über die Wärme direkt in elektrische Energie umgewandelt werden. Im Grenzfall der reversiblen Umwandlung, d.h. bei verschwindendem Stromfluss, wird die chemische Energie vollständig in Exergie umgewandelt. Für konstante Temperatur und konstanten Druck gilt allgemein

$$dW_{max} = d_r G = \sum_i \mu_i \, d_r n_i \, , \tag{5.2.1}$$

wobei der Ausdruck $d_r n_i$ die Änderung der Stoffmenge der Komponente i infolge der ablaufenden elektrochemischen Reaktionen beschreibt.

Als Beispiel sei das in Abb. 5.3 dargestellte sog. *Daniell-Element* betrachtet, in dem folgende Redoxreaktion abläuft:

$$Zn(s) + Cu^{2+} \rightleftharpoons Zn^{2+} + Cu(s) \quad (\Delta_r G^0 = -212{,}86 \text{ kJ mol}^{-1}) \tag{5.2.2}$$

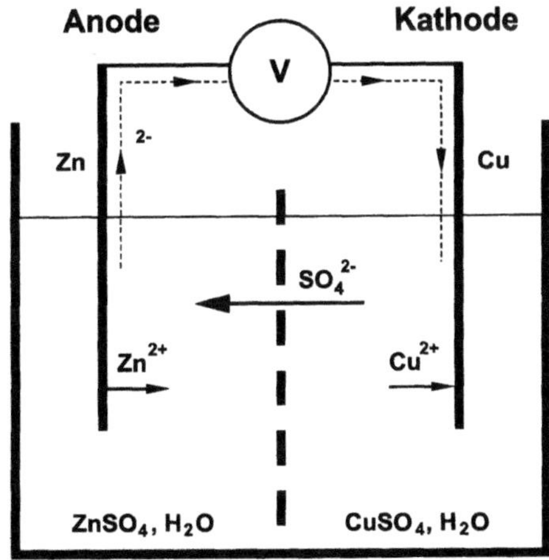

Abb. 5.3. Schematische Darstellung des Daniell-Elements

Zur Durchführung dieses Prozesses bringt man einen Zinkstab in eine Lösung von Zinksulfat und einen Kupferstab in eine Lösung von Kupfersulfat. Um eine Vermischung zu verhindern, werden die beiden Lösungen durch eine nur für Anionen durchlässige Membran getrennt. Die Bruttoreaktion kann in die Elektrodenprozesse

$$Zn(s) \rightleftharpoons Zn^{2+} + 2\,e^- \quad (\text{Oxidation des Zinks}, \Delta_r G^0 = -147{,}16 \text{ kJ mol}^{-1}), \tag{5.2.3}$$

$$Cu^{2+} + 2\,e^- \rightleftharpoons Cu(s) \quad (\text{Reduktion des Kupfers}, \Delta_r G^0 = -65{,}7 \text{ kJ mol}^{-1}) \tag{5.2.4}$$

aufgeteilt werden. In dem vorliegenden System haben die Zinkatome das Bestreben, als Ionen in Lösung zu gehen und lassen dabei Elektronen auf der Zinkelektrode zurück. Die Kupferionen nehmen von der Kupferelektrode Elektronen auf und scheiden sich als Kupferatome ab. Auf dem Zinkstab herrscht daher ein Überschuss und auf der Kupferplatte ein Mangel an Elektronen. Werden die beiden Elektroden durch einen metallischen Draht verbunden, so fließt auf Grund dieser Potenzialdifferenz, die mit einem Voltmeter gemessen werden kann, ein elektrischer Strom. Der Ausgleich der elektrischen Ladungen zur Aufrechterhaltung der Elektroneutralität in beiden Kammern erfolgt durch den Übergang von SO_4^{2-}-Ionen aus der Kupfersulfat- in die Zinksulfatlösung. Ohne diesen Ladungsausgleich kann kein äußerer Strom fließen.

Unter der *elektromotorischen Kraft* (EMK) (engl. electromotive force (emf)) E eines Elements wird die Potenzialdifferenz zwischen den beiden Elektroden bei verschwindend kleinem Strom verstanden. Wenn die mit Hilfe einer Kompensationsschaltung von außen angelegte Potenzialdifferenz, die der EMK entgegengerichtet ist, kleiner als die EMK ist, laufen die Reaktionen von links nach rechts, und die Elektronen fließen von der Zinkelektrode zur Kupferelektrode (galvanischer Prozess). Legt man eine Potenzialdifferenz an, die betragsmäßig größer als die EMK ist, verläuft die Reaktion in umgekehrter Richtung (Elektrolyse). Durch sorgfältige Kompensation der Potenzialdifferenz kann man die Reaktion unter Bedingungen laufen lassen, die nahezu reversibel (stromlos) sind. Die Arbeit, die dabei geleistet wird, ist gleich dem Produkt aus transportierter elektrischer Ladung und Potenzialdifferenz E. Wenn der Stromfluss stationär ist, bewegt sich stets die gleiche Ladungsmenge durch die Membran und den elektrischen Leiter. Mit Gl. (2.1.5) gilt für die dabei durch die Membran transportierte elektrische Ladung:

$$\mathrm{d}q = z_i\,\mathrm{F}\,\mathrm{d}n_i. \tag{5.2.5}$$

Damit erhält man für die abgegebene Arbeit

$$\mathrm{d}W_{\max} = -E\,|\,\mathrm{d}q\,| = -|\,z_i\,|\mathrm{F}E\,\mathrm{d}n_i \tag{5.2.6}$$

bzw. in integrierter Form bezogen auf 1 mol

$$w_{\max} = \Delta_{\mathrm{r}}G = \sum_j v_j\,\mu_j = -|\,z_i\,|\mathrm{F}E \tag{5.2.7}$$

Nach Einführung der Aktivitäten erhält man

$$E = E_0 - \frac{RT}{|\,z_i\,|\mathrm{F}}\ln\prod_j (a_j^{\mathrm{ref}})^{v_j} \tag{5.2.8}$$

mit

$$E_0(T,p^0) = -\frac{1}{|\,z_i\,|\mathrm{F}}\sum_j v_j\,\mu_j^{\mathrm{ref}}(T,p^0) = -\frac{1}{|\,z_i\,|\mathrm{F}}\Delta_{\mathrm{r}}G(T,p^0) \tag{5.2.9}$$

als sog. *Standard-EMK*. Für das Daniell-Element ergibt sich im Standardzustand ein Wert von $E_0(T^0, p^0) = -\Delta_r G^0/2F = 1{,}103\,\text{V}$. Derselbe Wert ergibt sich aus der Differenz der in Abschn. 5.1 berechneten Standard-Elektrodenpotenziale von Kupfer und Zink

$$\varphi_0(\text{Cu/Cu}^{2+}) - \varphi_0(\text{Zn/Zn}^{2+}) = 0{,}3405 - (-0{,}7626) = 1{,}103\,\text{V}.$$

Gleichung (5.2.8) wird ebenfalls als *Nernst-Gleichung* bezeichnet. Sie ermöglicht die Bestimmung von Gleichgewichtskonstanten, chemischen Potenzialen und mittleren Ionenaktivitätskoeffizienten aus EMK-Messungen. Die Gleichgewichtskonstante berechnet sich direkt aus der Standard-EMK nach

$$K(T) = \exp\left(\frac{|z_i|\,\text{F}}{\text{R}T} E_0\right). \tag{5.2.10}$$

Die Auswertung von Gl. (5.2.8) soll am Beispiel der Salzsäure verdeutlicht werden. Als Elektroden werden zur Messung der EMK von HCl üblicherweise die Wasserstoffelektrode, die aus einem wasserstoffumspülten Platinstab besteht, und die Ag/AgCl-Elektrode verwendet. Die Messung erfolgt in einer galvanischen Zelle ohne Überführung. Die Teilreaktionen an der Wasserstoffelektrode

$$\tfrac{1}{2}\,\text{H}_2(\text{g}) \rightleftharpoons \text{H}^+ + \text{e}^- \tag{5.2.11}$$

und an der Ag/AgCl-Elektrode

$$\text{AgCl(s)} + \text{e}^- \rightleftharpoons \text{Ag(s)} + \text{Cl}^- \tag{5.2.12}$$

addieren sich zur Gesamtreaktion

$$\tfrac{1}{2}\,\text{H}_2(\text{g}) + \text{AgCl(s)} \rightleftharpoons \text{H}^+ + \text{Cl}^- + \text{Ag(s)}\,. \tag{5.2.13}$$

Als freie Reaktionsenthalpie erhält man dafür

$$\Delta_r G = \mu_{\text{H}^+}^{*,m} + \mu_{\text{Cl}^-}^{*,m} + 2\text{R}T\ln\left[\frac{m_{\text{HCl},\pm}}{m^*}\gamma_{\text{HCl},\pm}^{*,m}\right] + \mu_{0,\text{Ag}}^{s} - \frac{1}{2}\mu_{\text{H}_2}^{g} - \mu_{0,\text{AgCl}}^{s} \tag{5.2.14}$$

mit

$$\mu_{\text{H}_2}^{g} = \mu_{0,\text{H}_2}^{ig}(T, p^0) + \text{R}T\ln(p_{\text{H}_2}/p^0)\,, \tag{5.2.15}$$

Zusammenfassen der konzentrationsunabhängigen freien Enthalpien liefert mit $|z_i| = 1$ folgenden Ausdruck:

$$\Delta_r G = -\text{F}E = -\text{F}E_0 + 2\text{R}T\ln\left[\frac{m_{\text{HCl},\pm}}{m^*}\gamma_{\text{HCl},\pm}^{*,m}\right] - \frac{1}{2}\text{R}T\ln(p_{\text{H}_2}/p^0) \tag{5.2.16}$$

mit

$$-\mathrm{F}E_0(T,p^0) = \mu_{\mathrm{H}^+}^{*,m}(T,p^0) + \mu_{\mathrm{Cl}^-}^{*,m}(T,p^0) + \mu_{0,\mathrm{Ag}}^{\mathrm{s}}(T,p^0)$$

$$-\frac{1}{2}\mu_{0,\mathrm{H}_2}^{\mathrm{ig}}(T,p^0) - \mu_{0,\mathrm{AgCl}}^{\mathrm{s}}(T,p^0). \qquad (5.2.17)$$

Befindet sich der an der Wasserstoffelektrode gebildete Wasserstoff im Standardzustand, so gilt entsprechend der getroffenen Nullpunktsfestlegungen $\mu_{0,\mathrm{H}_2}^{\mathrm{ig}}(T^0,p^0) = \Delta_{\mathrm{f}}G_{\mathrm{H}_2}^0 = 0$. Ferner gilt $\mu_{\mathrm{H}^+}^{*,m}(T,p^0) = 0$. Die Standard-EMK E_0 entspricht dann dem in Gl. (5.1.6) angegebenen Standard-Elektrodenpotenzial der Silber/Silberchlorid-Elektrode, das auf diese Weise einer direkten Messung zugänglich wird. Für einen Wasserstoffpartialdruck von $p_{\mathrm{H}_2} = p^0 = 0{,}1$ MPa erhält man aus Gl. (5.2.16)

$$E = E_0 - 2\frac{\mathrm{R}T}{\mathrm{F}}\ln\left[\frac{m_{\mathrm{HCl},\pm}}{m^*}\gamma_{\mathrm{HCl},\pm}^{*,m}\right], \qquad (5.2.18)$$

bzw.

$$E + 2\frac{\mathrm{R}T}{\mathrm{F}}\ln\left[\frac{m_{\mathrm{HCl},\pm}}{m^*}\right] = E_0 - 2\frac{\mathrm{R}T}{\mathrm{F}}\ln\gamma_{\mathrm{HCl},\pm}^{*,m}. \qquad (5.2.19)$$

Die beiden Summanden auf der linken Seite von Gl. (5.2.19) sind messbar. Wenn man die Summe dieser Werte auf die unendliche Verdünnung extrapoliert, so wird der Grenzwert gleich E_0, da der mittlere Ionenaktivitätskoeffizient gegen Eins geht. Zur Extrapolation können dabei die Debye/Hückel-Gleichung oder Erweiterungen wie die Ansätze von Güntelberg, Davies oder Pitzer verwendet werden. Die Debye/Hückel-Gleichung lautet gemäß Gl. (4.1.2) und (4.1.4) für einen 1,1-Elektrolyten wie HCl

$$\ln\gamma_{\mathrm{HCl},\pm}^{*,m} = -A_m(T)\ln 10\sqrt{I_m} = -A_m(T)\ln 10\sqrt{m_{\mathrm{HCl},\pm}} \qquad (5.2.20)$$

Einsetzen von Gl. (5.2.20) in Gl. (5.2.19) lässt erkennen, dass die Auftragung der linken Seite gegen $\sqrt{m_{\mathrm{HCl},\pm}}$ im Grenzbereich der Debye/Hückel-Gleichung eine Gerade mit dem Ordinatenschnittpunkt E_0 ergibt. Eine noch sensiblere Darstellung der Messergebnisse erhält man, wenn man den Debye/Hückel-Anteil ebenfalls auf die linke Seite von Gl. (5.2.19) bringt. Damit ergibt sich

$$E + 2\frac{\mathrm{R}T}{\mathrm{F}}\left[\ln\left(\frac{m_{\mathrm{HCl},\pm}}{m^*}\right) + \ln\gamma_{\mathrm{HCl},\pm}^{*,m,\mathrm{DH}}\right] = E_0 + f_\gamma(m). \qquad (5.2.21)$$

Die zusätzliche Funktion $f_\gamma(m)$ berücksichtigt dabei die Abweichungen von Debye/Hückel-Gesetz, das exakt nur im Grenzfall unendlicher Verdünnung gilt. Es gilt daher $f_\gamma(0) = 0$. Trägt man den aus EMK-Messwerten $E(m)$ berechneten Ausdruck auf der linken Seite von Gl. (5.2.21) über der Molalität auf, so erhält man als Ergebnis einen nahezu linearen Verlauf der Messwerte mit einer nur noch sehr geringen Steigung. Der Ordinatenschnittpunkt, der sich nun mit noch höherer Genauigkeit durch Extrapolation der Messwerte auf die unendliche Verdünnung bestimmen lässt, ist nach Gl. (5.2.21) gleich der Standard-EMK. Nachdem E_0 auf diese Weise bestimmt worden ist, kann die Nernst-Gleichung (5.2.18) zur Ermittlung von $\gamma_{HCl,\pm}^{*,m}$ im gesamten Konzentrationsbereich verwendet werden.

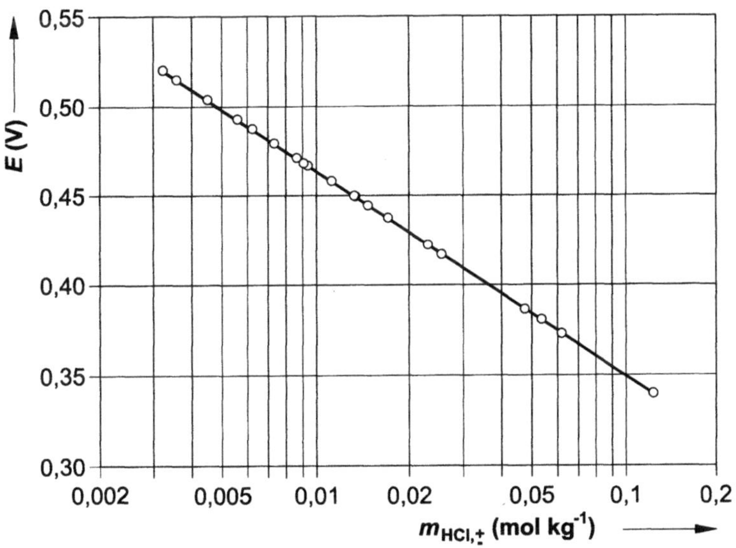

Abb. 5.4. Experimentelle EMK-Werte von Harned u. Ehlers (1932)

Abbildung 5.4 zeigt zur Illustration die in Tabelle 5.1 angegebenen Ergebnisse der EMK-Messungen, die von Harned u. Ehlers (1932, 1933) bei 25 °C für wässerige HCl-Lösungen in einer galvanischen Zelle ohne Überführung unter Verwendung einer Silber/Silberchlorid-Elektrode und einer Wasserstoffelektrode ermittelt wurden. In der logarithmischen Auftragung der Messwerte liegen die EMK-Werte auf einer nahezu perfekten Geraden. Die durch den Aktivitätskoeffizienten des HCl verursachten Abweichungen vom idealen Nernstschen Verhalten sowie eine Streuung der Messwerte sind in dieser Darstellung nicht sichtbar. Abbildung 5.5 zeigt die Auftragung der Messwerte nach Gl. (5.2.21). Als Aktivitätskoeffizientenansatz wurde dabei der Ansatz von Güntelberg, Gl. (4.1.7), verwendet. Infolge des wesentlich kleineren Wertebereichs auf der Ordinate (10 mV an Stelle von ca. 200 mV in Abb. 5.4) wird nun bei niedrigen Konzentrationen eine gewisse Streuung der Messwerte sichtbar. Die Abweichungen vom Debye/Hückel-Gesetz spiegeln sich in der von Null verschiedenen Steigung der Messkurve wider. Eine lineare Regression der Messwerte im Bereich bis 0,01 mol kg^{-1} liefert in Abb. 5.6 als Ordinatenschnittpunkt einen Wert für die Standard-EMK der Silber/Silberchlorid-Elektrode von $E_0 = 222{,}37$ mV. Die Aktivitätskoeffizienten, die sich mit diesem Wert aus

$$\ln \gamma_{\mathrm{HCl},\pm}^{*,m} = \frac{1}{2}\frac{\mathrm{F}}{RT}(E_0 - E) - \ln\left[\frac{m_{\mathrm{HCl},\pm}}{m^*}\right] \qquad (5.2.22)$$

als Funktion der Konzentration ergeben, sind ebenfalls in Tabelle 5.1 angegeben.

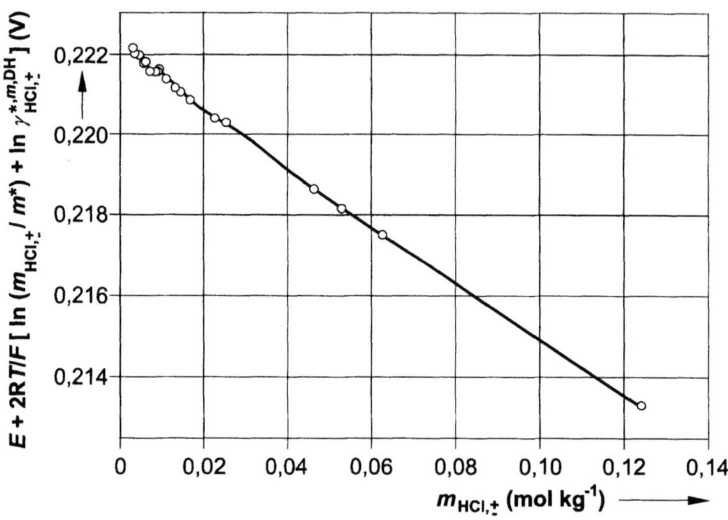

Abb. 5.5. EMK-Werte nach Harned u. Ehlers, aufgetragen nach Gl. (5.2.21)

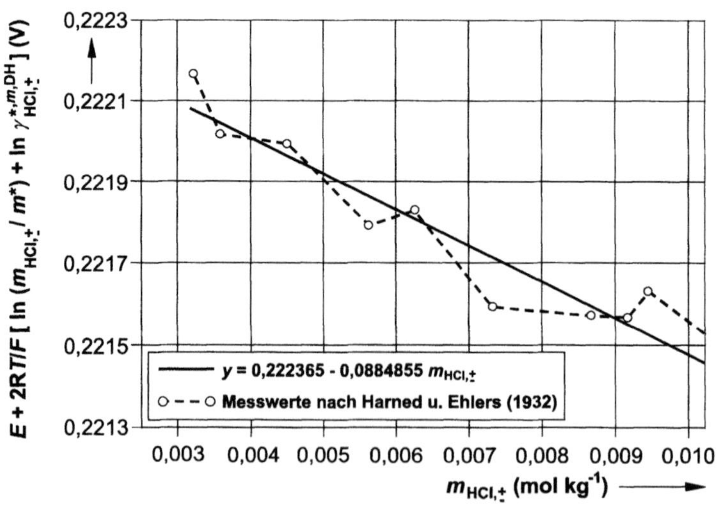

Abb. 5.6. Lineare Regression der EMK-Werte von Harned u. Ehlers

Tabelle 5.1. Messwerte von Harned u. Ehlers (1932) bei 25 °C und
daraus berechnete Aktivitätskoeffizienten ($E_0 = 0{,}22237$ V)

m [mol kg^{-1}]	E [V]	$\gamma_{HCl,\pm}^{*,m}$ (aus Gl. (5.2.22))
0,003215	0,52053	0,939
0,003564	0,51527	0,938
0,004488	0,50384	0,931
0,005619	0,49257	0,926
0,006239	0,48747	0,921
0,007311	0,47948	0,918
0,008636	0,47135	0,911
0,009138	0,46860	0,908
0,009436	0,46711	0,905
0,011195	0,45861	0,900
0,013407	0,44974	0,893
0,013500	0,44938	0,893
0,01473	0,44512	0,889
0,01710	0,43783	0,883
0,02305	0,42329	0,869
0,02563	0,41824	0,863
0,04749	0,38834	0,833
0,05391	0,38222	0,827
0,06268	0,37499	0,818
0,12381	0,34199	0,787

Die aus EMK-Messungen ermittelten Werte für die Standard-EMK und die mittleren Ionenaktivitätskoeffizienten besitzen in der Regel eine hohe Genauigkeit. Die praktische Durchführung von EMK-Messungen ist jedoch keineswegs einfach. Die Hauptschwierigkeit besteht in der geforderten Reversibilität des Prozesses. Dies bedeutet vor allem, dass an den Elektroden keine Transportwiderstände auftreten dürfen, da solche Hemmungserscheinungen zu sog. *Überspannungen* und damit zu falschen Ergebnissen führen. Die Höhe der Überspannungen hängt dabei stark vom Elektrodenmaterial und der Stromdichte ab.

Die Temperaturabhängigkeit der EMK lässt sich leicht aus Gl. (5.2.7) ableiten. Danach gilt

$$E = -\frac{\Delta_r G}{|z_i|F} \tag{5.2.23}$$

und damit

$$\left(\frac{\partial E}{\partial T}\right)_p = \frac{\Delta_r S}{|z_i|F}, \tag{5.2.24}$$

bzw. unter Verwendung der Gibbs/Helmholtz-Beziehung

$$T^2 \frac{\partial (E/T)_p}{\partial T} = \frac{\Delta_r H}{|z_i|\mathrm{F}}.$$

$$(5.2.25)$$

Durch temperaturabhängige EMK-Messungen können die Reaktionsentropie $\Delta_r S$ und die Reaktionsenthalpie $\Delta_r H$ von Reaktionen, die sich in galvanischen Zellen reversibel durchführen lassen, verhältnismäßig einfach und sehr genau bestimmt werden. Umgekehrt kann die Temperaturabhängigkeit der EMK aus kalorimetrisch ermittelten Reaktionsenthalpien durch Integration von Gl. (5.2.25) berechnet werden.

5.3 Ionenselektive Elektroden (ISE)

Ionenselektive Elektroden (ISE) erlauben die direkte potenziometrische Messung der Aktivitäten einzelner Ionen. Grundsätzlich ermöglicht wird die Messung von Einzelionenaktivitäten durch die an der Phasengrenze zwischen der Elektrode und der Elektrolytlösung auftretende Abweichung von der Elektroneutralität, die, wie bereits in Abschn. 2.9 gezeigt wurde, für die Bestimmung der partiellen molaren Größen von Einzelionen unbedingt erforderlich ist. Das bekannteste Anwendungsbeispiel für die Verwendung ionenselektiver Elektroden ist die Messung des pH-Wertes, d.h. der H^+-Ionenaktivität. Die Messanordnung besteht grundsätzlich aus einer Mess- und einer Bezugselektrode. Während die Messelektrode direkt mit der Messlösung in Kontakt steht, ist die Bezugselektrode üblicherweise in eine Referenzlösung eingetaucht, die über ein Diaphragma mit der Messlösung in Kontakt steht. Die Bezugselektrode hat dabei die Aufgabe, ein möglichst konstantes und von der Zusammensetzung des Messlösung unabhängiges Bezugspotenzial zu liefern. Bei der pH-Messung und verschiedenen anderen Anwendungen werden an Stelle zweier separater Elektroden häufig sog. Einstabmessketten verwendet, bei denen Mess- und Bezugselektrode einschließlich der Referenzlösung und des Diaphragmas im gleichen Schaft integriert sind.

Die Aktivitätsmessung in einer solchen Zelle beruht wesentlich auf der Einstellung des elektrochemischen Gleichgewichts. Dies bedeutet insbesondere, dass sich nicht nur an der Messelektrode sondern auch an der Bezugselektrode ein Gleichgewichtszustand einstellen muss. Allgemein formuliert muss an jeder Phasengrenze der gesamten Messkette sowie in allen Lösungen, die zwischen dem Strom zuführenden und abführenden Leiter geschaltet sind, heterogenes bzw. homogenes Gleichgewicht erreicht werden. Als Messsignal dient die Spannung zwischen Mess- und Bezugselektrode.

Bei der Gleichgewichtseinstellung diffundieren Ionen aus der Lösung entsprechend ihrer Konzentration und Löslichkeit in das Elektrodenmaterial. Das eingesetzte Elektrodenmaterial entscheidet dabei über die Selektivität der Elektrode. Im Idealfall diffundiert nur eine einzige Ionenart in das Elektrodenmaterial, so dass die gemessene Spannung dieser Ionenart allein zugeordnet werden kann. Zur Messung des pH-Wertes und der Na^+-Aktivität werden standardmäßig Glaselektroden verwendet. Die Messung der Aktivität von Ag^+, Cu^{2+}, Cd^{2+}, Pb^{2+}, S^{2-}, F^-, Cl^-, Br^-, I^-, SCN^- oder CN^- erfolgt mit Hilfe von Festkörpermembranelektroden, während für K^+, Ca^{2+}, NO_3^-, BF_4^-, Ba^{2+} und andere Ionen Elektroden mit einer Flüssigmembran, die aus einer polymeren Trennschicht (Membran) und einer in einer organischen Flüssigkeit gelösten komplexbildenden Verbindung (*Ionophor*) besteht, eingesetzt werden.

Für die sich an der Grenzfläche einer Elektrode (E) in Kontakt mit einer Lösung (L) einstellende Galvanispannung gilt analog zu Gl. (5.1.2)

$$\varphi \equiv \phi^{(E)} - \phi^{(L)} = \frac{\mu_i^{*,m}(T, p^0) - \mu_i^{*,(E)}(T, p^0)}{z_i F}$$
$$+ \frac{RT}{z_i F} \ln(a_i^{*,m}) - \frac{RT}{z_i F} \ln(a_i^{*,(E)}), \tag{5.3.1}$$

bzw. unter Einführung des dekadischen Logarithmus

$$\varphi = \frac{\mu_i^{*,m}(T, p^0) - \mu_i^{*,(E)}(T, p^0)}{z_i F}$$
$$+ \frac{\ln(10) RT}{z_i F} \log_{10}(a_i^{*,m}) - \frac{\ln(10) RT}{z_i F} \log_{10}(a_i^{*,(E)}). \tag{5.3.2}$$

Der erste Summand auf der rechten Seite enthält die chemischen Potenziale der Spezies i in der Lösung und in der Elektrodenphase im Bezugszustand und ist somit eine reine Temperaturfunktion. Fasst man diesen Term mit dem dritten Summanden, der die Aktivität der Spezies i im Elektrodenmaterial enthält, zusammen, dann lautet Gl. (5.3.2) vereinfacht

$$\varphi = \varphi_0 + \frac{\ln(10) RT}{z_i F} \log_{10}(a_i^{*,m}) \tag{5.3.3}$$

mit

$$\varphi_0 = \frac{\mu_i^{*,m}(T, p^0) - \mu_i^{*,(E)}(T, p^0)}{z_i F} - \frac{\ln(10) RT}{z_i F} \log_{10}(a_i^{*,(E)}). \tag{5.3.4}$$

Im Gegensatz zu den Metallelektroden stehen für die Berechnung der chemischen Potenziale der im Elektrodenmaterial einer ionenselektiven Elektrode gelösten Komponenten, d.h. $\mu_i^{*,(E)}(T, p^0)$ keine Daten zur Verfügung. Die Standardspannung φ_0 ionenselektiver Elektroden kann somit nur experimentell bestimmt werden.

Unter der Voraussetzung, dass die Aktivität der Spezies i in der Elektrodenphase bei Veränderung der Konzentration in der Lösung konstant bleibt, liefert Gl. (5.3.3) einen linearen Zusammenhang zwischen der Galvanispannung und dem Logarithmus der Aktivität des Messions in der Lösung. Die Galvanispannung der Messelektrode kann nicht absolut, sondern nur bezogen auf das Potenzial der Referenzelektrode, gemessen werden. Unter der Annahme, dass dieses Bezugspotenzial konstant ist, kann es mit φ_0 zur Standardspannung U_0 zusammengefasst werden. Damit gilt für den Zusammenhang zwischen der messbaren Zellspannung U und der Aktivität des Messions

$$U = U_0 + \frac{\ln(10)\,RT}{z_i\mathrm{F}}\log_{10}(a_i^{*,m}).\tag{5.3.5}$$

Gleichung (5.3.5) ist die bereits bekannte Nernst-Gleichung. Der Ausdruck $[\ln(10)\,RT)]\,/\,z_i\mathrm{F}$ wird als Nernst- oder Elektrodensteigung bezeichnet. Tabelle 5.2 zeigt die Werte der Nernst-Steigung für ein- und zweifach geladene Anionen und Kationen. Mit steigendem Absolutwert der Ladungszahl verläuft die Elektrodenkennlinie entsprechend der Nernst-Gleichung zunehmend flacher. Dies hat zur Folge, dass die Messung mehrfach geladener Ionen wesentlich schwieriger ist als die einfach geladener An- und Kationen. In der Praxis ist die gemessene Elektrodensteigung ein Kriterium zur Beurteilung der Leistungsfähigkeit einer Elektrode. Diese kann durch Verschmutzung, mechanische Beschädigung, falsche Lagerung oder Konditionierung sowie durch normale Alterung der Elektroden beeinträchtigt werden. Die Elektrodensteigung sollte mindestens 52 mV für einwertige und 22 mV für zweiwertige Ionen betragen. An der unteren Messbereichsgrenze treten häufig infolge der Eigendissoziation des Elektrodenmaterials Abweichungen vom Nernst-Wert auf.

Tabelle 5.2. Nernst-Steigungen für ein- und zweiwertige Ionen bei 25 °C

Ionenladung	Steigung [mV/Dekade]	Beispiel
+2	29,58	Ca^{2+}, Mg^{2+}
+1	59,16	K^+, Na^+
-1	-59,16	F^-, Cl^-
-2	-29,58	S^{2-}

Obwohl ionenselektive Elektroden sehr kleine Aktivitäten messen können, sind sie wegen der logarithmischen Spannungsabhängigkeit weniger geeignet zur Messung kleiner Aktivitätsänderungen. Es gilt

$$\Delta U = U_1 - U_2 = \frac{\ln(10)\,RT}{z_i\mathrm{F}}\log_{10}\left(\frac{a_{i,1}^{*,m}}{a_{i,2}^{*,m}}\right).\tag{5.3.6}$$

Tabelle 5.3 zeigt die durch Spannungsmessfehler verursachten Analysefehler für einwertige Ionen. Für zweiwertige Ionen ist der Fehler doppelt so groß. Will man die Aktivität mit einem Fehler von höchstens 1 % messen, so darf die Abweichung in der gemessenen Spannung demnach nicht mehr als 0,25 mV betragen – ein Wert, der im Labor nur unter optimalen Bedingungen erreichen werden kann. Neben den Fehlern, die durch die Messelektrode verursacht werden, liefert bei ISE-

Messungen auch die Bezugselektrode einen nicht vollständig zu vermeidenden Störbeitrag. Der metallische Leiter der Bezugselektrode steht in Kontakt mit einer Referenzelektrolytlösung, die wiederum über ein Diaphragma mit der Messlösung leitend verbunden ist. Diese Flüssigkeitsverbindung (liquid junction) erlaubt einen kontinuierlichen diffusiven Fluss der Referenzlösung in die Messlösung. In Gegenrichtung diffundieren Ionen aus der Messlösung auch in die Referenzlösung. Infolge der unterschiedlichen Diffusionsgeschwindigkeiten von Anionen und Kationen tritt am Diaphragma eine lokale Ladungstrennung und damit eine *Diffusionsspannung* (junction potential) auf, die u. a. auch von der Konzentration der Messlösung abhängt und damit zur einer Verfälschung der Messwerte führt. Durch verschiedene Maßnahmen, wie z.B. der Wahl eines Referenzelektrolyten wie KCl, dessen Anionen und Kationen ähnliche Beweglichkeiten haben oder einer optimalen Gestaltung des Diaphragmas, kann dieser Störeinfluss möglichst klein gehalten, jedoch niemals vollständig eliminiert werden. Darüber hinaus kann die Diffusionsspannung mit Hilfe der sog. *Henderson-Gleichung* näherungsweise berechnet und damit in der Nernst-Gleichung als zusätzlicher Spannungsbeitrag berücksichtigt werden (z.B. Hamann u. Vielstich 1998).

Tabelle 5.3. Abhängigkeit des Analysenfehlers vom Fehler der Spannungsmessung für einwertige Ionen bei 25 °C

Spannungsmessfehler $\pm \Delta U$ [mV]	0,1	0,25	0,5	1,0	2,0	3,0	4,0	5,0
Analysenfehler $a_{i,1}^{*,m} / a_{i,2}^{*,m}$ [%]	$\pm\,0{,}4$	$\pm\,1$	$\pm\,2$	$\pm\,4$	+9	+13	+17	+22
						-8	-11	-15	-18

Im Übrigen gilt die Nernst-Gleichung nur für eine ideale Elektrode, d.h. eine Elektrode, die nur für das jeweilige Mession selektiv ist. In vielen Anwendungsfällen liefern jedoch auch andere Ionen, sog. Störionen, einen Spannungsbeitrag an der Messelektrode, der zu nicht vernachlässigbaren Abweichungen vom Nernstschen Verhalten führt. Der Einfluss dieser Störionen kann durch Einführung sog. Selektivitätskoeffizienten, die in Labormessungen ermittelt werden müssen, in der Nernst-Gleichung berücksichtigt werden.

In der Praxis werden ionenselektive Elektroden weniger zur Messung von Aktivitäten sondern überwiegend zur Konzentrationsbestimmung verwendet. Der Zusammenhang zwischen der gemessenen Spannung und der Konzentration wird dabei in der Regel nicht über ein Aktivitätskoeffizientenmodell sondern durch Kalibrierkurven, die im Labor mit Hilfe geeigneter Standardlösungen gemessen werden, hergestellt. Zur Verminderung des Einflusses des Aktivitätskoeffizienten, der aus den Wechselwirkungen des Messions mit den übrigen in der Probenlösung enthaltenen Ionen resultiert, wird üblicherweise bei der Kalibrierung und Messung zur Fixierung der Ionenstärke eine Lösung mit hoher Ionenstärke, eine sog. ISA-Lösung (**I**onic **S**trength **A**djustor), zugegeben. Bei gleichzeitiger Verdünnung der Probenlösung wird dadurch bei Kalibrierung und Messung ein gleicher Ionenhintergrund eingestellt. Um Störionen zu entfernen, können diese Probenkonditionier-lösungen zusätzlich mit entsprechenden Komplexbildnern versetzt werden.

Tabelle 5.4 zeigt eine Zusammenstellung der wichtigsten Anwendungen ionenselektiver Elektroden.

Für die Bestimmung von Ionenaktivitätskoeffizienten werden hochgenaue isotherme ISE-Messungen benötigt, die sich von der gewünschten Molalität bis in den Bereich hoher Verdünnung erstrecken. Die untere Messgrenze ionenselektiver Elektroden liegt bei etwa 10^{-4} bis 10^{-5} mol kg^{-1}. Im Konzentrationsbereich bis ca. 10^{-2} mol kg^{-1} wird zunächst unter Verwendung der Nernst-Gleichung die Standardspannung U_0 der Messkette durch Anpassung an die Messwerte $U(m_i)$ ermittelt. Im Detail entspricht die Bestimmung der Standardspannung und der Ionenaktivitätskoeffizienten dabei genau der in Abschn. 5.2 beschriebenen Vorgehensweise für die Auswertung von EMK-Daten.

Abbildung 5.7 zeigt als beispielhaftes Ergebnis den auf diese Weise ermittelten Konzentrationsverlauf der Aktivitätskoeffizienten von Kalium- und Chloridionen in wässeriger KCl-Lösung. Die Messergebnisse zeigen, dass bereits ab Molalitäten von 10^{-2} mol kg^{-1} systematische Unterschiede zwischen den Ionenaktivitätskoeffizienten auftreten. Die in Kap. 4 vorgestellten Aktivitätskoeffizientenmodelle von Bromley, Pitzer und Chen liefern demgegenüber für Elektrolyte mit gleichen Ladungszahlen von Kation und Anion identische Werte. Die im Experiment gefundenen Differenzen zwischen den Ionenaktivitätskoeffizienten resultieren aus Unterschieden in der Größe und Solvatation der Ionen sowie aus unterschiedlichen Ion-Lösungsmittel-Wechselwirkungen. Die Vernachlässigung dieser Einflüsse führt bei korrekter Wiedergabe des mittleren Ionenaktivitätskoeffizienten zu fehlerhaften Einzelwerten, die sich u.a. in einer schlechten Beschreibung des pH-Wertes niederschlagen.

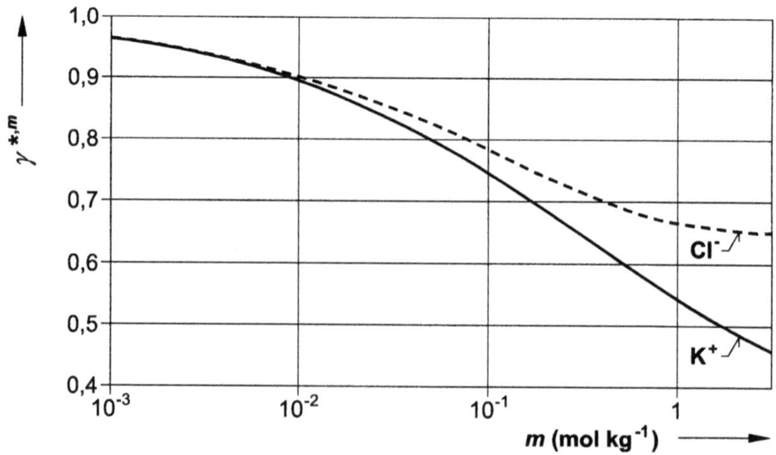

Abb. 5.7. Einzelionenaktivitätskoeffizienten aus ISE-Messungen bei 25 °C in wässeriger KCl-Lösung (Pasel 2000)

Tabelle 5.4. Anwendungsbeispiele ionenselektiver Elektroden (Störionen, die als Elektrodengifte wirken, sind fett gedruckt)

Mession	Messbereich [mol l^{-1}]	wichtigste Störionen	Anwendungsbeispiele
H^+	1×10^{-14} ... 1		*pH*-Messungen
Na^+	1×10^{-5} ... 1	H^+, Ag^+, Li^+, K^+	Wässer, biologische Flüssigkeiten
K^+	1×10^{-6} ... 1	Cs^+, NH_4^+, H^+, Na^+	Bodenproben, Düngemittel, Wein, biologische Flüssigkeiten
Ca^{2+}	5×10^{-7} ... 1	Na^+, Pb^{2+}, Fe^{2+}, Zn^{2+}, Cu^{2+}, Mg^{2+}	Bier, Bodenproben, Lebensmittel, Milch, Wasser, Wein, Zucker
NO_3^-	7×10^{-6} ... 1	Br^-, NO_2^-, Cl^-, OAc^-	Beizbäder, Bodenproben, Fleisch, Pflanzenmaterial, Wässer
BF_4^-	7×10^{-6} ... 1	NO_3^-, SO_4^{2-}, ClO_4^-, F^-	Tenside, Galvanik
F^-	1×10^{-6} ... sat.	OH^-	Galvanik, Ätzbäder, Dünger, Pestizide, Nahrungsmittel, Pharmazeutika, Kosmetika
Cl^-	5×10^{-5} ... 1	$\mathbf{Hg^{2+}}$, $\mathbf{Br^-}$, $\mathbf{I^-}$, $\mathbf{S^{2-}}$, $\mathbf{CN^-}$, $\mathbf{NH_3}$, $\mathbf{S_2O_3^{2-}}$	Nahrungsmittel, Getränke, Kunststoffe, Pharmazeutika, Pestizide, Gläser, Papier
Br^-	5×10^{-6} ... 1	$\mathbf{Hg^{2+}}$, $\mathbf{I^-}$, $\mathbf{S^{2-}}$, $\mathbf{CN^-}$, $\mathbf{NH_3}$	Bäder, Erdöl, Kunststoffe, klin. Analytik
I^-	5×10^{-8} ... 1	$\mathbf{Hg^{2+}}$, $\mathbf{S^{2-}}$, $\mathbf{CN^-}$, $\mathbf{Cl^-}$, $\mathbf{Br^-}$	Pharmazeutika, Agro-Produkte
CN^-	8×10^{-6} ... 10^{-2}	$\mathbf{Ag^+}$**-komplexierende Substanzen**, $\mathbf{S^{2-}}$, $\mathbf{I^-}$	Erzaufbereitung, Galvanik, Erdöl, Wässer
SCN^-	5×10^{-6} ... 1	$\mathbf{Br^-}$, $\mathbf{I^-}$, $\mathbf{S^{2-}}$, $\mathbf{CN^-}$, $\mathbf{S_2O_3^{2-}}$	Wässer, Galvanik
S^{2-} / Ag^+	1×10^{-7} ... 1	$\mathbf{Hg^{2+}}$, **Proteine**	S^{2-}: Papier, Nahrungsmittel, Getränke Ag^+: Fixierbäder, Erze, Titrationen mit Ag^+
Cu^{2+}	1×10^{-8} ... 10^{-1}	$\mathbf{Ag^+}$, $\mathbf{Hg^{2+}}$, $\mathbf{S^{2-}}$	Erze, Galvanik, Wässer
Cd^{2+}	1×10^{-7} ... 10^{-1}	$\mathbf{Ag^+}$, $\mathbf{Hg^{2+}}$, $\mathbf{Cu^{2+}}$	Galvanik, Schmieröle, Schlämme, Böden
Pb^{2+}	1×10^{-6} ... 10^{-1}	$\mathbf{Ag^+}$, $\mathbf{Hg^{2+}}$, $\mathbf{Cu^{2+}}$	Galvanik, Wässer, Titration von SO_4^{2-} mit Pb^{2+}

6 Generalisierte Berechnung komplexer Gleichgewichte

Das Ziel dieses Abschnitts ist die formelmäßige Beschreibung komplexer Gleichgewichte. Der Begriff „komplexes Gleichgewicht" bezeichnet hier die Kombination von Phasengleichgewichten und chemischen Gleichgewichten mit einer typischerweise großen Anzahl beteiligter Komponenten und auftretender Phasen. Die thermodynamischen Grundlagen hierzu wurden bereits in Kap. 2 entwickelt. Darauf aufbauend werden im Folgenden generalisierte Gleichungssysteme zur Berechnung komplexer Gleichgewichte vorgestellt.

Der zweite Hauptsatz der Thermodynamik fordert axiomatisch als Bedingung für das thermodynamische Gleichgewicht in einem abgeschlossenen System, d.h. bei konstanter Gesamtmasse, konstantem Volumen V und konstanter innerer Energie U, dass die Entropie S einen Maximalwert erreicht. Es gilt also

$$S(U, V, \{n_K\}) = \text{Max}. \tag{6.1}$$

Technische Prozesse werden häufig nicht in abgeschlossenen, sondern zumeist in offenen Systemen durchgeführt. Temperatur und Druck können dabei in vielen Fällen zumindest näherungsweise als konstant angesehen werden. Unter diesen Bedingungen folgt aus Gl. (6.1) für die freie Enthalpie G als Funktion der Temperatur, des Druckes und aller Stoffmengen $\{n_i\}$

$$G(T, p, \{n_K\}) = \sum_p^P \sum_i^{K_p} n_i^{(p)} \mu_i^{(p)} = \text{Min}. \tag{6.2}$$

Hierbei bezeichnet $n_i^{(p)}$ die Stoffmenge der Komponente i in der Phase p; $\mu_i^{(p)}$ ist ihr chemisches Potenzial. Die Summation erfolgt über alle Komponenten K_p in den verschiedenen Phasen. Gl. (6.2) stellt die Grundbeziehung zur Berechnung beliebiger thermodynamischer Gleichgewichte in isothermen, isobaren Systemen dar. Die chemischen Potenziale sind dabei in den verschiedenen Phasen bei der gleichen Temperatur T und dem gleichen Druck p auszuwerten, so dass auf diese Weise die Bedingungen des thermischen und mechanischen Gleichgewichts implizit erfüllt werden.

Bei der Auswertung von Gl. (6.2) sind in Elektrolytsystemen zwei Nebenbedingungen zu erfüllen: Die Erhaltung der Atomanzahl für jede Atomart und die Elektroneutralität in allen flüssigen Mischphasen, in denen Ionen auftreten. Die Berücksichtigung dieser Nebenbedingungen kann prinzipiell auf zwei verschiedene Arten erfolgen. Bei der ersten Methode, dem so genannten stöchiometrischen

Ansatz oder *K-Wert-Methode*, wird ein Satz linear unabhängiger Reaktionsgleichungen formuliert, der alle im Gleichgewicht erwarteten Spezies und alle Edukte enthält. Dabei werden nicht nur für die chemischen Gleichgewichte sondern auch für die Phasengleichgewichte Reaktionsgleichungen angegeben. Als Ergebnis erhält man ein System nichtlinearer algebraischer Gleichungen für die Reaktionslaufzahlen. Der zweite Weg besteht in einer unmittelbaren Lösung von Gl. (6.2) durch Extremwertsuche. Hierbei werden keine Reaktionsgleichungen benötigt. Stattdessen wird Gl. (6.2) mit den genannten Nebenbedingungen zu einer neuen Zielfunktion kombiniert und deren Minimum bestimmt. Man spricht von einer *direkten Minimierung der freien Enthalpie*.

Die *K*-Wert-Methode und die direkte Minimierung der freien Enthalpie liefern das gleiche Ergebnis, sofern die gleichen Stoffdaten und thermodynamischen Modelle für die Realkorrekturen verwendet werden. Beide Verfahren unterscheiden sich im mathematischen Vorgehen und vor allem im Grad der Abstraktion. So kommt die direkte Minimierung der freien Enthalpie auch bei der Beschreibung chemischer Gleichgewichte vollkommen ohne Reaktionsgleichungen aus.

Um das methodische Vorgehen bei der Berechnung komplexer Gleichgewichte transparenter zu machen, wird im Folgenden zunächst die anschaulichere *K*-Wert-Methode erläutert. Hierbei liegt der Schwerpunkt auf der fehlenden Unterscheidung zwischen Phasen- und Reaktionsgleichgewichten und der systematischen Einbeziehung der stöchiometrischen Nebenbedingungen. Die *K*-Wert-Methode kann darüber hinaus bei weniger komplizierten Systemen, beispielsweise bei der Absorption eines schwachen Elektrolyten (vgl. Kap. 3), auch für einfache Handrechnungen benutzt, d.h. problemspezifisch formuliert werden. Der anschließende Abschnitt zur direkte Minimierung der freien Enthalpie ist deutlich abstrakter und mathematisch anspruchsvoller. Er ist für Leser konzipiert, die sich über ein grundlegendes Verständnis hinaus auf wissenschaftlichem Niveau mit der Berechnung komplexer Elektrolytgleichgewichte beschäftigen möchten. Die mathematischalgorithmische Darstellung steht hier im Vordergrund. Spezielle Aspekte wie die Linearisierung des Gleichungssystems, Maßnahmen zur Konvergenzverbesserung oder Stabilitätskriterien für das Auftreten fester Phasen werden ausführlich erläutert. Im Anschluss an die theoretische Darstellung werden beide Methoden in verschiedenen Beispielen angewendet.

6.1 Die *K*-Wert-Methode

Das Prinzip des stöchiometrischen Ansatzes bzw. der *K*-Wert-Methode wurde bereits im Zusammenhang mit der Berechnung chemischer Gleichgewichte vorgestellt und angewendet. Im Rahmen dieser Methode wird eine Anzahl von R linear unabhängigen Reaktionsgleichungen, die in sich elektrisch neutral sind und die Atomerhaltung erfüllen, formuliert. Der Fortschritt einer jeden Reaktion r wird über die zugehörige Reaktionslaufzahl ξ_r erfasst, die aus der allgemeinen Bedingung für das thermodynamische Gleichgewicht

$$\frac{dG}{d\xi_r} = \sum_{i=1}^{C} v_{ir}\, \mu_i^{(p)} = 0 \tag{6.1.1}$$

bestimmt wird. Hierbei bezeichnet C die Anzahl der Komponenten, die an der Reaktion r beteiligt sind. Der Begriff „Reaktion" ist nun allgemeiner gefasst und erstreckt sich sowohl auf chemische Gleichgewichte, als auch auf Phasengleichgewichte. Zur Veranschaulichung sei das Dampf-Flüssig-Gleichgewicht von Wasser in einer Mischung betrachtet. Man erhält in diesem Fall als Pseudoreaktionsgleichung:

$$H_2O(g) \rightleftharpoons H_2O(l).$$

Die Gleichgewichtsbedingung (6.1.1) reduziert sich in diesem Fall formal auf die bekannte Bedingung für das stoffliche Gleichgewicht:

$$\mu_{H_2O}^{(g)} = \mu_{H_2O}^{(l)}. \tag{6.1.2}$$

Ein Phasengleichgewicht kann somit formal als heterogenes Gleichgewicht ohne Änderung der Stoffmenge behandelt werden. Gleiche Komponenten in verschiedenen Phasen sind dabei im Sinne der Gibbsschen Phasenregel als unterschiedlich zu betrachten.

Entwickelt man die chemischen Potenziale aller Komponenten um geeignete Referenzzustände, so gelangt man zu der bereits aus Abschn. 3.2 bekannten Beziehung

$$K_r(T) = \exp\left(-\frac{\sum_{i=1}^{C} v_{ir}\mu_i^{\text{ref}}(T,p^0)}{RT}\right) = \prod_{i=1}^{C}\left(a_i^{\text{ref}}\right)^{v_{ir}} \tag{3.2.7}$$

Die K-Werte für Phasengleichgewichte ergeben sich ganz analog zu den bereits behandelten heterogenen Reaktionsgleichgewichten. Die Verwendung unterschiedlicher Referenzzustände für jede Komponente ermöglicht dabei eine optimale Beschreibung der heterogenen Zustände. In Beispiel 3.6 wurde dies bereits an Hand der Reduktion von Quecksilber(II)chlorid durch SO_2 in wässeriger Lösung demonstriert. Als Referenzzustände für ein Dampf-Flüssig-Gleichgewicht werden sinnvollerweise das ideale Gas und die reine Flüssigkeit, d.h. μ_{0i}^{ig} und μ_{0i}^{l}, gewählt. Bei einem Gas-Flüssig-Gleichgewicht benötigt man für die gelösten Komponenten μ_{0i}^{ig} und $\mu_i^{*,m}$ bzw. μ_i^{*}. Für Flüssig-Flüssig-Gleichgewichte wird in beiden Phasen für die gelösten Elektrolyte und Gase die ideal verdünnte Lösung und für die Lösungsmittel die reine Flüssigkeit als Referenzzustand gewählt. Für die K-Werte ergibt sich damit jeweils der Wert Eins. Die dazugehörigen Aktivitäten können wiederum Tabelle 3.1 entnommen werden. Die sich damit aus Gl.

(3.2.7) ergebenden Ausdrücke für die verschiedenen K-Werte und Aktivitätsprodukte sind in Tabelle 6.1 zusammengestellt. Zusätzlich sind die aus Gl. (3.1.8), (3.1.18) und (3.1.19) resultierenden alternativen Beziehungen für die K-Werte von Dampf-Flüssig- und Gas-Flüssig-Gleichgewichten angegeben. Die Berechnung beliebiger thermodynamischer Gleichgewichte ist damit auf eine einheitliche Formulierung zurückgeführt.

Tabelle 6.1. K-Werte für Phasengleichgewichte

	$K(T)$ aus Standarddaten	$K(T)$ alternativ	$\displaystyle\prod_{i=1}^{C}\left(a_i^{\mathrm{ref}}\right)^{\nu_{ir}}$
VLE	$\exp\left(\dfrac{\mu_{0i}^{1}(T,p^0)-\mu_{0i}^{\mathrm{ig}}(T,p^0)}{RT}\right)$	$\dfrac{p^0}{\phi_{0i}^{\mathrm{lv}}\,p_{0i}^{\mathrm{lv}}}$	$\dfrac{x_i\,\gamma_i^0}{y_i\,\phi_i\,(p/p^0)}$
GLE, LM = rein	$\exp\left(\dfrac{\mu_{i}^{*,m}(T,p^0)-\mu_{0i}^{\mathrm{ig}}(T,p^0)}{RT}\right)$	$\dfrac{p^0}{H_{i,\mathrm{LM}}^{m}\,m^*}$	$\dfrac{(m_i/m^*)\,\gamma_i^{*,m}}{y_i\,\phi_i\,(p/p^0)}$
GLE, LM = Gemisch	$\exp\left(\dfrac{\mu_{i}^{*}(T,p^0)-\mu_{0i}^{\mathrm{ig}}(T,p^0)}{RT}\right)$	$\dfrac{p^0}{H_{i,\mathrm{LM}}}$	$\dfrac{x_i\,\gamma_i^{*}}{y_i\,\phi_i\,(p/p^0)}$
LLE, Elektrolyt	1	1	$\dfrac{x_{\pm,i}^{(\beta)}\,\gamma_{\pm,i}^{*,(\beta)}}{x_{\pm,i}^{(\alpha)}\,\gamma_{\pm,i}^{*,(\alpha)}}$
LLE, Lösungsmittel	1	1	$\dfrac{x_i^{(\beta)}\,\gamma_i^{0,(\beta)}}{x_i^{(\alpha)}\,\gamma_i^{0,(\alpha)}}$

Eine wichtige Frage bei der Berechnung komplexer Gleichgewichte ist diejenige nach den notwendigen Vorgaben zur eindeutigen Problemdefinition. Eine Gleichgewichtsrechnung wird üblicherweise in Stoffmengen, d.h. extensiven Zustandsgrößen, durchgeführt. Entsprechend dem Duhem-Theorem sind in diesem Fall neben Druck und Temperatur die Anfangsstoffmengen aller beteiligten Edukte vorzugeben. Hiermit wird der Atomvorrat festgelegt. Im nächsten Schritt muss ein Satz linear unabhängiger Reaktionen für die Phasen- und Reaktionsgleichgewichte formuliert werden, die alle im Gleichgewichten erwarteten Spezies und alle Edukte in den verschiedenen Phasen enthalten müssen. Dies sei am Beispiel der Absorption von Schwefeldioxid in Wasser erläutert. Als Edukte werden gasförmiges Schwefeldioxid und flüssiges Wasser vorgegeben. Im thermodynamischen Gleichgewicht werden SO_2 und H_2O in beiden Phasen erwartet. Darüber hinaus wird mit der Bildung von Hydrogensulfit-Ionen (HSO_3^-) durch die Hydrolyse des SO_2 gerechnet. Ein möglicher Satz an Reaktionen lautet:

$$SO_2(g) \; \rightleftharpoons \; SO_2(aq) \qquad\qquad (R1)$$

$$H_2O(g) \; \rightleftharpoons \; H_2O(l) \qquad\qquad (R2)$$

$$SO_2(aq) + H_2O(l) \; \rightleftharpoons \; H^+ + HSO_3^- \qquad\qquad (R3)$$

Die Eigendissoziation des Wassers wird vernachlässigt. Alle im Gleichgewicht auftretenden Komponenten $SO_2(g)$, $SO_2(aq)$, $H_2O(g)$, $H_2O(l)$, H^+ und HSO_3^- sind im vorgeschlagenen Reaktionsschema enthalten und mit den Edukten verknüpft. Die zugehörigen K-Werte bei $T = T^0$ für die obigen Reaktionen lauten nach Tabelle 3.1 und 6.1:

$$K_1 = \frac{p^0}{H^m_{SO_2,H_2O}} = \frac{m_{SO_2(aq)} \, \gamma^{*,m}_{SO_2(aq)}}{p_{SO_2} \, \phi_{SO_2} / p^0}, \qquad\qquad (6.1.3)$$

$$K_2 = \frac{p^0}{\phi^{lv}_{0,H_2O} \, p^{lv}_{0,H_2O}} = \frac{x_{H_2O} \, \gamma^0_{H_2O}}{p_{H_2O} \, \phi_{H_2O} / p^0}, \qquad\qquad (6.1.4)$$

$$K_3 = \exp\left(- \frac{\Delta_f G^0_{H^+} + \Delta_f G^0_{HSO_3^-} - \Delta_f G^0_{SO_2}(*,m) - \Delta_f G^0_{H_2O}(l)}{RT^0} \right)$$

$$\qquad\qquad\qquad\qquad\qquad\qquad\qquad\qquad\qquad\qquad (6.1.5)$$

$$= \frac{(m_{H^+} \gamma^{*,m}_{H^+}) \, (m_{HSO_3^-} \, \gamma^{*,m}_{HSO_3^-})}{(m_{SO_2(aq)} \, \gamma^{*,m}_{SO_2(aq)}) \, (x_{H_2O} \, \gamma^0_{H_2O})} \frac{1}{m^*}.$$

Die in den Gleichungen (6.1.3) bis (6.1.5) auftretenden Konzentrationen lassen sich auf Stoffmengen zurückführen. Die Stoffmengen im Gleichgewicht erhält man aus den Reaktionslaufzahlen zu

$$n_i^{(p)} = n_i^{(0,p)} + \sum_{r=1}^{3} \nu_{ir} \xi_r , \qquad\qquad (3.2.23)$$

Im vorliegenden Fall ergibt sich das in Tabelle 6.2 dargestellte Gleichungssystem. Die sechs unbekannten Stoffmengen lassen sich auf diese Weise auf drei unbekannte Reaktionslaufzahlen zurückführen. Zur Bestimmung von ξ_1, ξ_2 und ξ_3 stehen die drei Gleichgewichtsbedingungen (6.1.3) bis (6.1.5) zur Verfügung. Durch die systematische Vorgehensweise lassen sich ohne Schwierigkeiten beliebig viele weitere Phasen- oder Reaktionsgleichgewichte hinzufügen. Für jede neu hinzukommende Komponente erhöht sich die Anzahl der Unbekannten. Gleichzeitig kann zu ihrer Berechnung eine entsprechende Anzahl weiterer Gleichgewichtsbedingungen formuliert werden. Das entstehende algebraische Gleichungssystem ist häufig stark nichtlinear, insbesondere dann, wenn Realkorrekturen in Form der Aktivitätskoeffizienten berücksichtigt werden. Eine effiziente Lösung des Gleichungssystems gelingt mit Solvern, die z.B. auf der Powell-Hybrid-Methode basieren[1].

Tabelle 6.2. Stoffmengenmatrix bei extensiver Vorgabe

$$
\begin{aligned}
n_{SO_2}^{(g)} &= n_{SO_2}^{(0)} - \xi_1 \\[2mm]
n_{SO_2(aq)}^{(l)} &= 0 + \xi_1 - \xi_3 \\[2mm]
n_{H_2O}^{(g)} &= 0 - \xi_2 \\[2mm]
n_{H_2O}^{(l)} &= n_{H_2O}^{(0)} + \xi_2 - \xi_3 \\[2mm]
n_{H^+} &= 0 + \xi_3 \\[2mm]
n_{HSO_3^-} &= 0 + \xi_3 .
\end{aligned}
$$

Im obigen Beispiel wurden die Feedstoffmengen $n_{SO_2}^{(0)}$ und $n_{H_2O}^{(0)}$ der Phase zugeordnet, in der sie tatsächlich zu Beginn vorliegen. Dies ist jedoch nicht notwendig. Man erhält dasselbe Ergebnis, wenn man beispielsweise beide Feedstoffmengen in die flüssige oder die gasförmige Phase legt. Als Folge ändern sich die Werte der Reaktionslaufzahlen, nicht aber die berechneten Stoffmengen.

Neben der Vorgabe extensiver Variablen wie der Feedstoffmengen $\{n_j^{(0)}\}$ besteht die Möglichkeit, die Problemstellung in intensiven Zustandsgrößen zu formulieren. In diesem Fall gibt die Gibbssche Phasenregel Aufschluss über die Freiheitsgrade des Systems. Im betrachteten Beispiel der SO_2-Absorption in Wasser erhält man nach Gl. (2.5.15) bei 4 Komponenten, 2 Phasen und einer Reaktionsgleichungen zwei frei wählbare intensive Zustandgrößen. Als solche lassen sich beispielsweise die Molalität des im Gleichgewicht total gelösten Schwefeldioxids $m_{SO_2,tot}$ und die Temperatur T vorgeben. Um die zuvor beschriebene Vorgehensweise der Gleichgewichtsrechnung beizubehalten, wird die Problemstellung zunächst in eine „pseudo-extensive" Formulierung überführt. Während zu einer extensiven Beschreibung genau eine intensive Beschreibung, d.h. eine Zusammensetzung, gehört, lässt sich eine Beschreibung in intensiven Zustandsgrößen andererseits in beliebig viele extensive Formulierungen überführen. Zur Konvertierung in die pseudo-extensive Formulierung kann daher eine weitere Stoffmenge willkürlich vorgegeben werden. Bei der Verwendung der Molalität als Konzentrationsmaß bietet sich die Festlegung $n_{H_2O}^{(l)} = 55{,}509$ mol an, da in diesem Fall Molalitäten und Stoffmengen identisch werden. Auf diese Weise erhält man zur Berechnung der Pseudo-Stoffmengen im Gleichgewicht beim betrachteten Beispiel die in Tabelle 6.3 dargestellte Matrix.

---

[1] z.B. das Modul DNSQE, das im Internet über die Homepage des National Institute of Standards and Technology (NIST) unter *http://gams.nist.gov* abgerufen werden kann.

Tabelle 6.3. Stoffmengenmatrix bei intensiver Vorgabe

$$n_{SO_2}^{(g)} = 0 \qquad - \xi_1$$

$$n_{SO_2(aq)}^{(l)} = m_{SO_2,tot} \qquad - \xi_3$$

$$n_{H_2O}^{(g)} = 0 \qquad - \xi_2$$

$$n_{H_2O}^{(l)} = 55{,}509 \text{ mol}$$

$$n_{H^+} = 0 \qquad + \xi_3$$

$$n_{HSO_3^-} = 0 \qquad + \xi_3$$

Es fällt auf, dass die Stoffmengen aller Spezies in der flüssigen Phase nun nur über ξ_3 miteinander verknüpft sind. Diese Reaktionslaufzahl kann allein aus der Bedingung für das chemische Gleichgewicht der SO_2-Hydrolyse, Gl. 6.1.5, bestimmt werden. Die verbleibenden Reaktionslaufzahlen ξ_1 und ξ_2 werden anschließend aus den Bedingungen für die Phasengleichgewichte berechnet. Die Berechnung des chemischen Gleichgewichts und des Phasengleichgewichts sind hier entkoppelt. Dies wird möglich, da nur Konzentrationen in der flüssigen Phase vorgegeben werden, und der Druckeinfluss auf das chemische Potenzial in der flüssigen Phase nicht berücksichtigt wird, so dass die Dampfphase nicht die Zusammensetzung der flüssigen Phase beeinflusst.

Die Formulierung als *K*-Wert-Methode erlaubt in einfacher Weise die Einbeziehung reaktionskinetisch gehemmter Teilschritte, für die eine Kinetik, d.h. ein Zeitgesetz, vorhanden ist. Wird beispielsweise angenommen, dass eine chemische Reaktion sehr viel langsamer abläuft als alle übrigen Reaktionen und der Stoffübergang, so stellt die Behandlung als „korrigiertes Gleichgewicht" häufig eine sinnvolle Näherung dar. Dabei wird davon ausgegangen, dass die gehemmte Reaktion den zeitbestimmenden Schritt darstellt und alle übrigen Reaktionen und Phasenwechsel sich in Abhängigkeit von Ihrem Reaktionsfortschritt spontan ins Gleichgewicht setzen. Die Berechnung erfolgt in diesem Fall analog zur vorher beschriebenen Methodik wiederum durch Einführung von Reaktionslaufzahlen. Zu ihrer Bestimmung stehen die Gleichgewichtsbedingungen und das Zeitgesetz für die langsame Reaktion zur Verfügung. Das resultierende Gleichungssystem zur Ermittlung der Reaktionslaufzahlen ist nun ein gekoppeltes System aus nichtlinearen algebraischen Gleichungen (Gleichgewichte) und linearen Differenzialgleichungen (Zeitgesetze). Zur mathematischen Lösung des Problems existieren geeignete Solver[2]. Bei der Formulierung der Stoffmengenmatrix ist nun darauf zu achten, dass die Feedstoffmengen in der Phase vorgegeben werde, in der sie tatsächlich zu Beginn vorliegen.

---

[2] z.B. das Modul DDASSL, das ebenfalls über die Homepage des NIST unter *http://gams.nist.gov* abgerufen werden kann.

6.2 Direkte Minimierung der freien Enthalpie (Gibbs-Minimierung)

Die direkte Minimierung der freien Enthalpie basiert, ebenso wie die K-Wert-Methode, auf der allgemeinen Bedingung für das thermodynamische Gleichgewicht

$$G(T,p,\{n_K\}) \;=\; \sum_p^P \sum_i^{K_p} n_i^{(p)}\,\mu_i^{(p)} \;=\; \text{Min.} \tag{6.2}$$

Die Berechnung des Gleichgewichts erfolgt auch hier unter Vorgabe der Temperatur, des Druckes und der Anfangsstoffmengen aller Komponenten.

In nichtreaktiven Systemen erfolgt die Auswertung von Gl. (6.2) unter der Nebenbedingung der Stofferhaltung aller Komponenten

$$\sum_p^P n_i^{(p)} \;-\; n_i^{(0)} \;=\; 0, \qquad i = 1,K, \tag{6.2.1}$$

während in reaktiven Systemen die Atomerhaltungsgleichungen als Nebenbedingungen erfüllt werden müssen:

$$\sum_p^P \sum_i^{K_p} n_i^{(p)} a_{ik} \;-\; A_k \;=\; 0, \quad k = 1,E. \tag{6.2.2}$$

In Gl. (6.2.2) ist A_k die Gesamtanzahl der im System vorhandenen Atome der Atomsorte k, die sich aus den Anfangsstoffmengen $n_i^{(0)}$ gemäß

$$A_k \;=\; \sum_i^K n_i^{(0)}\, a_{ik} \tag{6.2.3}$$

ergibt. Der Koeffizient a_{ik} bezeichnet die Anzahl der Atome der Atomsorte k in den Molekülen der Komponente i. Die Gesamtanzahl aller auftretenden Komponenten ist mit K und die Anzahl der verschiedenen Atomsorten (Elemente) mit E bezeichnet. In Systemen mit Elektrolyten muss als zusätzliche Nebenbedingung der Gibbs-Minimierung noch die Elektroneutralitätsbeziehung für die P_{el} flüssigen Elektrolytphasen erfüllt sein:

$$\sum_i^K n_i^{(l)}\, z_i \;=\; 0, \quad l = 1, P_{\text{el}}. \tag{6.2.4}$$

Für Phasen, in denen keine Ionen auftreten, oder diese nur in vernachlässigbarer Konzentration vorhanden sind, wird keine Elektroneutralitätsbeziehung benötigt.

Da die Einzelstoffmengen in den Atombilanzgleichungen und der Elektroneutralitätsbeziehung nur linear auftreten, muss stets geprüft werden, ob diese Gleichungen voneinander unabhängig sind. Ist dies nicht der Fall, so müssen die Bilanzgleichungen um die linear abhängigen Gleichungen verringert werden.

Ein Vorteil dieser Art der Formulierung des thermodynamischen Gleichgewichts besteht darin, dass zur vollständigen Beschreibung des sich einstellenden Gleichgewichtszustands keine chemischen Reaktionsgleichungen benötigt werden. Die Gibbs-Minimierung wird daher als *nichtstöchiometrische Methode* bezeichnet.

Die zu berechnenden Stoffmengen der einzelnen Spezies treten in den Ausdrücken für die chemischen Potenziale in nichtlinearer Form auf. Die Berechnung des thermodynamischen Gleichgewichts stellt sich mathematisch somit als Optimierung einer nichtlinearen Zielfunktion unter Berücksichtigung verschiedener, in Form von Gl. (6.2.1), (6.2.2) und (6.2.4) gegebener, linearer Nebenbedingungen dar. Das mathematische Standardverfahren zur Berücksichtigung von Nebenbedingungen bei der Optimierung nichtlinearer Funktionen ist die *Methode der Lagrangeschen Multiplikatoren*. Dabei wird die zu optimierende Funktion durch Addition der zu berücksichtigenden Nebenbedingungen zu einer erweiterten Zielfunktion, der sog. *Lagrange-Funktion*, umformuliert. Jede Nebenbedingung wird dabei mit einem sog. *Lagrangeschen Multiplikator* λ multipliziert. Für Elektrolytsysteme erhält man somit als Lagrange-Funktion

$$L(T, p, \{n_K\}, \{\lambda\}) = \sum_p^P \sum_i^{K_p} n_i^{(p)} \mu_i^{(p)}$$

$$+ \sum_k^E \lambda_k \left(\sum_p^P \sum_i^{K_p} n_i^{(p)} a_{ik} - A_k \right) + \sum_l^{P_{el}} \lambda_e^{(l)} \sum_i^{K_l} n_i^{(l)} z_i \qquad (6.2.5)$$

$$= \text{Min.}$$

Zur Berücksichtigung der E Atombilanzen und der Elektroneutralitätsbedingung in den P_{el} flüssigen Elektrolytphasen sind in der Lagrange-Funktion insgesamt $E+P_{el}$ Lagrangesche Multiplikatoren als zusätzliche Unbekannte eingeführt worden. Die Lage des gesuchten Minimums, d.h. die Lösung, wird dabei durch die zusätzlichen Summanden nicht verändert, da diese am Lösungspunkt gleich Null sind. Die notwendigen Bedingungen für das Vorliegen eines Minimums der Lagrange-Funktion sind

$$\left(\frac{\partial L}{\partial n_i^{(p)}} \right)_{T, p, \{n_K^*\}, \{\lambda\}} = 0, \qquad i = 1, K_p \; ; \; p = 1, P \qquad (6.2.6)$$

$$\left(\frac{\partial L}{\partial \lambda_k} \right)_{T, p, \{n_K\}, \{\lambda^*\}} = 0, \qquad k = 1, E \qquad (6.2.7)$$

$$\left(\frac{\partial L}{\partial \lambda_e^{(l)}} \right)_{T, p, \{n_K\}, \{\lambda^*\}} = 0 \qquad l = 1, P_{el}. \qquad (6.2.8)$$

Der Index * weist in Gl. (6.2.6) bis (6.2.8) darauf hin, dass bei der Bildung der Ableitungen alle Variablen n_i bzw. λ_k ausser der jeweils aktuellen konstant sind.

Die Differenziation nach den Stoffmengen, Gl. (6.2.6), liefert unter Berücksichtigung der für jede Phase p geltenden Gibbs/Duhem-Gleichung

$$\sum_i^K n_i^{(p)}\, d\mu_i^{(p)} = 0 \qquad \text{für } T, p = \text{konst.}$$

das folgende Gleichungssystem

$$\text{Gasphase:} \qquad \mu_i^{(g)} + \sum_k^E \lambda_k\, a_{ik} = 0, \qquad\qquad i=1, K_{\mathrm{g}} \qquad (6.2.9)$$

$$\text{Flüssigphasen:} \qquad \mu_i^{(l)} + \sum_k^E \lambda_k\, a_{ik} + \lambda_{\mathrm{e}}^{(l)} z_i = 0, \qquad i=1, K_{\mathrm{l}} \qquad (6.2.10)$$

$$\text{Feststoffe:} \qquad \mu_i^{(s)} + \sum_k^E \lambda_k\, a_{ik} = 0, \qquad\qquad i=1, K_{\mathrm{s}}. \qquad (6.2.11)$$

Unter der häufig getroffenen Annahme, dass die Feststoffe in reiner Form auftreten, vereinfacht sich Gl. (6.2.11) zu

$$\mu_{0i}^{(s)} + \sum_k^{E_{\mathrm{s}}} \lambda_k\, a_{ik} = 0, \qquad\qquad i=1, K_{\mathrm{s}}. \qquad (6.2.12)$$

Die Anzahl der reinen festen Phasen K_{s} darf dabei jedoch die Anzahl der in diesen Phasen auftretenden Atomsorten E_{s} nicht überschreiten, da ansonsten das Teilsystem zur Berechnung der Lagrangeschen Multiplikatoren λ_k überbestimmt ist. Diese Bedingung bedeutet jedoch keine Einschränkung, da, wie im weiteren noch gezeigt wird, die Gesamtzahl aller im Gleichgewicht koexistierenden Phasen bei Vorgabe von T und p ohnehin durch die Gibbssche Phasenregel auf E bzw. in Elektrolytsystemen auf E-1 beschränkt ist.

Durch Gleichsetzen von Gl. (6.2.9) bis (6.2.11) erhält man für neutrale Spezies die bekannte Beziehung für das Phasengleichgewicht: $\mu_i^{(\alpha)} = \mu_i^{(\beta)}$. Für Ionen in zwei flüssigen Elektrolytphasen α und β ergibt sich aus Gl. (6.2.10) die Beziehung $\mu_i^{(\alpha)} - \mu_i^{(\beta)} = -z_i (\lambda_{\mathrm{e}}^{(\alpha)} - \lambda_{\mathrm{e}}^{(\beta)})$. Der Vergleich mit der Bedingung für das elektrochemische Gleichgewicht, Gl. (2.5.7), verdeutlicht, dass die Lagrangeschen Multiplikatoren $\lambda_{\mathrm{e}}^{(l)}$ hier dem Ausdruck $F\phi^{(l)}$ entsprechen. Die Galvanispannung zwischen den Elektrolytphasen α und β ergibt sich damit direkt aus

$$\Delta\phi = (\lambda_{\mathrm{e}}^{(\alpha)} - \lambda_{\mathrm{e}}^{(\beta)})/\,\mathrm{F}.$$

Aus den Ableitungen nach den Lagrangeschen Multiplikatoren ergeben sich wieder die zu berücksichtigenden Atombilanzen und die Elektroneutralitätsbeziehung:

$$\sum_i^{K_g} n_i^{(g)} a_{ik} + \sum_l^{P_l} \sum_i^{K_l} n_i^{(l)} a_{ik} + \sum_s^{P_s} \sum_i^{K_s} n_i^{(s)} a_{ik} - A_k = 0, \quad k=1,E \qquad (6.2.13)$$

$$\sum_i^{K_l} n_i^{(l)} z_i = 0, \qquad l=1,P_{el} . \qquad (6.2.14)$$

Damit stehen zur Bestimmung der $K_g+P_l{\cdot}K_l+P_s{\cdot}K_s$ unbekannten Stoffmengen und der $E+P_{el}$ Lagrangeschen Multiplikatoren insgesamt $M = K_g+P_l{\cdot}K_l+P_s{\cdot}K_s+E+P_{el}$ Gleichungen zur Verfügung. Das ursprüngliche Problem einer nichtlinearen Optimierung unter Nebenbedingungen ist somit auf die Lösung eines nichtlinearen $M \times M$ Gleichungssystems zurückgeführt.

Die Gleichungen (6.2.9) bis (6.2.14) stellen ein universelles Gleichungssystem zur Berechnung beliebiger thermodynamischer Gleichgewichte dar. Die unbekannten Stoffmengen $\{n_K\}$ treten dabei in den Bilanzgleichungen linear und in den verschiedenen Formulierungen der chemischen Potenziale als Molenbrüche in logarithmischer Form auf. Darüber hinaus sind die in den Berechnungsgleichungen für die chemischen Potenziale auftretenden Aktivitäts- und Fugazitätskoeffizienten ebenfalls in nichtlinearer Weise konzentrationsabhängig. Die Lagrangeschen Multiplikatoren treten nur in linearer Form auf. Die numerische Lösung dieses insgesamt nichtlinearen Gleichungssystems erfolgt mit Hilfe eines geeigneten iterativen Verfahrens. Auf Grund der Tatsache, dass sich die Stoffmengen der auftretenden Komponenten und Phasen häufig um mehrere Dekaden unterscheiden, ist die Festlegung von Startwerten, die eine Konvergenz des Iterationsverfahrens sichern, zumeist sehr schwierig. Eine entscheidende Vergrößerung des Konvergenzradius kann dadurch erreicht werden, dass nicht die Stoffmengen selbst, sondern ihre Logarithmen als Iterationsvariablen verwendet werden. Auf diese Weise wird der Wertebereich der Variablen wesentlich eingeschränkt (typischerweise von ca. 10^{-14} bis 10^2 auf etwa -32 bis +5). Darüber hinaus bietet die Verwendung der logarithmischen Variablen den Vorteil, dass im Laufe der Iteration keine negativen Stoffmengen berechnet werden können. Für die Atombilanzen und die Elektroneutralität, in denen die Stoffmengen linear auftreten, erhält man nach Einführung der logarithmischen Iterationsvariablen[3]

$$\sum_i^{K} \{\exp(\ln n_i^{(g)}) + \exp(\ln n_i^{(l)}) + \exp(\ln n_i^{(s)})\} a_{ik} - A_k = 0, \quad k=1,E \qquad (6.2.15)$$

$$\sum_i^{K} \exp(\ln n_i^{(l)}) z_i = 0. \qquad (6.2.16)$$

---

[3] Im Folgenden wird zur Vereinfachung der Indizierung von einem System mit einer einzigen flüssigen Phase ausgegangen. Alle festen Phasen werden als Reinstoffe betrachtet. Weiterhin wird auf die Unterscheidung zwischen K_g, K_l und K_s verzichtet.

Das Gleichungssystem (6.2.9) bis (6.2.11), (6.2.15) und (6.2.16) kann, genau wie das der K-Wert-Methode, unter Verwendung bekannter Rechenverfahren zur Lösung nichtlinearer Gleichungssysteme wie z.B. der Methoden von *Levenberg, Marquardt* oder *Powell* (Quasi-Newton-Verfahren) unter Vorgabe geeigneter Startwerte für die Einzelstoffmengen aller Spezies in den auftretenden Phasen und die Lagrangeschen Multiplikatoren iterativ gelöst werden.

Alternativ dazu können die Exponenzialfunktionen in den Gln. (6.2.15) und (6.2.16) auch in Form einer Taylorentwicklung erster Ordnung gemäß

$$\exp(\ln n_i) = \exp(\ln n_{i,0})(1 + \ln n_i - \ln n_{i,0}) = n_{i,0}(1 + \ln n_i - \ln n_{i,0}) \qquad (6.2.17)$$

um einen Basiswert (Startwert) $\ln n_{i,0}$ linearisiert werden. Damit erhält man für die Atombilanzen und die Elektroneutralitätsbeziehung

$$\sum_i^K \{ n_{i,0}^{(g)} \ln n_i^{(g)} + n_{i,0}^{(l)} \ln n_i^{(l)} + n_{i,0}^{(s)} \ln n_i^{(s)} \} a_{ik} = C_k, \qquad k=1,E \qquad (6.2.18)$$

$$\sum_i^K n_{i,0}^{(l)} \ln(n_i^{(l)}) z_i = C_e \qquad (6.2.19)$$

mit

$$C_k = A_k - \sum_i^K \{ n_{i,0}^{(g)}(1 - \ln n_{i,0}^{(g)}) + n_{i,0}^{(l)}(1 - \ln n_{i,0}^{(l)}) + n_{i,0}^{(s)}(1 - \ln n_{i,0}^{(s)}) \} a_{ik}, \qquad (6.2.20)$$

$$C_e = -\sum_i^K n_{i,0}^{(l)}(1 - \ln n_{i,0}^{(l)}) z_i. \qquad (6.2.21)$$

Da die Stoffmengen in den chemischen Potenzialen ebenfalls in logarithmischer Form auftreten, erhält man unter Vernachlässigung der Konzentrationsabhängigkeit der Fugazitäts- und Aktivitätskoeffizienten auf diese Weise ein lineares Gleichungssystem, das unter Vorgabe der Stoffmengen $n_{i,0}$ aller auftretenden Komponenten mit Hilfe des *Gauß*-Algorithmus iterativ gelöst werden kann. Die in jedem Iterationsschritt neu berechneten Einzelstoffmengen n_i können dabei in der nächsten Iteration als neue Basiswerte $n_{i,0}$ verwendet werden (direkte Substitution). Gleichzeitig können mit Hilfe dieser Werte die Fugazitäts- und Aktivitätskoeffizienten in jedem Iterationsschritt aktualisiert werden. Der Vorteil dieser Vorgehensweise besteht u. a. darin, dass für die stets nur linear auftretenden Lagrangeschen Multiplikatoren keine Taylorentwicklung und daher auch keine Startwerte benötigt werden. Ein weiterer praktischer Vorteil resultiert aus der Tatsache, dass die möglicherweise in den Atombilanzen und der Elektroneutralitätsbeziehung vorhandenen linearen Abhängigkeiten auf Grund der Taylorentwicklung verschwinden und stattdessen der entsprechende Lagrangesche Multiplikator während der iterativen Rechnung durch das Gauß-Verfahren automatisch zu Null gesetzt wird.

Zur Reduktion des Rechenaufwands erweist es sich weiterhin als vorteilhaft, die unbekannten Einzelstoffmengen aus dem Gleichungssystem zu eliminieren. Dazu vernachlässigt man zunächst in jedem Iterationsschritt die Konzentrationsabhängigkeit der Fugazitäts- und Aktivitätskoeffizienten. Unter dieser Voraussetzung können die chemischen Potenziale in jeder Mischphase p in die allgemeine Form

$$\mu_i^{(p)}/RT = K_i^{(p)} + \ln x_i^{(p)} = K_i^{(p)} + \ln n_i^{(p)} - \ln n^{(p)} \qquad (6.2.22)$$

überführt werden. Für die Gesamtstoffmenge der Phase p gilt dabei die Summenbeziehung

$$n^{(p)} = \sum_i^K n_i^{(p)}. \qquad (6.2.23)$$

Für die „Konstanten" $K_i^{(g)}$ und $K_i^{(l)}$ in der Gas- und Flüssigphase folgt aus Gl. (2.8.1) bzw. (2.8.7)

$$K_i^{(g)} = \mu_{0i}^{ig}(T, p^0)/RT + \ln(\phi_i^g p/p^0), \qquad (6.2.24)$$

$$K_i^{(l)} = \mu_{0i}^{ig}(T, p^0)/RT + \ln(\gamma_i^0 \phi_{0i}^{lv} p_{0i}^{lv}/p^0) + \frac{1}{RT}\int_{p_{0i}^{lv}}^{p} v_{0i}^l \, dp, \qquad (6.2.25)$$

bzw. unter Bezugnahme auf die reine Flüssigkeit, Gl. (2.8.2),

$$K_i^{(l)} = \mu_{0i}^l(T, p^0)/RT + \ln\gamma_i^0 + \frac{1}{RT}\int_{p^0}^{p} v_{0i}^l \, dp. \qquad (6.2.26)$$

Analoge Beziehung folgen aus Gl. (2.8.13) und (2.8.14) für feste Mischphasen. Für die Ionen ergibt sich aus Gl. (2.8.10)

$$K_i^{(l)} = \mu_i^{*,m}/RT + \ln\left(\frac{\gamma_i^{*,m}}{x_{LM}} \frac{1000}{m^* M_{LM}}\right) + \frac{1}{RT}\int_{p^0}^{p} v_i^* \, dp. \qquad (6.2.27)$$

Einsetzen der Gl. (6.2.22) in Gl. (6.2.9) und (6.2.10) liefert für die Einzelstoffmengen:

$$\ln n_i^{(g)} = \ln n^{(g)} - \sum_k^E \widetilde{\lambda}_k a_{ik} - K_i^{(g)}, \qquad (6.2.28)$$

$$\ln n_i^{(l)} = \ln n^{(l)} - \sum_k^E \widetilde{\lambda}_k a_{ik} - K_i^{(l)} - \widetilde{\lambda}_e z_i \qquad (6.2.29)$$

mit $\widetilde{\lambda} \equiv \lambda/RT$ als dimensionslose Lagrangesche Multiplikatoren. Durch Einsetzen dieser Beziehungen in die linearisierten Atombilanzen, Gl (6.2.18), die linearisierte Elektroneutralitätsbeziehung, Gl. (6.2.19), sowie in die linearisierten Summenbeziehungen (6.2.23)

$$n_0^{(g)} \left(1 + \ln n^{(g)} - \ln n_0^{(g)}\right) = \sum_i^K \left\{ n_{i,0}^{(g)} \left(1 + \ln n_i^{(g)} - \ln n_{i,0}^{(g)}\right) \right\}, \qquad (6.2.30)$$

$$n_0^{(l)} \left(1 + \ln n^{(l)} - \ln n_0^{(l)}\right) = \sum_i^K \left\{ n_{i,0}^{(l)} \left(1 + \ln n_i^{(l)} - \ln n_{i,0}^{(l)}\right) \right\} \qquad (6.2.31)$$

erhält man zusammen mit Gl. (6.2.12) ein Gleichungssystem, in dem nun nur noch die Logarithmen der Gesamtstoffmengen aller koexistierenden Phasen und die $E{+}1$ Lagrangeschen Multiplikatoren als Variablen auftreten. Tabelle 6.4 und 6.5 zeigen die Koeffizientenmatrix und die rechte Seite des Gleichungssystems. Durch die Variablenreduktion kann der Rechenzeit- und Speicherplatzbedarf insbesondere bei Systemen mit einer sehr hohen Komponentenzahl deutlich reduziert werden. Die Einzelstoffmengen und Konzentrationen werden nach jedem Iterationsschritt unter Verwendung der aktuellen Werte für die Gesamtstoffmengen und die Lagrangeschen Multiplikatoren aus Gl. (6.2.28) und (6.2.29) berechnet. Zur Initialisierung des Gleichungssystems werden die „Konstanten" für die Gas- und Flüssigphase unter der Annahme des Idealgas- bzw. des idealen Lösungsverhaltens, d.h. $\phi_i = \gamma_i^0 = \gamma_i^{*,m} = 1$, berechnet. In jedem weiteren Rechenschritt werden die „Konstanten" dann mit Hilfe der in der vorangegangenen Iteration berechneten Variablen aktualisiert.

Bei Verwendung der logarithmischen Iterationsvariablen zeigt das Rechenverfahren mit der hier vorgestellten Variablenreduktion und dem Gauß-Algorithmus ein ausgesprochen gutes Konvergenzverhalten. Generell gilt, dass der Konvergenzradius mit steigender Komplexität des betrachteten thermodynamischen Systems abnimmt. Einphasige, insbesondere gasförmige oder nahezu ideale Multikomponentengemische konvergieren entsprechend dieser Erfahrung auch mit ausgesprochen schlechten Startwerten. Dasselbe gilt für Systeme mit einer Gas- oder einer Flüssigphase und einigen reinen Feststoffen. Die größten Schwierigkeiten bereitet typischerweise die Verteilung der vorgegebenen Stoffmengen auf eine Gas- und eine stark vom idealen Mischungsverhalten abweichende Flüssigphase sowie insbesondere die Behandlung mehrerer flüssiger oder fester Mischphasen. Der Grund hierfür liegt in dem zunehmenden Einfluss der Aktivitätskoeffizienten, der insbesondere bei Entmischungen, die durch stark unterschiedliche Aktivitätskoeffizienten einzelner oder gar aller Komponenten gekennzeichnet sind, sehr hoch ist. Da die Konzentrationsabhängigkeit der Aktivitätskoeffizienten in den Iterationen nicht explizit berücksichtigt wird, sondern die Berechnung in jeder Iteration mit den im vorangegangenen Schritt berechneten Konzentrationen erfolgt, wird die Konvergenz mit Zunahme der Abweichungen vom idealen Lösungsverhalten der flüssigen Mischphase deutlich schlechter. Eine Verbesserung des Konvergenzverhaltens kann hier durch eine zusätzliche Linearisierung der Konzentrationsabhängigkeit des eingesetzten Aktivitätskoeffizientenmodells erreicht werden. Die Konvergenz des Rechenverfahrens wird dann von Seiten der Aktivitätskoeffizienten nur noch durch die Nichtlinearität der Konzentrationsabhängigkeit beeinflusst.

Tabelle 6.4. Koeffizientenmatrix des linearisierten Gleichungssystems

Variable: Gleichung	$-\widetilde{\lambda}_1$	$-\widetilde{\lambda}_2$	...	$-\widetilde{\lambda}_E$	$-\widetilde{\lambda}_e$	$\ln n^{(g)}$	$\ln n^{(l)}$	$\ln n_1^{(s)}$	...	$\ln n_K^{(s)}$
Atom- bilanz 1:	$\sum_i^K a_{i1}\,a_{i1}(n_{i,0}^{(g)}+n_{i,0}^{(l)})$	$\sum_i^K a_{i1}\,a_{i2}(n_{i,0}^{(g)}+n_{i,0}^{(l)})$	...	$\sum_i^K a_{i1}\,a_{iE}(n_{i,0}^{(g)}+n_{i,0}^{(l)})$	$\sum_i^K a_{i1}\,n_{i,0}^{(l)}\,z_i$	$\sum_i^K a_{i1}n_{i,0}^{(g)}$	$\sum_i^K a_{i1}n_{i,0}^{(l)}$	$a_{11}\,n_{1,0}^{(s)}$		$a_{K1}\,n_{K,0}^{(s)}$
Atom- bilanz 2:	$\sum_i^K a_{i2}\,a_{i1}(n_{i,0}^{(g)}+n_{i,0}^{(l)})$	$\sum_i^K a_{i2}\,a_{i2}(n_{i,0}^{(g)}+n_{i,0}^{(l)})$	...	$\sum_i^K a_{i2}\,a_{iE}(n_{i,0}^{(g)}+n_{i,0}^{(l)})$	$\sum_i^K a_{i2}\,n_{i,0}^{(l)}\,z_i$	$\sum_i^K a_{i2}\,n_{i,0}^{(g)}$	$\sum_i^K a_{i2}\,n_{i,0}^{(l)}$	$a_{12}\,n_{1,0}^{(s)}$		$a_{K2}\,n_{K,0}^{(s)}$
⋮	⋮	⋮		⋮	⋮	⋮	⋮	⋮		⋮
Atom- bilanz E:	$\sum_i^K a_{iE}\,a_{i1}(n_{i,0}^{(g)}+n_{i,0}^{(l)})$	$\sum_i^K a_{iE}\,a_{i2}(n_{i,0}^{(g)}+n_{i,0}^{(l)})$	...	$\sum_i^K a_{iE}\,a_{iE}(n_{i,0}^{(g)}+n_{i,0}^{(l)})$	$\sum_i^K a_{iE}\,n_{i,0}^{(l)}\,z_i$	$\sum_i^K a_{iE}\,n_{i,0}^{(g)}$	$\sum_i^K a_{iE}\,n_{i,0}^{(l)}$	$a_{1E}\,n_{1,0}^{(s)}$		$a_{KE}\,n_{K,0}^{(s)}$
Elektro- neutrali- tätsbez.:	$\sum_i^K n_{i,0}^{(l)}\,z_i\,a_{i1}$	$\sum_i^K n_{i,0}^{(l)}\,z_i\,a_{i2}$	...	$\sum_i^K n_{i,0}^{(l)}\,z_i\,a_{iE}$	$\sum_i^K n_{i,0}^{(l)}\,z_i^2$	0	$\sum_i^K n_{i,0}^{(l)}\,z_i$	0		0
Summen- bez. Gas:	$\sum_i^K n_{i,0}^{(g)}\,a_{i1}$	$\sum_i^K n_{i,0}^{(g)}\,a_{i2}$	...	$\sum_i^K n_{i,0}^{(g)}\,a_{iE}$	0	0	0	0		0
Summen- bez. Flüs- sigkeit:	$\sum_i^K n_{i,0}^{(l)}\,a_{i1}$	$\sum_i^K n_{i,0}^{(l)}\,a_{i2}$	...	$\sum_i^K n_{i,0}^{(l)}\,a_{iE}$	$\sum_i^K n_{i,0}^{(l)}\,z_i$	0	0	0		0
Gl.(6.2.12)	a_{i1}	a_{i2}		a_{iE}	0	0	0	0		0

Tabelle 6.5. rechte Seite des linearisierten Gleichungssystems

Atombilanz 1:	$A_1 - \sum_i^K \{ n_{i,0}^{(l)}(1 - \ln n_{i,0}^{(l)} - K_i^{(l)}) + n_{i,0}^{(g)}(1 - \ln n_{i,0}^{(g)} - K_i^{(g)}) + n_{i,0}^{(s)}(1 - \ln n_{i,0}^{(s)}) \} a_{i1}$
Atombilanz 2:	$A_2 - \sum_i^K \{ n_{i,0}^{(l)}(1 - \ln n_{i,0}^{(l)} - K_i^{(l)}) + n_{i,0}^{(g)}(1 - \ln n_{i,0}^{(g)} - K_i^{(g)}) + n_{i,0}^{(s)}(1 - \ln n_{i,0}^{(s)}) \} a_{i2}$
$\vdots$	$\vdots$
Atombilanz E:	$A_E - \sum_i^K \{ n_{i,0}^{(l)}(1 - \ln n_{i,0}^{(l)} - K_i^{(l)}) + n_{i,0}^{(g)}(1 - \ln n_{i,0}^{(g)} - K_i^{(g)}) + n_{i,0}^{(s)}(1 - \ln n_{i,0}^{(s)}) \} a_{iE}$
Elektroneutralitätsbeziehung:	$\sum_i^K n_{i,0}^{(l)} z_i \{ \ln n_{i,0}^{(l)} - 1 + K_i^{(l)} \}$
Summenbeziehung Gas:	$\sum_i^K n_{i,0}^{(g)} (\ln n_{i,0}^{(g)} + K_i^{(g)}) - n_0^{(g)} \ln n_0^{(g)}$
Summenbeziehung Flüssigkeit:	$\sum_i^K n_{i,0}^{(l)} (\ln n_{i,0}^{(l)} + K_i^{(l)}) - n_0^{(l)} \ln n_0^{(l)}$
Gl. (6.2.12) für alle Feststoffe i:	μ_{0i}^{s} / RT

Zu Beginn einer Gleichgewichtsberechnung müssen für alle möglichen Komponenten in allen zu erwartenden Phasen Startwerte vorgegeben werden. Die Anzahl der maximal koexistierenden Phasen $P_{\max}$ ist durch die Gibbssche Phasenregel gegeben. Danach gilt bei Vorgabe der beiden Freiheitsgrade Druck und Temperatur, d.h. $F = 2$, für ein System mit K Komponenten und R unabhängigen Reaktionen

$$\text{Nichtelektrolyte}: \quad P_{\max} \ = \ K - R$$
$$\text{Elektrolyte}: \quad P_{\max} \ = \ K - R - 1$$

Berücksichtigt man, dass sich die Anzahl der unabhängigen Reaktionsgleichungen aus der Differenz zwischen den auftretenden Komponenten und der Anzahl E der linear unabhängigen Atombilanzen berechnet, d.h.

$$R \ = \ K - E, \tag{6.2.32}$$

so folgt für die maximale Anzahl der in einem reaktiven System unter Vorgabe von T und p im Gleichgewicht auftretenden Phasen

$$\text{Nichtelektrolyte}: \quad P_{\max} \ = \ E$$
$$\text{Elektrolyte}: \quad P_{\max} \ = \ E - 1$$

Im Laufe der Iteration erreichen Komponenten und Phasen, die im thermodynamischen Gleichgewicht nicht existieren, Werte unterhalb der Rechengenauigkeit. Dies ist bezüglich einzelner Komponenten in einer Mischphase unkritisch, da nicht die Einzelstoffmengen, sondern die Gesamtstoffmengen der Mischphasen als Iterationsvariablen verwendet werden. Phasen, deren Gesamtstoffmengen während der Iteration einen Wert unterhalb der Rechengenauigkeit erreichen, müssen jedoch zur Vermeidung von Singularitäten in der während der Iteration ständig neu zu berechnenden Koeffizientenmatrix vollständig aus dem Gleichungssystem eliminiert werden. Dies kann zu fehlerhaften Resultaten führen, da durch eine falsche Elimination von Phasen als Ergebnis instabile Phasen, wie z.B. übersättigte Flüssigkeiten berechnet werden. Dasselbe gilt selbstverständlich für Rechnungen, bei denen schon zu Beginn der Rechnung zu wenig Phasen vorgegeben wurden. Aus diesem Grund ist nach Abschluss jeder Gleichgewichtsrechnung stets die Stabilität der einzelnen Phasen, insbesondere die der Flüssigkeit, zu überprüfen. Als Kriterium für die stoffliche Stabilität einer Mischphase p folgt aus der im zweiten Hauptsatz der Thermodynamik formulierten Bedingung für das Entropiemaximum,

$$\mathrm{d}^2 S \ < \ 0, \tag{6.2.33}$$

für ein System mit K Komponenten bei konstanter Temperatur und konstantem Druck folgende Beziehung

$$
D = \begin{vmatrix}
\dfrac{\partial^2 G^{(p)}}{\partial x_1^{(p)^2}} & \dfrac{\partial^2 G^{(p)}}{\partial x_1^{(p)} \, \partial x_2^{(p)}} & \cdots & \dfrac{\partial^2 G^{(p)}}{\partial x_1^{(p)} \, \partial x_{K-1}^{(p)}} \\[3ex]
\dfrac{\partial^2 G^{(p)}}{\partial x_2^{(p)} \, \partial x_1^{(p)}} & \dfrac{\partial^2 G^{(p)}}{\partial x_2^{(p)} \, \partial x_2^{(p)}} & \cdots & \dfrac{\partial^2 G^{(p)}}{\partial x_2^{(p)} \, \partial x_{K-1}^{(p)}} \\[3ex]
\vdots & \vdots & \ddots & \vdots \\[3ex]
\dfrac{\partial^2 G^{(p)}}{\partial x_{K-1}^{(p)} \, \partial x_1^{(p)}} & \dfrac{\partial^2 G^{(p)}}{\partial x_{K-1}^{(p)} \, \partial x_2^{(p)}} & \cdots & \dfrac{\partial^2 G^{(p)}}{\partial x_{K-1}^{(p)} \, \partial x_{K-1}^{(p)}}
\end{vmatrix} \geq 0
\tag{6.2.34}
$$

Das Gleichheitszeichen definiert dabei die Stabilitätsgrenze (Spinodalkurve).

Ist das Stabilitätskriterium für eine oder mehrere Phasen der berechneten Systemzusammensetzung nicht erfüllt, so müssen unter Vorgabe neuer Startwerte und ggf. weiterer Phasen neue Rechnungen durchgeführt werden. Hinweise, ob zusätzliche flüssige oder weitere feste Phasen zu berücksichtigen sind, können dabei aus den Ergebnissen nicht abgeleitet werden. Die Erfahrung lehrt, dass das Auftreten von mehr als drei flüssigen Phasen sehr unwahrscheinlich ist. Zur Vermeidung der Elimination der Gasphase ist es bei der Suche nach neuen Phasen ratsam, dem System während der Iteration einen geringen Anteil einer chemisch inerten, sich ideal verhaltenden Komponente, die nur in der Gasphase auftreten kann, hinzuzufügen. Die Lösung, die schließlich das Stabilitätskriterium erfüllt, weist im Vergleich zu den instabilen Lösungen den niedrigsten Wert der Gibbs-Energie des Gesamtsystems auf.

Die numerische Berechnung der zweiten Ableitungen nach den Konzentrationen in Gl. (6.2.34) stellt ein erhebliches Genauigkeitsproblem dar. Insbesondere bei gemischten Ableitungen, bei denen sich die Konzentrationen um mehrere Dekaden in der Größe voneinander unterscheiden, ist eine hinreichend genaue numerische Approximation selbst in 64bit-Darstellung nicht möglich. In der Praxis werden daher in der Regel andere Formulierungen zur Überprüfung der Phasenstabilität verwendet. Eine besonders einfache Möglichkeit existiert im Rahmen der Gibbs-Minimierung für die Stabilitätsuntersuchung einer flüssigen Mischphase auf eine Übersättigung an Feststoffen, die als Reinstoff auskristallisieren. In diesem Anwendungsfall, der in Elektrolytlösungen häufig auftritt, wird die Ableitung der Lagrange-Funktion nach der Stoffmenge des Feststoffes, dessen Bildung untersucht werden soll, als Stabilitätskriterium verwendet. Nach Gl. (6.2.6) und (6.2.12) gilt dafür

$$
\frac{1}{RT} \frac{\partial L}{\partial n_{0i}^{(s)}} = \frac{\mu_{0i}^s}{RT} + \sum_{k}^{E_s} \widetilde{\lambda}_k \, a_{ik} \, .
\tag{6.2.35}
$$

Ist der Gradient negativ, so führt die Bildung des Feststoffes i zur einer Verringerung der Lagrange-Funktion und damit auch zu einer Abnahme der freien Enthalpie des Gesamtsystems. Ein negativer Gradient ist damit ein deutliches Anzeichen für eine hinsichtlich des Feststoffes i übersättigte Lösung. Ein positiver Gradient zeigt dagegen, dass für den betreffenden Feststoff kein Bildungspotenzial existiert. Im Falle der Sättigung wird der Gradient nach Gl. (6.2.12) Null. Aus dieser Überlegung ergibt sich folgende systematische Vorgehensweise zur Untersuchung des Auftretens reiner Feststoffe:

1. Durchführung einer Gleichgewichtsrechnung ohne Feststoffe und anschließende Berechnung der Gradienten aller potenziell auftretenden Feststoffe gemäß Gl. (6.2.35).

2. Im nächsten Schritt wird der Feststoff mit dem negativsten Gradienten in der Gleichgewichtsrechnung berücksichtigt. Als Ergebnis erhält man neben der Gas- und Flüssigphase nun zusätzlich den entsprechenden Feststoff sowie wiederum alle Gradienten. Da sich die Zusammensetzung der Flüssigkeit und damit auch die Lagrangeschen Multiplikatoren geändert haben, ergeben sich nach Gl. (6.2.35) auch andere Gradienten als im ersten Schritt. Der Gradient des gebildeten Feststoffes ist im Rahmen der Rechengenauigkeit Null.

3. In den folgenden Schritten werden nun sukzessiv alle Feststoffe mit negativen Gradienten in der Gibbs-Minimierung berücksichtigt. Dabei wird stets die Komponente mit dem negativsten Gradienten und demzufolge größten Bildungspotenzial als Nächste gewählt. Wenn alle negativen Gradienten verschwunden sind, ist die Lösung stabil und das Minimum der freien Enthalpie erreicht.

Auf diese Weise kann im Rahmen der Gibbs-Minimierung eine schnelle und systematische Suche nach koexistierenden reinen Feststoffen durchgeführt werden. Analog dazu kann bei Systemen mit mehreren Lösungsmitteln auch die Existenz einer weiteren reinen flüssigen Phase, die aus einem der in der Mischung enthaltenen Lösungsmitteln gebildet wird, überprüft werden. Da zur Auswertung von Gl. (6.2.35) keine neuen Größen berechnet werden müssen, ist deren Anwendung mit keinem zusätzlichen Rechenaufwand verbunden.

Im Rahmen der Gibbs-Minimierung können durch Einführung zusätzlicher Zwangsbedingungen in Gl. (6.2.5) auch Abweichungen vom Gleichgewicht berücksichtigt werden (White u. Seider 1981). Auf diese Weise kann z.B. die Stoffmenge einer Komponente auf einen festen Wert gesetzt werden oder die Kinetik einzelner Reaktionen berücksichtigt werden. Die vollständiger Hemmung einer Reaktion kann auch ohne Erweiterung des Gleichungssystems durch geschickte Formulierung der Atomzusammensetzung der Komponenten erreicht werden. Beispielsweise kann zur Unterscheidung gehemmter und ungehemmter Oxidationsreaktionen neben dem aktiven Sauerstoff auch eine inaktive Sauerstoffspezies eingeführt werden. Durch entsprechende Verteilung dieser unterschiedlichen Sauerstoffatome auf die Komponenten können bestimmte Oxidationsreaktionen unterbunden werden (s. Beispiel 6.4).

Unter der Voraussetzung, dass die Logarithmen der Stoffmengen als Iterationsvariablen verwendet werden, ist das Konvergenzverhalten der K-Wert-Methode und der Gibbs-Minimierung etwa gleich gut. Die Gibbs-Minimierung bietet den Vorteil, dass kein Reaktionssystem formuliert werden muss. Die Bestimmung der Lagrangeschen Multiplikatoren ist dabei keine zusätzliche Schwierigkeit, da diese nur in linearer Form auftreten. Andererseits kann die Formulierung eines linear unabhängigen Reaktionsgleichungssystems bei Vorgabe der auftretenden Komponenten aus deren Bildungsreaktionen mit Hilfe eines einfachen Algorithmus automatisch erfolgen und stellt damit keinen grundsätzlichen Nachteil der K-Wert-Methode dar (Smith u. Missen 1982). Beide Methoden erlauben darüber hinaus die Berücksichtigung von Abweichungen vom chemischen Gleichgewicht, so dass K-Wert-Methode und Gibbs-Minimierung hinsichtlich ihrer Anwendung auf komplexe Systeme insgesamt als gleichwertige Berechnungsmethoden zu betrachten sind. Nur bei einfachen Handrechnungen ist der K-Wert-Methode eindeutig der Vorzug zu geben.

6.3 Beispiele für komplexe Gleichgewichte

Eine wesentliche Voraussetzung für jede Gleichgewichtsrechnung ist die Berücksichtigung aller relevanten Spezies des betrachteten thermodynamischen Systems. Die Vernachlässigung wichtiger Komponenten führt in aller Regel zu substanziellen Fehlern in der Berechnung. Umgekehrt ist die Berücksichtigung von Spezies, die auf Grund der Gleichgewichtslage nicht oder nur in verschwindend geringer Konzentration auftreten, unproblematisch, da deren Stoffmengenanteil in der Rechnung korrekt bestimmt werden kann. Daraus ergibt sich als Grundregel, dass in einer komplexen Gleichgewichtsrechnung zunächst alle Spezies, die auf Grund ihrer Atomzusammensetzung gebildet werden können, berücksichtigt werden sollten. Diese oftmals sehr hohe Anzahl potenzieller Komponenten reduziert sich in der Praxis auf die Spezies, für die die notwendigen Stoffwerte vorhanden sind. Durch Vergleich mit Messwerten und chemischem a-priori Wissen muss auf Grund dieser Einschränkung stets überprüft werden, ob die verfügbare Datenbasis ausreicht, um sinnvolle Ergebnisse zu liefern. Andererseits können beim Vorliegen reaktionskinetischer Hemmungen nur durch das gezielte Weglassen einzelner Komponenten oder Reaktionen realistische Resultate erzielt werden. Der kritische Vergleich mit allen für das jeweilige System oder dessen Teilsysteme vorliegenden Daten und die Einkopplung empirischer Erfahrungen ist daher bei der Berechnung komplexer Gleichgewichte unverzichtbar.

Bei der Verwendung parametrisierter Aktivitätskoeffizientenmodelle ist zu beachten, dass die Parameter jedes Modells fest mit der bei der Anpassung verwendeten Spezifizierung und den dazugehörigen Stoffeigenschaften verknüpft sind. Eine Veränderung der Spezifizierung durch Reduzierung der Komponentenanzahl oder Hinzunahme weiterer Spezies sowie die Verwendung verbesserter Stoffwerte erfordert daher in der Regel eine Neuanpassung aller Wechselwirkungsparameter. Abschließend sei angemerkt, dass selbst die große Vielzahl von Spezies, für die heute Stoffdaten zur Verfügung stehen, nur einen kleinen Ausschnitt der insgesamt existierenden Komponenten darstellt. Die „wahre Spezifizierung" einer Mehrkomponenten-Elektrolytlösung ist in aller Regel unbekannt. Die Auswahl der in einer Gleichgewichtsrechnung zu berücksichtigenden Komponenten ist damit, genau wie der Aktivitätskoeffizientenansatz und die Stoffdaten, ein Bestandteil des thermodynamischen Modells. Erfahrungsgemäß verbessert sich die Güte der Korrelation und die Extrapolationsfähigkeit des Modells dabei mit zunehmendem Detaillierungsgrad der Spezifizierung.

Beispiel 6.1

In einer wässerigen CO_2-haltigen Lösung ($m_{CO_2,tot} = 1$ mol kg^{-1}) wird Ammoniak (NH_3) gelöst. Die pauschale Molalität des NH_3 im Gleichgewicht wird dabei zwischen 0 und 3 mol kg^{-1} variiert.

Welche Zusammensetzung in der wässerigen Phase und welcher Gesamtdruck stellt sich bei 80° C jeweils ein? Diskutieren Sie die Änderung des Systemdruckes auf Basis der Spezifizierung in der wässerigen Phase. Vernachlässigen Sie dabei zunächst die Aktivitätskoeffizienten, d.h. $G^E = 0$. Wiederholen Sie anschließend die Gleichgewichtsrechnungen unter Verwendung des G^E-Modells von Pitzer. Welche Unterschiede ergeben sich?

Bei allen Rechnungen soll von einer idealen Gasphase ausgegangen werden. Die Poynting-Korrektur werde vernachlässigt.

Stoffdaten:

Henry – Konstanten:

$$H^m_{NH_3,H_2O}(80°C, p^{lv}_{0,H_2O}) = 14{,}0407 \text{ kPa kg mol}^{-1}; \quad v^\infty_{NH_3,H_2O} = 32{,}3 \text{ cm}^3 \text{ mol}^{-1}$$

$$H^m_{CO_2,H_2O}(80°C, p^{lv}_{0,H_2O}) = 8156{,}69 \text{ kPa kg mol}^{-1}; \quad v^\infty_{CO_2,H_2O} = 36{,}6 \text{ cm}^3 \text{ mol}^{-1}$$

Reinstoffdampfdruck:

$$p^{lv}_{0,H_2O}(80°C) = 47{,}3635 \text{ kPa}$$

Gleichgewichtskonstanten:

$\ln K_{R1}(80°C) = -14{,}5524; \qquad \ln K_{R2}(80°C) = -23{,}3038$

$\ln K_{R3}(80°C) = -10{,}9888; \qquad \ln K_{R4}(80°C) = -0{,}39991$

$\ln K_{R5}(80°C) = -29{,}0141$

Tabelle B6.1. Wechselwirkungsparameter für das Pitzer-Modell $(t = 80°C)^{[4]}$

Spezies i, j	$\beta_{ij}^{(0)}$	$\beta_{ij}^{(1)}$
H^+, OH^-	0,2080	0,6545
H^+, HCO_3^-	0,0710	0,2353
H^+, CO_3^{2-}	0,0860	0,2812
H^+, NH_2COO^-	0,1980	0,6239
NH_4^+, OH^-	0,0600	0,2016
NH_4^+, HCO_3^-	-0,0435	-0,1151
NH_4^+, CO_3^{2-}	-0,062	0
NH_4^+, NH_2COO^-	0,0505	0,1725
NH_3, H^+	0,0150	0
NH_3, NH_4^+	0,0117	-0,0200
NH_3, OH^-	0,0321	0
NH_3, HCO_3^-	-0,0816	0,4829
NH_3, CO_3^{2-}	0,0680	0
CO_2, H^+	0,0330	0
CO_2, NH_4^+	0,000716	0
CO_2, OH^-	0,0483	0
CO_2, NH_2COO^-	0,0170	0
NH_3, CO_2	-0,0305	0
NH_3, NH_3	0,0088	0
CO_2, CO_2	-0,0697	0

Lösung:

Die simultane Absorption von NH_3 und CO_2 in Wasser lässt sich als kombiniertes Phasen- und Reaktionsgleichgewicht klassifizieren. Neben der physikalischen Absorption von Ammoniak und Kohlendioxid nach

$$NH_3(g) \;\rightleftharpoons\; NH_3(aq),$$

$$CO_2(g) \;\rightleftharpoons\; CO_2(aq)$$

und der Verdunstung des Lösungsmittels

$$H_2O(g) \;\rightleftharpoons\; H_2O(l)$$

---

[4] Der vollständige Parametersatz wurde aus Maurer (1980) übernommen. Für höhere Genauigkeitsansprüche sei auf neuere Publikationen mit Messwerten zum genannten Stoffsystem verwiesen (z.B. Rumpf et al. 1997).

sind darüber hinaus weitere chemische Reaktionen in der wässerigen Phase zu berücksichtigen. Die Hydrolyse des Kohlendioxids,

$$CO_2(aq) + H_2O(l) \rightleftharpoons H^+ + HCO_3^-, \qquad (R1)$$

sowie die Dissoziation des entstehenden Hydrogencarbonats zu Carbonat,

$$HCO_3^- \rightleftharpoons H^+ + CO_3^{2-}, \qquad (R2)$$

führen zu einer Freisetzung von H^+-Ionen. Es ist daher ein saurer pH-Wert im binären System aus CO_2 und Wasser zu erwarten. Demgegenüber hydrolysiert Ammoniak alkalisch nach

$$NH_3(aq) + H_2O(l) \rightleftharpoons NH_4^+ + OH^-. \qquad (R3)$$

Die simultane Absorption von NH_3 und CO_2 sollte sich daher gegenseitig positiv beeinflussen. Dies gilt umso mehr, als eine zusätzliche chemische Wechselwirkung beobachtet wird, die zur Bildung von Carbamat-Ionen führt

$$NH_3(aq) + HCO_3^- \rightleftharpoons NH_2COO^- + H_2O(l). \qquad (R4)$$

Schließlich muss die Dissoziation des Lösungsmittels nach

$$H_2O(l) \rightleftharpoons H^+ + OH^- \qquad (R5)$$

berücksichtigt werden.

Im thermodynamischen Gleichgewicht treten somit die 12 Komponenten $CO_2(g)$, $NH_3(g)$, $H_2O(g)$, $CO_2(aq)$, $NH_3(aq)$, $H_2O(l)$, H^+, NH_4^+, OH^-, HCO_3^-, CO_3^{2-} und NH_2COO^- auf. Um das Gleichgewichtsverhalten des komplexen Stoffsystems besser zu verstehen, ist es sinnvoll, systematische Parameterstudien durchzuführen. Wesentliche Einflüsse auf das Phasengleichgewicht werden im vorliegenden Konzentrationsbereich durch die chemischen Reaktionen bewirkt. Für ein qualitatives Verständnis dieser Effekte wird zunächst das ideale Stoffmodell zu Grunde gelegt.

Die Gleichgewichtsrechnung soll nach der K-Wert-Methode in intensiven Zustandsgrößen durchgeführt werden. Entsprechend der Gibbsschen Phasenregel ist hierzu die Vorgabe von

$$F = K - P + 1 - R = 9 - 2 + 1 - 5 = 3$$

intensiven Zustandsgrößen erforderlich. Als solche werden, entsprechend der Aufgabenstellung, die Temperatur T sowie die pauschalen Molalitäten von Ammoniak ($m_{NH_3, tot}$) und Kohlendioxid ($m_{CO_2, tot}$) gewählt. Da ausschließlich Konzentrationen in der flüssigen Phase vorgegeben werden, ist eine Entkopplung der Berechnung des Phasengleichgewichts von der des chemischen Gleichgewichts möglich. Ist die Zusammensetzung der wässerigen Phase bekannt, so ergeben sich die Partialdrücke aus den Beziehungen für das Phasengleichgewicht, Gl. (3.1.10) und Gl. (3.1.21b).

Zur Konvertierung in die pseudo-extensive Formulierung kann – wie in Abschn. 6.1 ausgeführt – eine Stoffmenge willkürlich vorgegeben werden. Aus Gründen der Vereinfachung wird

$$n_{H_2O}^{(l)} = 55{,}509 \ \text{mol}$$

gewählt. Hierdurch werden Molalitäten und Stoffmengen betragsmäßig identisch. Die vorgegebenen pauschalen Molalitäten entsprechen damit den im Gleichgewicht gelösten Stoffmengen an Kohlenstoff und Stickstoff in der flüssigen Phase. Sie legen den Atomvorrat in der flüssigen Phase fest, der sich auf die einzelnen Komponenten im thermodynamischen Gleichgewicht so aufteilt, dass sich das Minimum der freien Enthalpie des Gesamtsystems einstellt.

Durch Einführung von Reaktionslaufzahlen erhält man als Beschreibung der Reaktionsstöchiometrie das folgende Gleichungssystem:

$$
\begin{aligned}
n_{CO_2(aq)} &= m_{CO_2,\,tot} &&- \xi_{R1} \\[4pt]
n_{NH_3(aq)} &= m_{NH_3,\,tot} && &&- \xi_{R3} &&- \xi_{R4} \\[4pt]
n_{H^+} &= 0 &&+ \xi_{R1} &&+ \xi_{R2} && &&&&+ \xi_{R5} \\[4pt]
n_{NH_4^+} &= 0 && && &&+ \xi_{R3} \\[4pt]
n_{OH^-} &= 0 && && &&+ \xi_{R3} &&&&+ \xi_{R5} \\[4pt]
n_{HCO_3^{2-}} &= 0 &&+ \xi_{R1} &&- \xi_{R2} && &&- \xi_{R4} \\[4pt]
n_{CO_3^{2-}} &= 0 && &&+ \xi_{R2} \\[4pt]
n_{NH_2COO^-} &= 0 && && && &&+ \xi_{R4} \\[4pt]
n_{H_2O}^{(l)} &= 55{,}509
\end{aligned}
$$

Die Ermittlung der neun unbekannten Stoffmengen in der wässerigen Phase wird damit auf die Bestimmung fünf unbekannter Reaktionslaufzahlen reduziert. Zur ihrer Bestimmung stehen die fünf Bedingungen für die chemischen Gleichgewichte nach Gl. (3.2.7) zur Verfügung. Diese lauten im Einzelnen:

$$K_{R1}(T) = \frac{m_{H^+} \, m_{HCO_3^-}}{m_{CO_2(aq)} \, x_{H_2O}} \frac{1}{m^*} \frac{\gamma_{H^+}^{*,m} \, \gamma_{HCO_3^-}^{*,m}}{\gamma_{CO_2(aq)}^{*,m} \, \gamma_{H_2O}^0}, \tag{B6.1.1}$$

$$K_{R2}(T) = \frac{m_{H^+} \, m_{CO_3^{2-}}}{m_{HCO_3^-}} \frac{1}{m^*} \frac{\gamma_{H^+}^{*,m} \, \gamma_{CO_3^{2-}}^{*,m}}{\gamma_{HCO_3^-}^{*,m}}, \tag{B6.1.2}$$

$$K_{R3}(T) = \frac{m_{NH_4^+} \, m_{OH^-}}{m_{NH_3(aq)} \, x_{H_2O}} \frac{1}{m^*} \frac{\gamma_{NH_4^+}^{*,m} \, \gamma_{OH^-}^{*,m}}{\gamma_{NH_3(aq)}^{*,m} \, \gamma_{H_2O}^0}, \tag{B6.1.3}$$

$$K_{R4}(T) \;=\; \frac{m_{NH_2COO^-}\; x_{H_2O}}{m_{NH_3(aq)}\; m_{HCO_3^-}}\; \frac{m^*}{1}\; \frac{\gamma^{*,m}_{NH_2COO^-}\; \gamma^{0}_{H_2O}}{\gamma^{*,m}_{NH_3(aq)}\; \gamma^{*,m}_{HCO_3^-}}, \qquad \text{(B6.1.4)}$$

und

$$K_{R5}(T) \;=\; \frac{m_{H^+}\; m_{OH^-}}{x_{H_2O}}\; \frac{1}{(m^*)^2}\; \frac{\gamma^{*,m}_{H^+}\; \gamma^{*,m}_{OH^-}}{\gamma^{0}_{H_2O}}. \qquad \text{(B6.1.5)}$$

Entsprechend der getroffenen Vereinfachung $G^E = 0$ gilt im ersten Teil der Aufgabe $\gamma^{*,m}_i = \gamma^{0}_{H_2O} = 1$.

Sind die Stoffmengen bekannt, so erhält man die Molalitäten der gelösten Spezies aus Gl. (2.2.1) zu

$$m_i \;=\; \frac{n_i}{n_{H_2O}\,(M_{H_2O}/1000)} \;=\; n_i \qquad \text{(B6.1.6)}$$

und den Molenbruch des Wassers nach Gl. (2.2.2) zu

$$x_{H_2O} \;=\; \frac{55{,}509}{\displaystyle\sum_{j \neq H_2O} n_j + 55{,}509}. \qquad \text{(B6.1.7)}$$

Die Lösung des nichtlinearen, algebraischen Gleichungssystems (B6.1.1) bis (B6.1.5) erhält man durch mehrdimensionale Nullstellensuche. Die Ergebnisse für die Reaktionslaufzahlen sind in Tabelle B6.2 zusammengestellt. Die gesuchten Konzentrationen folgen durch Einsetzen der berechneten Stoffmengen in Gl. (B6.1.6) und (B6.1.7). Die so erhaltene Zusammensetzung ist in Abb. B6.1 über der Molalität des total gelösten Ammoniaks (molekular und dissoziiert) aufgetragen. In Abb. B6.2 ist der nach Gl. (3.3.6) berechnete pH-Wert dargestellt.

Erwartungsgemäß führt die Absorption von CO_2 in Wasser zu einem sauren pH-Wert der Lösung. Hierdurch wird die Dissoziation des gelösten Kohlendioxids zurückgedrängt (vgl. Abb. B6.1). Der weitaus größte Anteil des CO_2 liegt daher in molekular gelöster Form vor. Wird bei konstanter pauschaler Molalität des CO_2 zusätzlich Ammoniak in die Lösung eingedüst, so führt der saure pH-Wert der Lösung zunächst zu einer nahezu vollständigen Dissoziation des gelösten NH_3 zu NH_4^+. Infolge der begleitenden Freisetzung von Hydroxid-Ionen (OH^-) wird Hydrogencarbonat im stöchiometrischen Verhältnis dazu gebildet. Der pH-Wert steigt mit zunehmender Konzentration des Ammoniaks an. Die Bildung von Carbonat-Ionen (CO_3^{2-}) ist im gesamten Konzentrationsbereich von vernachlässigbarer Größenordnung. Bei überstöchiometrischen Verhältnissen von Ammoniak in Bezug auf CO_2 ist keine Senke für die Bildung von OH^--Ionen mehr vorhanden. Die Molalität des Ammoniums stagniert daher bei großen pauschalen Molalitäten des gelösten Ammoniaks. Gleichzeitig liegt in zunehmendem Maße molekular gelöstes NH_3 vor. Hierdurch kommt es verstärkt zur Bildung von Carbamat-Ionen (NH_2COO^-) nach Reaktion R4. Dabei wird ein entsprechender Anteil des gebildeten Hydrogencarbonats wieder aufgezehrt.

Tabelle B6.2. Berechnete Reaktionslaufzahlen für das ideale Stoffmodell bei $t = 80°C$

$m_{CO_2,tot}$	$m_{NH_3,tot}$	ξ_1	ξ_2	ξ_3	ξ_4	ξ_5
[mol kg⁻¹]	[mol kg⁻¹]	[mol]	[mol]	[mol]	[mol]	[mol]
1	0	$6{,}7910 \cdot 10^{-4}$	$7{,}7099 \cdot 10^{-11}$	0	0	$-3{,}692 \cdot 10^{-10}$
1	0,25	$2{,}4364 \cdot 10^{-1}$	$1{,}3122 \cdot 10^{-5}$	$2{,}4365 \cdot 10^{-1}$	$4{,}2794 \cdot 10^{-4}$	$-2{,}4365 \cdot 10^{-1}$
1	0,5	$4{,}7679 \cdot 10^{-1}$	$7{,}1815 \cdot 10^{-5}$	$4{,}7687 \cdot 10^{-1}$	$4{,}5833 \cdot 10^{-3}$	$-4{,}7686 \cdot 10^{-1}$
1	0,75	$6{,}7957 \cdot 10^{-1}$	$2{,}2908 \cdot 10^{-4}$	$6{,}7980 \cdot 10^{-1}$	$2{,}0834 \cdot 10^{-2}$	$-6{,}7980 \cdot 10^{-1}$
1	1	$8{,}2189 \cdot 10^{-1}$	$5{,}5199 \cdot 10^{-4}$	$8{,}2245 \cdot 10^{-1}$	$6{,}0687 \cdot 10^{-2}$	$-8{,}2244 \cdot 10^{-1}$
1	1,25	$8{,}9919 \cdot 10^{-1}$	$1{,}0179 \cdot 10^{-3}$	$9{,}0021 \cdot 10^{-1}$	$1{,}2235 \cdot 10^{-1}$	$-9{,}0020 \cdot 10^{-1}$
1	1,5	$9{,}3784 \cdot 10^{-1}$	$1{,}5272 \cdot 10^{-3}$	$9{,}3937 \cdot 10^{-1}$	$1{,}9132 \cdot 10^{-1}$	$-9{,}3937 \cdot 10^{-1}$
1	1,75	$9{,}5849 \cdot 10^{-1}$	$2{,}0167 \cdot 10^{-3}$	$9{,}6052 \cdot 10^{-1}$	$2{,}5802 \cdot 10^{-1}$	$-9{,}6051 \cdot 10^{-1}$
1	2	$9{,}7056 \cdot 10^{-1}$	$2{,}4640 \cdot 10^{-3}$	$9{,}7304 \cdot 10^{-1}$	$3{,}1902 \cdot 10^{-1}$	$-9{,}7303 \cdot 10^{-1}$
1	2,25	$9{,}7816 \cdot 10^{-1}$	$2{,}8644 \cdot 10^{-3}$	$9{,}8104 \cdot 10^{-1}$	$3{,}7356 \cdot 10^{-1}$	$-9{,}8103 \cdot 10^{-1}$
1	2,5	$9{,}8323 \cdot 10^{-1}$	$3{,}2199 \cdot 10^{-3}$	$9{,}8647 \cdot 10^{-1}$	$4{,}2188 \cdot 10^{-1}$	$-9{,}8645 \cdot 10^{-1}$
1	2,75	$9{,}8679 \cdot 10^{-1}$	$3{,}5347 \cdot 10^{-3}$	$9{,}9032 \cdot 10^{-1}$	$4{,}6457 \cdot 10^{-1}$	$-9{,}9030 \cdot 10^{-1}$
1	3	$9{,}8931 \cdot 10^{-1}$	$3{,}8133 \cdot 10^{-3}$	$9{,}9315 \cdot 10^{-1}$	$5{,}0229 \cdot 10^{-1}$	$-9{,}9312 \cdot 10^{-1}$

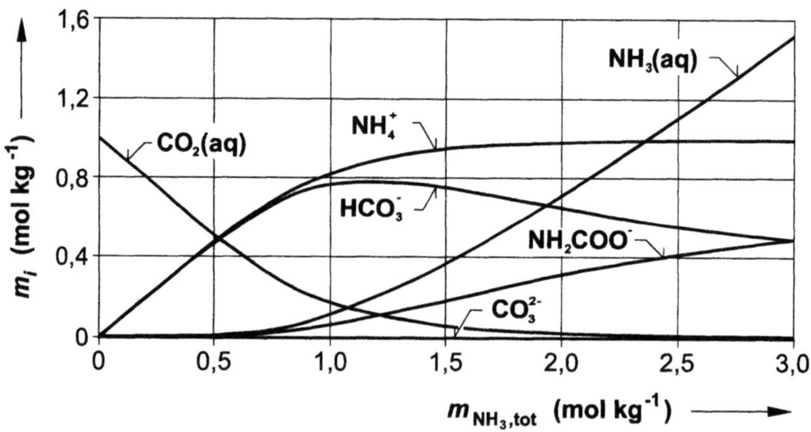

Abb. B6.1. Spezifizierung im System $NH_3 + CO_2 + H_2O$ mit dem idealen Stoffmodell ($m_{CO_2,tot} = 1$ mol kg⁻¹, $t = 80$ °C)

Den gesuchten Gesamtdruck über der Lösung erhält man bei bekannter Spezifizierung der flüssigen Phase als Summe der Partialdrücke für NH_3, CO_2 und H_2O

$$p = p_{NH_3} + p_{CO_2} + p_{H_2O} \, .$$
(B6.1.8)

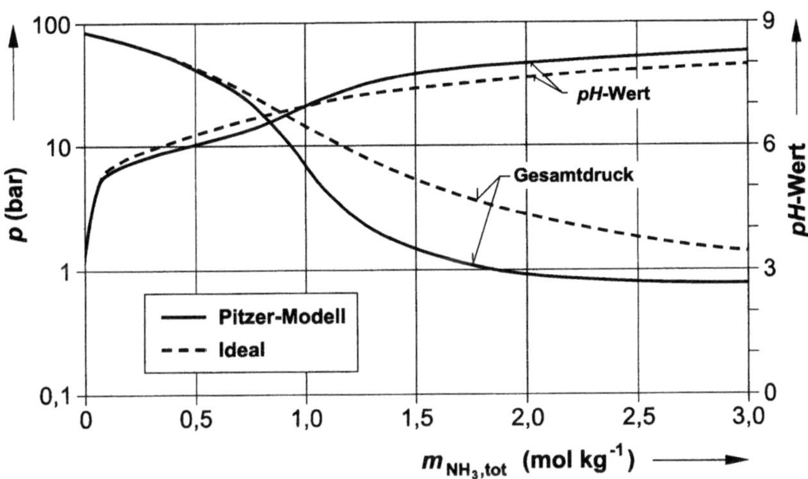

Abb. B6.2. *pH*-Wert und Gesamtdruck im System $NH_3 + CO_2 + H_2O$ ($m_{CO_2,tot} = 1$ mol kg^{-1}, $t = 80\ ^{\circ}C$)

Die Partialdrücke ergeben sich aus den Bedingungen für das Phasengleichgewicht, Gl. (3.1.10) und (3.1.21b), zu

$$p_{NH_3} = m_{NH_3(aq)}\ \gamma^{*,m}_{NH_3(aq)}\ H^m_{NH_3,H_2O}(T,p), \tag{B6.1.9}$$

$$p_{CO_2} = m_{CO_2(aq)}\ \gamma^{*,m}_{CO_2(aq)}\ H^m_{CO_2,H_2O}(T,p) \tag{B6.1.10}$$

sowie

$$p_{H_2O} = x_{H_2O}\ \gamma^0_{H_2O}\ p^{lv}_{0,H_2O}(T). \tag{B6.1.11}$$

Die Henry-Konstanten hängen dabei ihrerseits über die Krichevsky/Kasarnovsky-Korrektur nach Gl. (3.1.18) vom Gesamtdruck p ab. Es gilt

$$H^m_{NH_3,H_2O}(T,p) = H^m_{NH_3,H_2O}(T,p^{lv}_{0,H_2O})\exp\left(\frac{v^{\infty}_{NH_3,H_2O}\ (p - p^{lv}_{0,H_2O})}{RT}\right) \tag{B6.1.12}$$

und analog

$$H^m_{CO_2,H_2O}(T,p) = H^m_{CO_2,H_2O}(T,p^{lv}_{0,H_2O})\exp\left(\frac{v^{\infty}_{CO_2,H_2O}\ (p - p^{lv}_{0,H_2O})}{RT}\right). \tag{B6.1.13}$$

Die Berechnung des Gesamtdruckes hat daher selbst bei bekannter Zusammensetzung der wässerigen Phase und Verwendung eines idealen Stoffmodells iterativ zu erfolgen. Die Ergebnisse sind ebenfalls in Abb. B6.2 eingetragen[5]. Der Gesamtdruck wird im Wesentlichen durch das Kohlendioxid verursacht. Die Partialdrücke von NH_3 und H_2O sind vergleichsweise gering. Da der Partialdruck der Molalität der molekular gelösten Komponente proportional ist, sinkt der Gesamtdruck durch die Dissoziation des $CO_2(aq)$. Erst wenn die Molalität des $CO_2(aq)$ vernachlässigbar gering ist, wird der Gesamtdruck merklich durch den ansteigenden Gehalt an $NH_3(aq)$ und der damit verbundenen Erhöhung des NH_3-Partialdruckes beeinflusst.

Die systematische Untersuchung auf Basis des idealen Stoffmodells hat bereits einen vertieften Einblick in die Thermodynamik des Systems NH_3 + CO_2 + H_2O vermittelt. Insbesondere die Beeinflussung des Phasengleichgewichts durch die chemischen Gleichgewichte in der wässerigen Phase konnte diskutiert werden. Die zusätzliche Berücksichtigung der physikalischen Wechselwirkungen in der Lösung in Form der Aktivitätskoeffizienten führt zu einer auch quantitativ richtigen Beschreibung des Absorptionsgleichgewichts. Eine grundsätzliche Änderung der qualitativen Verhältnisse ist dabei in verdünnten Lösungen nicht zu erwarten.

Im zweiten Teil der Aufgabe soll die freie Exzessenthalpie der Lösung mit Hilfe des Modells von Pitzer berechnet werden. Die erforderlichen binären Wechselwirkungsparameter sind in der Aufgabenstellung gegeben. Die Einbeziehung der Aktivitätskoeffizienten in den Lösungsalgorithmus kann in einfacher Weise erfolgen. Die Aktivitätskoeffizienten sind nach Gl. (4.2.14) und (4.2.19) direkt aus den Molalitäten der gelösten Komponenten berechenbar, d.h. es existiert ein expliziter Zusammenhang der Form:

$$\ln\gamma_i^{*,m} = f_1(T,\{m_j\}) \tag{B6.1.14}$$

bzw.

$$\ln\gamma_{H_2O}^0 = f_2(T,\{m_j\}). \tag{B6.1.15}$$

Ausgehend von den Reaktionslaufzahlen ξ_1 bis ξ_5 ergeben sich im ersten Iterationsschritt die Stoffmengen aller neun Komponenten in der flüssigen Phase, dann die Molalitäten aus Gl. (B6.1.6) sowie der Molenbruch des Wassers aus Gl. (B6.1.7) und schließlich die Aktivitätskoeffizienten nach Gl. (B6.1.14) und (B6.1.15). Hiermit sind die Bedingungen für die chemischen Gleichgewichte (B6.1.1) bis (B6.1.5) auswertbar und können im nächsten Iterationsschritt zur Bestimmung der Reaktionslaufzahlen herangezogen werden. Der Gesamtdruck und die Zusammensetzung der Gasphase ergeben sich anschließend bei bekannter Zusammensetzung der wässerigen Phase.

---

[5] Bei den hohen Drücken im Bereich geringer Ammoniak-Konzentrationen ist die Annahme einer idealen Gasphase nicht mehr zulässig. Da hier jedoch das methodische Vorgehen im Mittelpunkt steht, sind die resultierenden Unterschiede im Absolutwert von p unerheblich.

Die praktische Durchführung der Gleichgewichtsrechnung erfolgt mit dem kommerziellen Programm AspenPlus™10.1[6]. Die unter Berücksichtigung des Pitzer--Modells berechnete Zusammensetzung ist in Abb. B6.3 dargestellt.

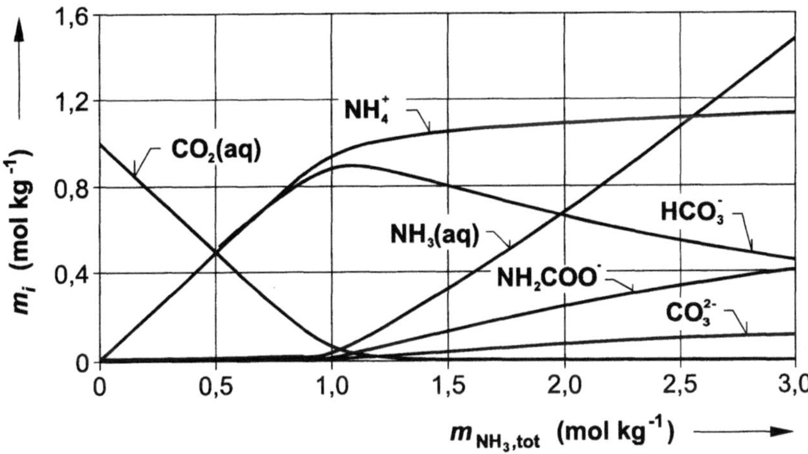

Abb. B6.3. Spezifizierung im System $NH_3 + CO_2 + H_2O$ mit dem Modell von Pitzer $(m_{CO_2,tot} = 1$ mol kg^{-1}, $t = 80$ °C)

Die Verläufe der Konzentrationen sind gegenüber Abb. B6.1 geringfügig verschoben, während die qualitativen Verhältnisse im Wesentlichen erhalten bleiben. Der *pH*-Wert der Lösungen wird bei höheren Molalitäten des NH_3 etwas stärker alkalisch berechnet (vgl. Abb. B6.2). Im Gegensatz zur idealen Rechnung wird nun die Bildung von Carbonat-Ionen vorausgesagt. Der Gehalt an CO_2(aq) und damit der Gesamtdruck des Systems sinkt daher bei Zugabe von NH_3 stärker als zuvor. Die Wiedergabe des Gesamtdruckes erfolgt bei Berücksichtigung der Aktivitätskoeffizienten auch quantitativ richtig, da die Wechselwirkungsparameter durch Anpassung des thermodynamischen Modells an Messwerte für das pauschale Phasengleichgewicht bestimmt wurden. Messungen zur Spezifizierung in der flüssigen Phase, die sich beispielsweise auf spektroskopischem Wege gewinnen lassen (Krissmann et al. 1997; Hasse 1996) wurden bei der Anpassung der Modellparameter nicht berücksichtigt. Die richtige Wiedergabe der Flüssigphasenzusammensetzung ist daher fraglich. Im vorliegenden Fall zeigen beispielsweise neuere spektroskopische Untersuchungen im Infrarotbereich, dass die berechnete Erhöhung der Carbonatkonzentration im System $NH_3 + CO_2 + H_2O$ in der Realität nicht in diesem Ausmaß beobachtet wird (Lichtfers und Rumpf 2000). Für die verfahrenstechnische Anwendung des Modells ist eine ungenaue Spezifizierung in den meisten Fällen unerheblich, da der Gesamtdruck bzw. die Partialdrücke über der Lösung die in der Praxis interessanten Größen sind. Dennoch darf man bei ei-

---

[6] Die Berücksichtigung der angegebenen Parameter für die Molekül-Molekül-Wechselwirkungen erfolgt nicht über die Eingabemaske, sondern direkt im Inputfile.

ner genaueren Spezifizierung der flüssigen Phase eine bessere Extrapolationsfähigkeit des Modells erwarten.

Die Anpassung der Binärparameter erfolgt zu diesem Zweck simultan an das pauschale Phasengleichgewicht und die gemessene Spezifizierung der flüssigen Phase. Neben den Wechselwirkungsparametern des G^E-Modells können dabei auch unsichere Gleichgewichtskonstanten einzelner Reaktionen als zusätzliche Variablen für die Anpassung vorgegeben werden. Wie bereits dargelegt, ist die Auswahl der Komponenten und ihrer thermophysikalischen Daten ebenso wie der zugehörige Satz an Wechselwirkungsparametern fester Bestandteil des thermodynamischen Modells. Die Parameter des ursprünglichen Modells und die Parameter aus einer neuen Anpassung dürfen daher in keinem Fall gemischt werden. Dies gilt umso mehr für die sukzessive Korrelation komplexer Systeme aus Untersystemen. Wurden beispielsweise die Parameter des ternären Systems NH_3 + CO_2 + H_2O für die Korrelation des Systems NH_3 + CO_2 + Salz + H_2O zu Grunde gelegt, so ist bei Änderung der Modellparameter für das ternäre Subsystem auch eine neue Bestimmung der zusätzlichen Parameter für die Berücksichtigung der Salzkomponente erforderlich.

Beispiel 6.2

Ein flüssiger Strom verdünnter wässeriger Schwefelsäure (S) ($\dot{n}_{tot}^{(1)}$ = 100 kmol h^{-1}; $x_{S,tot}^{(1)}$ = 0,02; $t^{(1)}$ = 40°C) wird mit einem zweiten Strom anderer Zusammensetzung ($\dot{n}_{tot}^{(2)}$ = 133 kmol h^{-1}; $x_{S,tot}^{(2)}$ = 0,51; $t^{(2)}$ = 40°C) isobar und isotherm vermischt.

Welcher Wärmestrom muss über die Systemgrenze abgeführt werden? Verwenden Sie zur Beschreibung des realen Gemisches das Solvatationsmodell von Engels.

Stoffdaten[7]:

<u>Reinstoffenthalpien</u> (S = Schwefelsäure, W = Wasser)

$$h_{0S}^l \,(40°C) = -818{,}070 \text{ kJ mol}^{-1}; \quad h_{0W}^l \,(40°C) = -284{,}630 \text{ kJ mol}^{-1}$$

<u>Komplexbildung (Solvatation)</u>

$$4\,H_2O(l) + H_2SO_4(l) \rightleftharpoons 3\,C$$

mit

$$\ln K_a(T) = -18{,}116 + \frac{8770{,}3}{T/[K]}$$

---

[7] Die Stoffdaten wurden aus Engels (1990) und der DIPPR-Datenbank entnommen.

<u>Wechselwirkungsparameter für das NRTL-Modell</u> (T in [K])

$$\tau_{WS} = 14{,}796 - 6518{,}3 \, / \, T \, ; \quad \tau_{SW} = 1{,}391 - 2639{,}0 \, / \, T \, ; \quad \alpha_{WS} = -0{,}059$$

$$\tau_{WC} = 6{,}240 - 23{,}9 \, / \, T \, ; \quad \tau_{CW} = -3{,}002 - 44{,}6 \, / \, T \, ; \quad \alpha_{WC} = 0{,}230$$

$$\tau_{SC} = -4{,}675 - 450{,}5 \, / \, T \, ; \quad \tau_{CS} = 3{,}393 - 2097{,}7 \, / \, T \, ; \quad \alpha_{SC} = 0{,}103$$

Lösung:

Das Solvatationsmodell von Engels einschließlich einiger Modifikationen wurde in Abschn. 4.4 beschrieben. Es wird hier in der ursprünglichen Version verwendet (Engels 1990). Auch beim Solvatationsmodell wird zwischen der pauschalen Zusammensetzung, die nur flüssige Schwefelsäure und flüssiges Wasser als Komponenten kennt, und einer detaillierteren Spezifizierung im Sinne des Modells unterschieden. Als solche versteht man jedoch nicht die in den vorausgegangenen Abschnitten schon beschriebene zweistufige Dissoziation der Schwefelsäure nach

$$H_2SO_4(l) \; \rightleftharpoons \; H^+ + HSO_4^-, \tag{R1}$$

$$HSO_4^- \; \rightleftharpoons \; H^+ + SO_4^{2-}. \tag{R2}$$

Die Existenz der Komponenten H^+, HSO_4^- und SO_4^{2-} wird in der Literatur auf Basis gemessener Ramanspektren bestätigt (z.B. Stiebels 1998). Die Gleichgewichtskonstante der zweiten Dissoziationsstufe (R2) ist darüber hinaus aus Messungen der elektromotorischen Kraft (Pitzer et al. 1977) und piezoelektrischen Untersuchungen (Dickons et al. 1990) bekannt. Engels beschreibt das Gleichgewicht im System Schwefelsäure + Wasser demgegenüber durch die folgende Solvatationsreaktion

$$4 \, H_2O(l) + H_2SO_4(l) \; \rightleftharpoons \; 3 \, C. \tag{R3}$$

„C" bezeichnet dabei die Dissoziationsprodukte der Schwefelsäure, die sich mit einer Hydrathülle aus Wassermolekülen umgeben. Die Anzahl 3 der Komplexe entspricht dabei einer Beschreibung der Schwefelsäure als 2-1-Elektrolyt. Um die Anzahl der Modellparameter zu reduzieren, werden den gebildeten Anionen (SO_4^{2-}) und Kationen (H^+) formal gleiche Eigenschaften zugeschrieben. Die chemische Gleichgewichtskonstante, die die partielle Dissoziation der Schwefelsäure nach Reaktion (R3) beschreibt, wurde gemeinsam mit den binären Parametern des Aktivitätskoeffizientenmodells (hier: NRTL) an Messwerte für das Phasengleichgewicht und kalorische Daten angepasst. Experimentelle Informationen über die Spezifizierung in der Flüssigkeit wurden bei der Parameterermittlung nicht berücksichtigt, so dass die berechnete Spezifizierung nicht die realen Verhältnisse beschreibt[8]. Obgleich den gebildeten Komplexen gleiche Wechselwirkungsparameter mit den Wasser- bzw. den Schwefelsäuremolekülen zugewiesen sind, wird die freie Exzessenthalpie der Mischung durch Summation über alle fünf Komponenten gebildet. Im Folgenden wird daher in der Bezeichnung zwischen C_1, C_2 und C_3 unterschieden. Da alle Berechnungen mit dem Solvatationsmodell die Kenntnis der angenommenen Spezifizierung (S, W, C_1, C_2 und C_3) voraussetzt, wird diese zunächst für alle drei Stoffströme berechnet. Hierzu lässt sich die *K*-Wert-Methode verwenden. Aus der Stöchiometrie der Solvatationsreaktion erhält man für den Stoffmengenstrom j im Gleichgewicht

$$\dot{n}_S^{(j)} = \dot{n}_{S,\,tot}^{(j)} - \xi^{(j)}$$

$$\dot{n}_W^{(j)} = \dot{n}_{W,\,tot}^{(j)} - 4\,\xi^{(j)}$$

$$\dot{n}_{C_1}^{(j)} = 0 + \xi^{(j)}$$

$$\dot{n}_{C_2}^{(j)} = 0 + \xi^{(j)}$$

$$\dot{n}_{C_3}^{(j)} = 0 + \xi^{(j)}$$

$$\dot{n}_{ges}^{(j)} = \dot{n}_{S,\,tot}^{(j)} + \dot{n}_{W,\,tot}^{(j)} - 2\,\xi^{(j)}$$

Hierbei bezeichnet $\xi^{(j)}$ die Reaktionslaufzahl der Solvatationsreaktion (R3) im Stoffstrom j mit $j \in \{1,..,3\}$. Die entsprechenden Stoffmengenanteile erhält man zu

$$x_S^{(j)} = \frac{\dot{n}_{S,\,tot}^{(j)} - \xi^{(j)}}{\dot{n}_{S,\,tot}^{(j)} + n_{W,\,tot}^{(j)} - 2\,\xi^{(j)}}, \qquad (B6.2.1)$$

$$x_W^{(j)} = \frac{\dot{n}_{W,\,tot}^{(j)} - 4\,\xi^{(j)}}{\dot{n}_{S,\,tot}^{(j)} + \dot{n}_{W,\,tot}^{(j)} - 2\,\xi^{(j)}}, \qquad (B6.2.2)$$

$$x_{C_1}^{(j)} = x_{C_2}^{(j)} = x_{C_3}^{(j)} = \frac{\xi^{(j)}}{\dot{n}_{S,\,tot}^{(j)} + n_{W,\,tot}^{(j)} - 2\,\xi^{(j)}}. \qquad (B6.2.3)$$

Die Stoffmengenströme bei pauschaler Spezifizierung sind für die eintretenden Ströme 1 und 2 in der Aufgabenstellung gegeben. Für den austretenden Strom 3 gilt

---

[8] Prinzipiell ist es möglich die tatsächliche Spezifizierung der flüssigen Phase zu berücksichtigen. In diesem Fall müssen allerdings ionenspezifische Wechselwirkungsparameter verwendet werden. (siehe z.B. Rütten 1997).

$$\dot{n}_{\text{tot}}^{(3)} = \dot{n}_{\text{tot}}^{(1)} + \dot{n}_{\text{tot}}^{(2)} = 233 \text{ kmol h}^{-1},$$

$$x_{\text{S, tot}}^{(3)} = \frac{\dot{n}_{\text{tot}}^{(1)} x_{\text{S, tot}}^{(1)} + \dot{n}_{\text{tot}}^{(2)} x_{\text{S,tot}}^{(2)}}{\dot{n}_{\text{tot}}^{(3)}} = 0{,}300,$$

$$x_{\text{W, tot}}^{(3)} = 1 - x_{\text{S, tot}}^{(3)} = 0{,}700.$$

Die Bilanzierung der Stoffmengenströme ist hier zulässig, da bei pauschaler Betrachtung keine chemischen Reaktionen zu berücksichtigen sind.

Die Berechnung der Gleichgewichtszusammensetzung der angenommenen Spezifizierung wird somit auf die Bestimmung jeweils einer Reaktionslaufzahl $\xi^{(j)}$ je Stoffstrom reduziert. Diese folgt aus der Bedingung für das chemische Gleichgewicht nach Gl. (3.2.7)

$$
\begin{aligned}
K_a(T^{(j)}) &= \frac{\left(x_{\text{C}}^{(j)} \gamma_{\text{C}}^{0,(j)}\right)^3}{\left(x_{\text{W}}^{(j)} \gamma_{\text{W}}^{0,(j)}\right)^4 \left(x_{\text{S}}^{(j)} \gamma_{\text{S}}^{0,(j)}\right)} \\[2ex]
&= \frac{\left(\dot{n}_{\text{C}}^{(j)}\right)^3 \left(\dot{n}_{\text{tot}}^{(j)}\right)^2}{\left(\dot{n}_{\text{W}}^{(j)}\right)^4 \dot{n}_{\text{S}}^{(j)}} \; \frac{\left(\gamma_{\text{C}}^{0,(j)}\right)^3}{\left(\gamma_{\text{W}}^{0,(j)}\right)^4 \left(\gamma_{\text{S}}^{0,(j)}\right)} \\[2ex]
&= \frac{\left(\xi^{(j)}\right)^3 \left(\dot{n}_{\text{S, tot}}^{(j)} + \dot{n}_{\text{W, tot}}^{(j)} - 2\xi^{(j)}\right)^2}{\left(\dot{n}_{\text{W, tot}}^{(j)} - 4\xi^{(j)}\right)^4 \left(\dot{n}_{\text{S, tot}}^{(j)} - \xi^{(j)}\right)} \; \frac{\left(\gamma_{\text{C}}^{0,(j)}\right)^3}{\left(\gamma_{\text{W}}^{0,(j)}\right)^4 \gamma_{\text{S}}^{0,(j)}} \\[2ex]
&= f(\xi^{(j)}) \frac{\left(\gamma_{\text{C}}^{0,(j)}\right)^3}{\left(\gamma_{\text{W}}^{0,(j)}\right)^4 \gamma_{\text{S}}^{0,(j)}}.
\end{aligned}
\tag{B6.2.4}
$$

Die Berechnung der Aktivitätskoeffizienten erfolgt nach Gl. (2.7.36) aus der freien Exzessenthalpie. Dazu wird hier der NRTL-Ansatz für Nichtelektrolyte

$$\frac{g^{\text{E}}}{RT} = \sum_{i=1}^{5} x_i \frac{\sum_{j=1}^{5} \tau_{ji} G_{ji} x_j}{\sum_{k=1}^{5} G_{ki} x_k} \tag{B6.2.5a}$$

mit

$$G_{ji} = \exp\left(-\alpha_{ji} \tau_{ji}\right) \tag{B6.2.5b}$$

verwendet. Die binären Wechselwirkungsparameter τ_{ij} sowie die Nonrandomness-Parameter $\alpha_{ij} = \alpha_{ji}$ sind in der Aufgabenstellung gegeben. Die Berechnung der Zusammensetzung lässt sich leicht unter Verwendung kommerzieller Simulationsprogramme, wie z.B. AspenPlus^{TM}, realisieren. Hierzu müssen die Komplexe als neue Komponenten mit identischen Eigenschaften vereinbart werden. Die Stoffdaten und binären Wechselwirkungsparameter aus der Aufgabenstellung werden übernommen. Zusätzlich ist zu vereinbaren:

$$p_{0,C_1}^{lv} = p_{0,C_2}^{lv} = p_{0,C_3}^{lv} = 0,$$

sowie zur Vermeidung von Fehlern bei der Massenbilanz:

$$M_{C_1} = M_{C_2} = M_{C_3} = \frac{4M_W + M_S}{3}.$$

Als Ergebnis erhält man:

j		1	2	3
$\xi^{(j)}$	[kmol h^{-1}]	1,998	12,832	27,453
$\dot{n}_W^{(j)}$	[kmol h^{-1}]	90,006	13,841	53,358
$\dot{n}_S^{(j)}$	[kmol h^{-1}]	0,002	54,998	42,337
$\dot{n}_{C_1}^{(j)}$	[kmol h^{-1}]	1,998	12,832	27,453
$\dot{n}_{C_2}^{(j)}$	[kmol h^{-1}]	1,998	12,832	27,453
$\dot{n}_{C_3}^{(j)}$	[kmol h^{-1}]	1,998	12,832	27,453
$\gamma_W^{0,(j)}$		1,0239	0,0162	0,1712
$\gamma_S^{0,(j)}$		$8,4 \cdot 10^{-7}$	0,1061	0,0017
$\gamma_{C_1}^{0,(j)} = \gamma_{C_2}^{0,(j)} = \gamma_{C_3}^{0,(j)}$		0,02955	0,0229	0,2483

Die leichte Implementierbarkeit von Solvatationsmodellen in kommerzielle Simulationstools resultiert aus der Kombination etablierter G^E-Modelle mit dem pauschalen Solvatationsgleichgewicht. An keiner Stelle treten Ladungszahlen oder die Elektroneutralität auf. Elektrolytsysteme, wie hier das System Schwefelsäure + Wasser, werden auf diese Weise formal behandelt wie reagierende Nichtelektrolytsysteme.

Nachdem die modellmäßige Zusammensetzung aller Stoffströme bestimmt wurde, kann die Enthalpiebilanz ausgewertet werden, um den gesuchten Wärmestrom zu berechnen. Man erhält aus der Bedingung der Energieerhaltung:

$$\dot{n}^{(1)} h^{(1)} + \dot{n}^{(2)} h^{(2)} + \dot{Q} = \dot{n}^{(3)} h^{(3)} \tag{B6.2.6a}$$

mit

$$h^{(j)} = x_W^{(j)} h_{0W}^l(t^{(j)}) + x_S^{(j)} h_{0S}^l(t^{(j)}) + 3 x_C^{(j)} h_{0C}^l(t^{(j)}) + h^{E,(j)} \tag{B6.2.6b}$$

Die Reinstoffenthalpien von flüssigem Wasser (h_{0W}^l) und flüssiger Schwefelsäure (h_{0S}^l) sind in der Aufgabenstellung gegeben. Die Reinstoffenthalpie der Komplexe (h_{0C}^l) folgt aus der Temperaturabhängigkeit der Gleichgewichtskonstante K_a. Nach Gl. (3.2.15) gilt:

$$\left(\frac{d \ln K_a}{dT}\right) = \frac{\Delta_r H(T, p^0)}{RT^2} = \frac{3\, h_{0C}^l(T) - 4\, h_{0W}^l(T) - h_{0S}^l(T)}{RT^2}. \qquad \text{(B6.2.7)}$$

Mit der Temperaturkorrelation aus der Aufgabenstellung erhält man:

$$\left(\frac{d \ln K_a}{dT}\right)_T = -\frac{8770{,}3}{T^2}. \qquad \text{(B6.2.8)}$$

Durch Gleichsetzen von Gl. (B6.2.7) und (B6.2.8) folgt

$$h_{0C}^l(40°\text{C}) = \frac{1}{3}\left(-R \cdot 8770{,}3 + 4\, h_{0W}^l(40°\text{C}) + h_{0S}^l(40°\text{C})\right)$$

$$= \frac{1}{3}\left(-8{,}3145 \cdot 10^{-3} \cdot 8770{,}3 + 4\,(-284{,}630) + (-818{,}070)\right)\ \text{kJ mol}^{-1}$$

$$= -676{,}504\ \text{kJ mol}^{-1}.$$

Die Exzessenthalpie beschreibt die Temperaturabhängigkeit der freien Exzessenthalpie nach der Gibbs/Helmholtz-Gleichung (2.11.1):

$$h^E = \left(\frac{\partial\, g^E / T}{\partial\,(1/T)}\right)_{p,\{x_j\}}. \qquad \text{(B6.2.9)}$$

Für die drei betrachteten Stoffströme folgt durch Einsetzen:

j	1	2	3
$h^{E,(j)}$ / [kJ mol^{-1}]	-0,0764	-8,1604	-6,2724

Man erhält somit den gesuchten Wärmestrom aus Gl. (B6.2.6) zu

$$\dot{Q} = \dot{n}_W^{(3)}\, h_{0W}^l(t^{(3)}) + \dot{n}_S^{(3)}\, h_{0S}^l(t^{(3)}) + 3\dot{n}_C^{(3)}\, h_{0C}^l(t^{(3)}) + \dot{n}^{(3)}\, h^{E,(3)}$$

$$- \left(\dot{n}_W^{(1)}\, h_{0W}^l(t^{(1)}) + \dot{n}_S^{(1)}\, h_{0S}^l(t^{(1)}) + 3\dot{n}_C^{(1)}\, h_{0C}^l(t^{(1)}) + \dot{n}^{(1)}\, h^{E,(1)}\right)$$

$$- \left(\dot{n}_W^{(2)}\, h_{0W}^l(t^{(2)}) + \dot{n}_S^{(2)}\, h_{0S}^l(t^{(2)}) + 3\dot{n}_C^{(2)}\, h_{0C}^l(t^{(2)}) + \dot{n}^{(2)}\, h^{E,(2)}\right)$$

$$= \left(-29635{,}5 - (-8245{,}1) - (-21069{,}5)\right) \text{kW}$$

$$= -320{,}9 \text{ kW}.$$

Bei der isothermen Vermischung wird ein beträchtlicher Wärmestrom von 320,9 kW frei. Würde man diesen Wärmestrom beispielsweise dazu verwenden, um flüssiges Wasser um 10 K zu erwärmen ($p = 1$ bar), so ließe sich auf diese Weise ein Warmwasserstrom von

$$\dot{m}_\text{W} = \frac{320{,}9 \text{ kJ s}^{-1}}{4{,}185 \text{kJ kg}^{-1}\text{K}^{-1} \cdot 10\,\text{K}} \cdot \frac{3600 \text{ s h}^{-1}}{1000 \text{ kg t}^{-1}} = 27{,}6 \text{ t h}^{-1}$$

erzeugen.

Beispiel 6.3

Zur selektiven Entfernung von CO_2 aus einem Abgasstrom wird eine Lösung aus Wasser und Methyldiethanolamin (MDEA) eingesetzt. In der Literatur finden sich zahlreiche Angaben für die thermodynamischen Stoffdaten und binären Wechselwirkungsparameter des Elektrolyt-NRTL-Modells für dieses Stoffsystem. Zwei Parametersätze sollen hier hinsichtlich des gewählten Referenzzustands für das molekular gelöste Kohlendioxid verglichen werden.

Berechnen Sie für eine Temperatur von 40°C

a) den rationellen Aktivitätskoeffizienten des CO_2 für eine unendliche Verdünnung im Lösungsmittelgemisch. Die Zusammensetzung des Lösungsmittels werde von 0 bis 50 Gew.-% MDEA variiert.

b) die wahre Zusammensetzung und den CO_2-Partialdruck für eine 50-prozentige MDEA-Lösung. Die CO_2-Beladung (mol CO_2/mol MDEA) werde logarithmisch variiert zwischen 0,0001 und 1.

Die Gleichgewichtsrechnung in Teil b wird mit einer Software durchgeführt, die den Aktivitätskoeffizienten für die Henry-Komponenten auf die unendliche Verdünnung im Lösungsmittelgemisch normiert. Welcher der beiden Datensätze für die Wechselwirkungsparameter sollte verwendet werden? Die Realkorrektur in der Gasphase erfolge über die Redlich/Kwong-Zustandsgleichung.

Stoffdaten

<u>Henry – Konstante:</u>

$$\ln\left(H_{CO_2,H_2O}(T, p_{0,H_2O}^{\text{lv}})/[\text{Pa}]\right) =$$

$$110{,}0345 - \frac{6789{,}04}{T/[\text{K}]} - 11{,}4519 \ln(T/[\text{K}]) - 0{,}010454\, T/[\text{K}],$$

$$v^{\infty}_{CO_2,H_2O} = 36,6 \; cm^3 \; mol^{-1}$$

Reinstoffdampfdrücke:

$$\ln\left(p^{lv}_{0,H_2O}(T)\big/[Pa]\right) = 72,55 - \frac{7206,7}{T/[K]} - 7,1385 \; \ln(T/[K]) + 4,046\cdot10^{-6}(T/[K])^2$$

$$\ln\left(p^{lv}_{0,MDEA}(T)\big/[Pa]\right) = 26,13691 - \frac{7588,516}{T/[K]}$$

Chemische Gleichgewichtskonstanten[9]:

$$\ln K_{R1}(T) = 231,465 - \frac{12092,1}{T/[K]} - 36,7816 \ln(T/[K])$$

$$\ln K_{R2}(T) = 216,049 - \frac{12431,7}{T/[K]} - 35,4819 \ln(T/[K])$$

$$\ln K_{R3}(T) = -56,2 - \frac{4044,8}{T/[K]} + 7,848 \ln(T/[K])$$

$$\ln K_{R4}(T) = 132,8999 - \frac{13445,9}{T/[K]} - 22,4773 \ln(T/[K])$$

Kritische Daten und azentrische Faktoren für die Zustandsgleichung:

Spezies	M [g mol^{-1}]	T_C [K]	p_C [bar]	ω	ρ^{l} (40°C) [kg dm^{-3}]	ε (40°C)
H$_2$O	18,015	647,3	220,4832	0,344	0,9784	73,401
MDEA	119,164	675,0	38,8	1,165	1,0317	20,551
CO$_2$	44,010	304,2	73,77	0,225	---	---

---

[9] Referenzzustand für Ionen und gelöste Komponenten ist die ideal verdünnte Lösung in der Einheit Stoffmengenanteil. Protonen sind als H$_3$O$^+$ modelliert.

Tabelle B6.3. Wechselwirkungsparameter für das Elektrolyt-NRTL-Modell bei 40°C[10]:

Spezies i, j	τ_{ij} (1. Datensatz)	τ_{ij} (2. Datensatz)	α_{ij}
CO_2, H_2O	-0,37	0	0,2
H_2O, CO_2	-0,37	0	0,2
MDEA, H_2O	-2,64	-2,64	0,2
H_2O, MDEA	3,40	3,40	0,2
MDEA, CO_2	0	0	0,2
CO_2, MDEA	0	1,64	0,2
H_2O, ($MDEAH^+$, HCO_3^-)	7,50	9,65	0,2
($MDEAH^+$, HCO_3^-), H_2O	-3,60	-4,25	0,2
H_2O, ($MDEAH^+$, CO_3^{2-})	8	8	0,2
($MDEAH^+$, CO_3^{2-}), H_2O	-4	-4	0,2
H_2O, ($MDEAH^+$, OH^-)	8	8	0,2
($MDEAH^+$, OH^-), H_2O	-5,60	-5,16	0,2
H_2O, (H_3O^+, HCO_3^-)	8	8	0,2
(H_3O^+, HCO_3^-), H_2O	-4	-4	0,2
H_2O, (H_3O^+, CO_3^{2-})	8	8	0,2
(H_3O^+, CO_3^{2-}), H_2O	-4	-4	0,2
H_2O, (H_3O^+, OH^-)	8	8	0,2
(H_3O^+, OH^-), H_2O	-4	-4	0,2
MDEA, ($MDEAH^+$, HCO_3^-)	15	15	0,1
($MDEAH^+$, HCO_3^-), MDEA	-5,80	-7,32	0,1
MDEA, ($MDEAH^+$, CO_3^{2-})	15	15	0,1
($MDEAH^+$, CO_3^{2-}), MDEA	-2	24,49	0,1
MDEA, ($MDEAH^+$, OH^-)	15	15	0,1
($MDEAH^+$, OH^-), MDEA	-8	-8	0,1
MDEA, (H_3O^+, HCO_3^-)	15	15	0,1
(H_3O^+, HCO_3^-), MDEA	-8	-8	0,1
MDEA, (H_3O^+, CO_3^{2-})	15	15	0,1
(H_3O^+, CO_3^{2-}), MDEA	-8	-8	0,1
MDEA, (H_3O^+, OH^-)	15	15	0,1
(H_3O^+, OH^-), MDEA	-8	-8	0,1
CO_2, ($MDEAH^+$, HCO_3^-)	15	15	0,1
($MDEAH^+$, HCO_3^-), CO_2	-8	-7,05	0,1
CO_2, ($MDEAH^+$, CO_3^{2-})	15	15	0,1
($MDEAH^+$, CO_3^{2-}), CO_2	-8	-8	0,1
CO_2, ($MDEAH^+$, OH^-)	15	15	0,1
($MDEAH^+$, OH^-), CO_2	-8	-8	0,1
CO_2, (H_3O^+, HCO_3^-)	15	15	0,1
(H_3O^+, HCO_3^-), CO_2	-8	-8	0,1
CO_2, (H_3O^+, CO_3^{2-})	15	15	0,1
(H_3O^+, CO_3^{2-}), CO_2	-8	-8	0,1
CO_2, (H_3O^+, OH^-)	15	15	0,1
(H_3O^+, OH^-), CO_2	-8	-8	0,1

[10] Stoffdaten und erster Datensatz von Posey und Rochelle (1997), zweiter Datensatz von Bishnoi und Rochelle (2000).

Lösung:

Zu a):
Bei sehr hoher Verdünnung des Kohlendioxids können chemische Reaktionen in der flüssigen Phase vernachlässigt werden. Das Problem vereinfacht sich in diesem Fall von einem kombinierten Phasen- und Reaktionsgleichgewicht zu einer rein physikalischen Absorption des CO_2 im Lösungsmittelgemisch. Der rationelle Aktivitätskoeffizient wurde in Kap. 2 eingeführt und beschreibt hier die Abweichung des realen Zustands zur ideal verdünnten Lösung des CO_2 in Wasser. Nach Gl. (2.7.29) gilt

$$\gamma^*_{CO_2} = \frac{\gamma^0_{CO_2}}{\gamma^\infty_{CO_2,H_2O}}. \qquad (B6.3.1)$$

Im Grenzfall der unendlichen Verdünnung in Wasser erhält man mit dem ersten Parametersatz

$$\gamma^\infty_{CO_2,H_2O} = 0{,}464.$$

Beim zweiten Datensatz sind die Wechselwirkungsparameter zwischen Kohlendioxid und Wasser zu Null gesetzt. Daraus ergibt sich:

$$\gamma^\infty_{CO_2,H_2O} = 1.$$

Der auf den Reinstoff bezogene Aktivitätskoeffizient $\gamma^0_{CO_2}$ folgt unmittelbar aus den Beziehungen für das Elektrolyt-NRTL-Modell (s. Abschn. 4.2.3). Wertet man Gl. (B6.3.1) für verschiedene Zusammensetzungen des Lösungsmittels bei unendlicher Verdünnung des CO_2 aus, so erhält man die in Abb. B6.4 dargestellten Ergebnisse für den rationellen Aktivitätskoeffizienten.

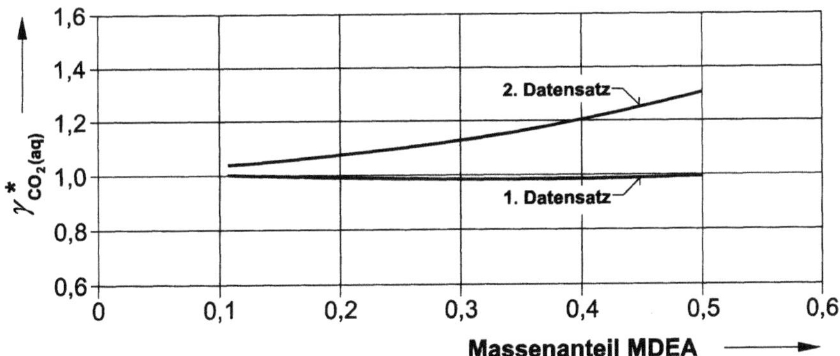

Abb. B6.4. Konzentrationsverlauf des CO_2-Aktivitätskoeffizienten bei unendlicher Verdünnung in wässeriger MDEA-Lösung

Die Verläufe des Aktivitätskoeffizienten in Abb. B6.4 unterscheiden sich je nach verwendetem Parametersatz deutlich. Beim ersten Datensatz berechnet man infolge der fehlenden MDEA-CO_2-Wechselwirkungsparameter unabhängig von der Zusammensetzung des Lösungsmittels einen nahezu konstanten Aktivitätskoeffizienten von Eins. Diese Darstellung entspricht einer Normierung des rationellen Aktivitätskoeffizienten auf die unendliche Verdünnung im Lösungsmittelgemisch. Der zweite Datensatz liefert demgegenüber einen Aktivitätskoeffizienten, der deutlich von der Zusammensetzung des Lösungsmittels abhängt und nur für reines Wasser definitionsgemäß den Wert Eins annimmt. Bei der Erstellung dieses Parametersatzes wurden neben Messwerten für das pauschale Phasengleichgewicht im System CO_2 + MDEA + H_2O auch experimentelle Informationen über den Aktivitätskoeffizienten des molekular gelösten CO_2 im Lösungsmittelgemisch zu Grunde gelegt. Diese wurden aus Analogiebetrachtungen auf Basis der N_2O-Absorption bestimmt. Der zweite Datensatz ist demnach in formaler Hinsicht konsistenter als der erste. Der Aktivitätskoeffizient des CO_2 passt beim zweiten Satz zum gewählten Referenzsystem und nimmt physikalisch sinnvolle Werte an (N_2O-Analogie). Beide Parametrisierungen beschreiben das pauschale Phasengleichgewicht bei der CO_2-Absorption (T-p-x-y) in wässerigen MDEA-Lösungen ähnlich gut.

Will man die Berechnung des kombinierten Phasen- und Reaktionsgleichgewichts mit Hilfe eines kommerziellen Simulationsprogramms durchführen, so ist auf den dort zu Grunde gelegten Referenzzustand zu achten. In AspenPlus™ 10.1 wird beispielsweise der rationelle Aktivitätskoeffizient für die molekular gelösten Komponenten mit dem Grenzaktivitätskoeffizienten für das Lösungsmittelgemisch normiert. Die zugehörige Henry-Konstante im Gemisch wird mit Hilfe von Gewichtungsfaktoren aus den Henry-Konstanten für die CO_2-Löslichkeit in den reinen Lösungsmitteln (H_2O und MDEA) bestimmt. Dieses Vorgehen ist formal richtig, da für die Henry-Konstante und den rationellen Aktivitätskoeffizienten das gleiche Referenzsystem gewählt wird. Soll die Henry-Konstante für die Absorption in Wasser (H_{CO_2,H_2O}) verwendet werden, so passt diese Normierung allerdings nicht zum Referenzsystem das in der Software hinterlegt ist. Dies gilt für beide Datensätze. Allerdings ist der Aktivitätskoeffizient des CO_2 beim ersten Datensatz infolge der fehlenden Binärparameter zwischen MDEA und CO_2 praktisch unabhängig von der Zusammensetzung des Lösungsmittelgemisches. Beide Normierungen führen daher bei diesem Datensatz zum gleichen Ergebnis. Demgegenüber liefert der zweite Datensatz einen Aktivitätskoeffizienten für CO_2, der von der Zusammensetzung des Lösungsmittelgemisches beeinflusst und nur bei unendlicher Verdünnung in reinem Wasser zu Eins wird. Obgleich der so normierte Aktivitätskoeffizient thermodynamisch formal zur verwendeten Henry-Konstante passt, kann er für die Berechnung mit AspenPlus™ nicht ohne weiteres verwendet werden. Eine Normierung auf die unendliche Verdünnung im Lösungsmittelgemisch würde bei diesem Datensatz dazu führen, dass der Aktivitätskoeffizient in Abb. B6.4 ebenfalls im gesamten Konzentrationsbereich zu Eins wird. Somit würde ein falscher, in diesem Fall deutlich zu geringer, Partialdruck des Kohlendioxids berechnet. Aus diesem Grund wird für die weiteren Berechnungen der erste Datensatz verwendet.

Zu b):
Zur Beschreibung des Phasengleichgewichts bei der CO_2-Absorption in wässerigen MDEA-Lösungen wird der Partialdruck des CO_2 nach Gl. (3.1.19) aus

$$\phi_{CO_2}\, y_{CO_2}\, p \;=\; x_{CO_2(aq)}\, \gamma^{*}_{CO_2(aq)}\, H_{CO_2,H_2O}(T, p^{lv}_{0,H_2O})$$

$$\exp\left(\frac{v^{\infty}_{CO_2,H_2O}\,(p - p^{lv}_{0,H_2O})}{RT}\right) \tag{B6.3.2}$$

und der Partialdruck der Lösungsmittel nach Gl. (3.1.8) aus

$$\phi_{H_2O}\, y_{H_2O}\, p \;=\; x_{H_2O}\, \gamma^{0}_{H_2O}\, p^{lv}_{0,H_2O}\, \phi^{lv}_{0,H_2O}\, \exp\left(\frac{v^{l}_{0,H_2O}\,(p - p^{lv}_{0,H_2O})}{RT}\right), \tag{B6.3.3}$$

$$\phi_{MDEA}\, y_{MDEA}\, p \;=\; x_{MDEA}\, \gamma^{0}_{MDEA}\, p^{lv}_{0,MDEA}\, \phi^{lv}_{0,MDEA}$$

$$\exp\left(\frac{v^{l}_{0,MDEA}\,(p - p^{lv}_{0,MDEA})}{RT}\right) \tag{B6.3.4}$$

berechnet. Die Partialdrücke addieren sich zum Gesamtdruck

$$p \;=\; p_{CO_2} + p_{H_2O} + p_{MDEA}\,. \tag{B6.3.5}$$

Der Gesamtdruck wird zur Berechnung der Fugazitätskoeffizienten im Gasgemisch ϕ^{v}_{i}, für die Druckkorrektur der Henry–Konstanten und die Poynting-Terme der Lösungsmittel benötigt. Die Berechnung des Phasengleichgewichts erfolgt daher iterativ. Zur Auswertung der Beziehungen für das Phasengleichgewicht, Gl. (B6.3.2) bis (B6.3.4), muss die wahre Zusammensetzung der flüssigen Mischphase bekannt sein. Es sind folgende chemische Reaktionen zu berücksichtigen:

$$CO_2(aq) + 2\,H_2O(l) \;\rightleftharpoons\; H_3O^{+} + HCO_3^{-}, \tag{R1}$$

$$HCO_3^{-} + H_2O(l) \;\rightleftharpoons\; H_3O^{+} + CO_3^{2-}, \tag{R2}$$

$$MDEAH^{+} + H_2O(l) \;\rightleftharpoons\; MDEA(l) + H_3O^{+}, \tag{R3}$$

$$2\,H_2O(l) \;\rightleftharpoons\; H_3O^{+} + OH^{-}. \tag{R4}$$

Die Reaktionen (R1) und (R2) beschreiben die Hydrolyse des gelösten CO_2 unter Bildung von Hydrogencarbonat (HCO_3^{-}) und dessen Dissoziation zu Carbonat

(CO_3^{2-}). Reaktion (R4) beschreibt die Eigendissoziation des Wassers. Diese Reaktionen wurden bereits im (NH_3-CO_2-H_2O)-Beispiel verwendet. Sie wurden hier in Termen von H_3O^+ statt H^+ formuliert, da die Gleichgewichtskonstanten in der Aufgabenstellung für diese Form gegeben sind. Die Lösung von CO_2 in Wasser führt gemäß (R1) und (R2) zu einer Ansäuerung der Lösung. Eine deutliche Steigerung des Absorptionsgrades ist durch Zugabe eines Lösungsmittels, das selbst alkalisch dissoziiert, möglich. Als solches wirkt hier das MDEA, das die entstehenden H_3O^+-Ionen anlagert. Es kommt zur Bildung von $MDEAH^+$-Ionen nach Reaktion (R3). In der wässerigen Lösung liegen somit die acht Spezies: CO_2(aq), HCO_3^-, CO_3^{2-}, MDEA, $MDEAH^+$, H_2O, H_3O^+ und OH^- vor. Zur Bestimmung der wahren Zusammensetzung werden die acht unbekannten Konzentrationen zunächst durch die Berücksichtigung der Stöchiometrie auf vier unbekannte Reaktionslaufzahlen reduziert. Diese ergeben sich aus den vier Bedingungen für die chemischen Gleichgewichte (R1) bis (R4). Für die zu Grunde gelegten Standardzustände lauten diese:

$$K_{R1}(T) = \frac{x_{H_3O^+}\, x_{HCO_3^-}}{x_{CO_2(aq)}\, x_{H_2O}^2}\, \frac{\gamma_{H_3O^+}^*\, \gamma_{HCO_3^-}^*}{\gamma_{CO_2(aq)}^*\, \left(\gamma_{H_2O}^0\right)^2}, \qquad \text{(B6.3.6)}$$

$$K_{R2}(T) = \frac{x_{H_3O^+}\, x_{CO_3^{2-}}}{x_{HCO_3^-}\, x_{H_2O}}\, \frac{\gamma_{H_3O^+}^*\, \gamma_{CO_3^{2-}}^*}{\gamma_{HCO_3^-}^*\, \gamma_{H_2O}^0}, \qquad \text{(B6.3.7)}$$

$$K_{R3}(T) = \frac{x_{MDEA}\, x_{H_3O^+}}{x_{MDEAH^+}\, x_{H_2O}}\, \frac{\gamma_{MDEA}^0\, \gamma_{H_3O^+}^*}{\gamma_{MDEAH^+}^*\, \gamma_{H_2O}^0}, \qquad \text{(B6.3.8)}$$

$$K_{R4}(T) = \frac{x_{H_3O^+}\, x_{OH^-}}{x_{H_2O}^2}\, \frac{\gamma_{H_3O^+}^*\, \gamma_{OH^-}^*}{\left(\gamma_{H_2O}^0\right)^2}. \qquad \text{(B6.3.9)}$$

Die systematische Vorgehensweise zur Formulierung und Lösung des nichtlinearen Gleichungssystems für die vier Reaktionslaufzahlen ξ_{R1}, ξ_{R2}, ξ_{R3} und ξ_{R4} wurde bereits beschrieben, so dass an dieser Stelle darauf verzichtet werden kann. Da die Druckabhängigkeit des chemischen Potenzials in der flüssigen Phase nicht berücksichtigt wird, ist die Berechnung der wahren Zusammensetzung in der flüssigen Phase unabhängig vom Phasengleichgewicht möglich. Die praktische Berechnung erfolgt mit Hilfe von AspenPlus™ 10.1. Man erhält die in Abb. B6.5 dargestellten Ergebnisse als Funktion der CO_2-Beladung

$$L_{CO_2} = \frac{n_{CO_2,\text{tot}}}{n_{MDEA,\text{tot}}}. \qquad \text{(B6.3.10)}$$

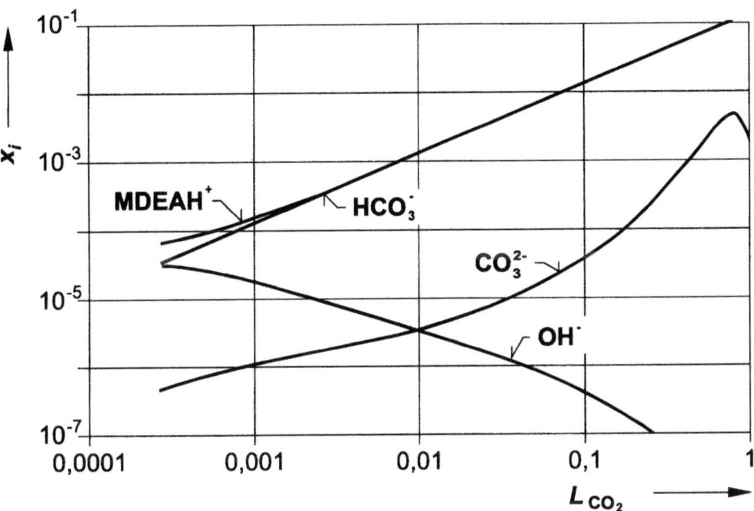

Abb. B6.5. Spezifizierung im System CO_2 + MDEA + H_2O (Elektrolyt-NRTL-Modell)

Die Beladung wird sinnvollerweise zwischen 0 und 1 variiert, da in Lösungen mit Beladungen größer als Eins eine Anlagerung der gebildeten Protonen an das MDEA stöchiometrisch nicht mehr möglich ist. Man erkennt mit zunehmender Beladung eine Umbildung des MDEA zu MDEAH$^+$ und in gleichem Maße die Zunahme der Summe aus HCO$_3^-$ und CO$_3^{2-}$.

Ist die Zusammensetzung der flüssigen Mischphase bekannt, so ist auch das Phasengleichgewicht bestimmbar. Der CO_2-Partialdruck folgt bei bekanntem Gesamtdruck aus Gl. (B6.3.2). Der berechnete Verlauf ist in Abb. B6.6 als Funktion der CO_2-Beladung ebenfalls für eine 50-prozentige MDEA-Lösung aufgetragen.

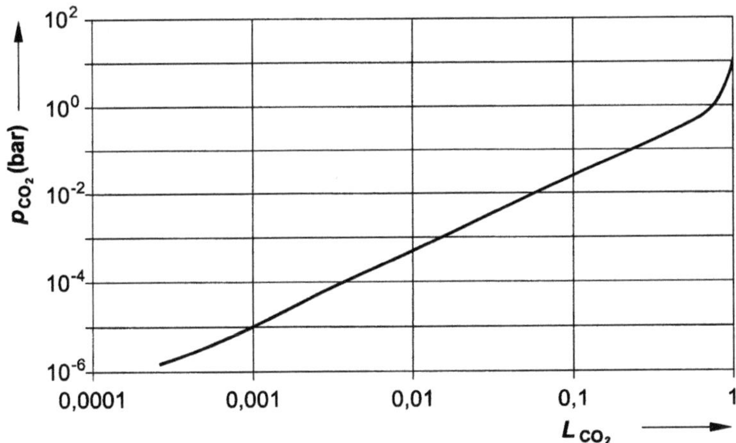

Abb. B6.6. Berechneter CO_2-Partialdruck über 50%-iger wässeriger MDEA-Lösung

In der gewählten doppelt logarithmischen Auftragung ergibt sich über weite Bereiche der Beladung ein nahezu lineare Verlauf des Partialdruckes. Die berechneten Partialdrücke sind betragsmäßig sehr gering. Erst bei Beladungen nahe Eins lässt die Pufferwirkung des Amins langsam nach und der berechnete CO_2-Partialdruck steigt stark an.

Beispiel 6.4

Abgase in Kraftwerken, die mit fossilen Brennstoffen wie Kohle oder Erdöl befeuert werden, enthalten neben den Hauptbestandteilen N_2, O_2, CO_2 und H_2O als wesentliche Schadstoffe Schwefel- und Stickoxide sowie Halogenwasssserstoffe und leichtflüchtige Schwermetallverbindungen, insbesondere elementares Quecksilber (Hg) und Quecksilber(II)chlorid ($HgCl_2$). Die Schwefeloxide werden zu ca. 99 % als Schwefeldioxid (SO_2) emittiert. Ein geringer Anteil von 0,1 bis 1 % des Schwefels wird im Kessel zu Schwefeltrioxid (SO_3) konvertiert. Die Stickoxide (NO_x) liegen im Rauchgas erfahrungsgemäß zu über 95 % als praktisch wasserunlösliches Stickstoffmonoxid (NO) und nur zum kleinen Teil als Stickstoffdioxid (NO_2) vor. Eine quantitative Absorption der Stickoxide ist daher in der Nasswäsche nicht möglich. Sie werden stattdessen in modernen Rauchgasreinigungsanlagen unter Zugabe von Ammoniak oder Harnstoff vor oder nach der Nasswäsche selektiv zu Stickstoff und Wasser reduziert. Die Abscheidung der Schwefeloxide und Halogenwasserstoffe sowie des gut wasserlöslichen Quecksilber(II)-chlorids erfolgt in Großkraftwerken überwiegend durch Nasswaschverfahren. Als Reaktionsmittel zur Alkalisierung der Waschlösung wird dabei zumeist Kalkstein ($CaCO_3$), Branntkalk (CaO) oder Kalkhydrat ($Ca(OH)_2$) eingesetzt. Das gelöste Hydrogensulfit und Sulfit wird im Wäschersumpf unter Begasung mit Luft zu Sulfat oxidiert. Bei Überschreitung des Löslichkeitsprodukts kristallisiert Gips ($CaSO_4 \cdot 2H_2O$) aus, der nach Trocknung als Wertprodukt in der Baustoffindustrie Verwendung findet.

Im folgenden Beispiel soll mit Hilfe der Gibbs-Minimierung das Gleichgewicht berechnet werden, das sich bei Kontakt eines schadstoffbeladenen Rohgases mit einem Wasserstrom einstellt. Die in Tabelle B6.4 angegebene Rohgaszusammensetzung entspricht der eines typischen Kohlekraftwerks. Für SO_3 wurde dabei ein Massenanteil von 1 % bezogen auf SO_2 angenommen. Der Anteil des $HgCl_2$ im Rohgas wurde auf ca. 30 % des elementaren Quecksilbers abgeschätzt. Die Stickoxide können auf Grund ihres geringen Einflusses auf das Lösungsverhalten der übrigen Komponenten vernachlässigt werden. Die Berechnung des Gleichgewichts wird mit den in Tabelle B6.4 angegebenen Stoffmengen für $t = 50\ °C$ und $p = 0{,}1$ MPa durchgeführt. Die zusätzliche Frischwassermenge ist mit 0,062 mol / mol feuchtes Rauchgas dabei so gewählt, dass sich im Gleichgewicht eine für Kalksteinwäscher typische Chloridkonzentration von ca. 1 mol kg^{-1} (≈ 35 g/l) in der wässerigen Lösung einstellt.

Die Schadstoffkonzentrationen (Beladungen) werden üblicherweise auf das Volumen des trockenen oder feuchten Rohgases im Normzustand, gegeben durch

$T_N = 273,15$ K, $p_N = 0,101325$ MPa, bezogen. Für die Umrechnung der auf das feuchte Rohgas bezogenen Konzentrationen gilt:

$$y_i / [\text{mol mol}^{-1}] = b_i / [\text{mg m}_{N,f}^{-3}] \frac{RT_N}{p_N M_i} = 22,414 \cdot 10^{-6} \frac{b_i / [\text{mg m}_{N,f}^{-3}]}{M_i / [\text{g mol}^{-1}]}$$

Tabelle B6.4. Rohgaskonzentrationen und vorgegebene Stoffmengen

Stoff	Konzentration [mg m$_{N,f}^{-3}$]	Molmasse [g mol^{-1}]	Molenbruch	Stoffmenge [mol]
N_2			0,72	0,72
O_2			0,06	0,06
CO_2			0,15	0,15
H_2O			0,07	0,132^a
SO_2	2000	64,063	$7,0 \cdot 10^{-4}$	$7,0 \cdot 10^{-4}$
SO_3	20	80,058	$5,6 \cdot 10^{-6}$	$5,6 \cdot 10^{-6}$
HCl	195	36,461	$1,2 \cdot 10^{-4}$	$1,2 \cdot 10^{-4}$
HF	8	20,006	$9,0 \cdot 10^{-6}$	$9,0 \cdot 10^{-6}$
Hg	$1,7 \cdot 10^{-2}$	200,61	$1,9 \cdot 10^{-9}$	$1,9 \cdot 10^{-9}$
$HgCl_2$	$5,1 \cdot 10^{-3}$	271,50	$4,2 \cdot 10^{-10}$	$4,2 \cdot 10^{-10}$

^{a} Summe aus Frischwasser (0,062 mol) und Rohgasfeuchte (0,07 mol).

Stoffdaten

Wie bei allen komplexen Systemen stellt sich zunächst die Frage, welche Komponenten im Gleichgewicht auftreten können. Im Fall des hier betrachteten Rauchgas/Wasser-Systems ist die Anzahl der Spezies, die sich rein stöchiometrisch aus dem vorgegebenen Atomvorrat bilden können, sehr hoch. Tabelle B6.5 zeigt eine Zusammenstellung der wichtigsten Komponenten. Zur Lösung des in Tabelle 6.4 und 6.5 angegebenen Gleichungssystems der Gibbs-Minimierung werden für alle diese Stoffe Zahlenwerte für die chemischen Potenziale in den verschiedenen Referenzzuständen bei der Systemtemperatur benötigt. Die Berechnung dieser Werte erfolgt nach Gl. (2.6.7) unter Annahme einer konstanten Wärmekapazität aus den im Anhang angegebenen Daten der freien Standardbildungsenthalpie $\Delta_f G^0$, der Standardbildungsenthalpie $\Delta_f H^0$ sowie der molaren Wärmekapazität C_p^0.

Auf Grund des hohen Chloridgehaltes in der wässerigen Lösung kann der Einfluss der Aktivitätskoeffizienten nicht vernachlässigt werden. Als Berechnungsgleichung für die Ionenaktivitätskoeffizienten wird der Pitzer-Ansatz mit den in Tabelle 4.5 angegebenen Parametern verwendet. Die Aktivitätskoeffizienten aller ungeladenen Spezies werden mangels ausreichender Informationen zu Eins gesetzt.

Die Gasphase kann bei dem gegebenen Zustand in guter Näherung als ideal betrachtet werden.

Tabelle B6.5. Potenzielle Komponenten im Rauchgas/Wasser-System

N_2	HCl	$HgCl_2$	$CaCl_2$	HSO_3^-	F^-	$HgCl_3^-$
O_2	HF	HgF	CaF_2	SO_3^{2-}	HS^-	$HgCl_4^{2-}$
H_2O	Cl_2	CaO		HSO_4^-	S^{2-}	HgF^+
CO_2	H_2S	$Ca(OH)_2$	H^+	SO_4^{2-}	Hg^{2+}	Ca^{2+}
SO_2	Hg	$CaCO_3$	OH^-	$S_2O_5^{2-}$	Hg_2^{2+}	
SO_3	$Hg(OH)_2$	$CaSO_3 \cdot \frac{1}{2}H_2O$	HCO_3^-	SO_2Cl^-	$HgOH^+$	
H_2SO_4	$HgCl$	$CaSO_4 \cdot 2H_2O$	CO_3^{2-}	Cl^-	$HgCl^+$	

Lösung:

Zunächst wird die Löslichkeit der gasförmigen Komponenten in reinem Wasser untersucht. Diese Rechnung entspricht den Bedingungen, die in einem Vorwäscher herrschen, der häufig dem Kalksteinwäscher zur selektiven Abscheidung der gut löslichen Halogensäuren vorgeschaltet wird. Eine besondere Schwierigkeit stellt die Berücksichtigung des im Abgas enthaltenen Sauerstoffs dar. Das thermodynamische Gleichgewicht liegt bei niedrigen Temperaturen praktisch vollständig auf der Seite der Oxidationsprodukte. Für das Rauchgas/Wasser-System bedeutet dies, dass unter Berücksichtigung des Sauerstoffs eine vollständige Oxidation des SO_2 und des elementaren Quecksilbers zu SO_3 und Quecksilber(II)-chlorid berechnet wird. Da diese Verbindungen sehr gut in Wasser löslich sind, ergibt sich als Folge der Oxidation in der Gleichgewichtsrechnung eine vollständige Absorption der im Abgas enthaltenen Schwefel- und Quecksilberverbindungen. Es ist jedoch in der Chemie bekannt, dass die Oxidationsreaktionen von Schwefeldioxid und elementarem Quecksilber bei niedrigen Temperaturen kinetisch sehr stark gehemmt sind und bei den kurzen Verweilzeiten im Vorwäscher praktisch nicht auftreten. Aus diesem Grund muss für eine realistische Berechnung des gehemmten Gleichgewichts auf die Berücksichtigung des Sauerstoffs verzichtet werden. Der Sauerstoff wird daher in der Simulationsrechnung für den Vorwäscher durch Stickstoff ersetzt. Eine erste Rechnung zeigt, dass das SO_2 in dieser reduzierenden Atmosphäre praktisch vollständig zu H_2S umgesetzt wird. Da diese Ergebnis nicht der Realität entspricht, wird auf die Komponenten H_2S sowie HS^- und S^{2-} in den weiteren Rechnungen verzichtet. Die unter diesen Annahmen berechneten Konzentrationen der wesentlichen Spezies sind in Tabelle B6.6 dargestellt. Als Startwerte für die unbekannten Stoffmengen wurden dabei die entsprechend der vorgegebenen Atommengen maximal möglichen Werte verwendet.

Tabelle B6.6. Ergebnisse der Gleichgewichtsrechnung für den Vorwäscher ($t = 50\ °C$)

Spezies	Flüssigkeit			Gasphase	
	n_i^l	m_i	$\gamma_i^{*,m}$	n_i^g	y_i
	[mol]	[mol kg^{-1}]		[mol]	
N_2	0	0	1	0,78	0,7385
H_2O	$6{,}546 \cdot 10^{-3}$	55,509	0,998	0,1254	0,1188
CO_2	$2{,}984 \cdot 10^{-7}$	$2{,}531 \cdot 10^{-3}$	1	0,1500	0,1420
SO_2	$4{,}302 \cdot 10^{-8}$	$3{,}648 \cdot 10^{-4}$	1	$6{,}999 \cdot 10^{-4}$	$6{,}627 \cdot 10^{-4}$
SO_3	$< 10^{-17}$	$< 10^{-17}$	1	$< 10^{-17}$	$< 10^{-17}$
HCl	0	0	1	$3{,}761 \cdot 10^{-6}$	$3{,}561 \cdot 10^{-6}$
HF	$2{,}228 \cdot 10^{-6}$	$1{,}889 \cdot 10^{-2}$	1	$6{,}769 \cdot 10^{-6}$	$6{,}409 \cdot 10^{-6}$
Hg	$8{,}896 \cdot 10^{-15}$	$7{,}544 \cdot 10^{-11}$	1	$2{,}320 \cdot 10^{-9}$	$2{,}197 \cdot 10^{-9}$
$HgCl_2$	$< 10^{-17}$	$< 10^{-17}$	1	$< 10^{-17}$	$< 10^{-17}$
H^+	$1{,}224 \cdot 10^{-4}$	1,038	0,790		
OH^-	$1{,}612 \cdot 10^{-17}$	$1{,}367 \cdot 10^{-13}$	0,456		
HCO_3^-	$4{,}081 \cdot 10^{-13}$	$3{,}460 \cdot 10^{-9}$	0,456		
CO_3^{2-}	$< 10^{-17}$	$< 10^{-17}$	0,043		
HSO_3^-	$7{,}974 \cdot 10^{-10}$	$6{,}762 \cdot 10^{-6}$	0,456		
SO_3^{2-}	$5{,}566 \cdot 10^{-16}$	$4{,}720 \cdot 10^{-12}$	0,043		
$S_2O_5^{2-}$	$7{,}402 \cdot 10^{-16}$	$6{,}276 \cdot 10^{-12}$	0,043		
SO_2Cl^-	$1{,}083 \cdot 10^{-8}$	$9{,}180 \cdot 10^{-5}$	0,456		
HSO_4^-	$4{,}999 \cdot 10^{-6}$	$4{,}239 \cdot 10^{-2}$	0,938		
SO_4^{2-}	$6{,}014 \cdot 10^{-7}$	$5{,}100 \cdot 10^{-3}$	0,045		
Cl^-	$1{,}162 \cdot 10^{-4}$	0,986	0,788		
F^-	$2{,}681 \cdot 10^{-9}$	$2{,}274 \cdot 10^{-5}$	0,456		
HF_2^-	$1{,}558 \cdot 10^{-10}$	$1{,}321 \cdot 10^{-6}$	0,456		
$HgCl_3^-$	$1{,}512 \cdot 10^{-16}$	$1{,}282 \cdot 10^{-12}$	0,456		
$HgCl_4^{2-}$	$3{,}813 \cdot 10^{-15}$	$3{,}318 \cdot 10^{-11}$	0,043		

Stoffmenge Gas:	1,056 mol
Stoffmenge Flüssigkeit:	$6{,}793 \cdot 10^{-3}$ mol
Ionenstärke:	1,043 mol kg^{-1}

pH-Wert: 0,086

Die Ergebnisse zeigen, dass SO_3 und HCl als starke Elektrolyte nahezu vollständig absorbiert werden. Fluorwasserstoff wird als schwacher Elektrolyt nur zu ca. 25 % abgeschieden und liegt infolge des niedrigen pH-Wertes praktisch nur in undissoziierter Form vor. Das SO_2 wird im Vorwäscher praktisch nicht absorbiert und tritt bei dem sehr niedrigen pH-Wert und dem hohen Chloridgehalt in der wässerigen Lösung nur in undissoziierter Form und als SO_2Cl^--Komplex auf. Das zweiwertige Quecksilber wird durch das SO_2 im Gleichgewicht vollständig zu elementarem

Quecksilber reduziert, das auf Grund seiner extrem niedrigen Löslichkeit praktisch nur in der Gasphase enthalten ist. Feststoffe treten nicht auf. Eine Vergleichsrechnung unter der Annahme der idealen bzw. ideal verdünnten Lösung zeigt, dass die ermittelten Konzentrationen kaum durch die Aktivitätskoeffizienten beeinflusst werden, sondern im Wesentlichen durch die Gleichgewichtslage der chemischen Reaktionen bestimmt sind. Das berechnete Lösungsverhalten der Hauptkomponenten steht in guter Übereinstimmung mit Betriebserfahrungen und Messwerten aus entsprechenden technischen Anlagen. Die vollständige Reduktion des zweiwertigen Quecksilbers wird durch experimentelle Gleichgewichtsuntersuchungen ebenfalls bestätigt und beweist damit auch bezüglich der Komponente Quecksilber die Richtigkeit der Annahme einer reduzierenden Atmosphäre (Krissmann et al. 1998).

In der folgenden Rechnung wird der Einfluss von Kalkstein auf die Absorption der Schadstoffe untersucht. Die Stoffmenge des Kalksteins wird mit $8{,}0 \cdot 10^{-4}$ mol so gewählt, dass sie auf jeden Fall für eine vollständige Umwandlung der im Abgas enthaltenen Schwefeloxide zu Gips ausreicht. Auf Grund der Begasung des Wäschersumpfes mit Luft und der hohen Verweilzeiten der umlaufenden Waschsuspension muss im Kalksteinwäscher die Oxidation des Sulfits zu Sulfat durch den vorhandenen Sauerstoff berücksichtigt werden. Gleichzeitig soll die auch im Kalksteinwäscher kinetisch stark gehemmte Oxidation des elementaren Quecksilbers jedoch wieder unterbunden werden. Zur Modellierung dieses teilweise gehemmten Gleichgewichts wird in der atomaren Zusammensetzung der Spezies zwischen reaktivem und nichtreaktivem Sauerstoff unterschieden. Der reaktive Sauerstoff O^* tritt nur im Sauerstoffmolekül, im SO_3, im Hydrogensulfat, im Sulfat und im Gips auf. Für die Atomzusammensetzung dieser vier Spezies gilt

	Ca	S	H	O	O^*
O_2	0	0	0	0	2
SO_3	0	1	0	2	1
HSO_4^-	0	1	1	3	1
SO_4^{2-}	0	1	0	3	1
$CaSO_4 \cdot 2H_2O$	1	1	4	5	1

In allen übrigen Komponenten tritt nur der nichtreaktive Sauerstoff auf. Durch diese Modellierung kann die Oxidation des elementaren Quecksilbers zu zweiwertigem Quecksilberchlorid, d.h.

$$Hg(aq) + \tfrac{1}{2}\,O_2 + 2\,HCl \;\rightleftharpoons\; HgCl_2 + H_2O,$$

unterbunden werden, während eine Oxidation des gelösten Hydrogensulfits möglich ist. Die Ergebnisse der Simulationsrechnung für den Kalksteinwäscher sind in Tabelle B6.7 zusammengefasst.

Tabelle B6.7. Ergebnisse für den Kalksteinwäscher ($t = 50\ ^{\circ}$C)

Spezies	Flüssigkeit			Gasphase	
	n_i^{l}	m_i	$\gamma_i^{*,m}$	n_i^{g}	y_i
	[mol]	[mol kg^{-1}]		[mol]	
N_2	0	0	1	0,72	0,6816
O_2	0	0	1	0,05965	0,0565
H_2O	$4{,}784 \cdot 10^{-3}$	55,509	1,002	0,1259	0,1192
CO_2	$2{,}192 \cdot 10^{-7}$	$2{,}543 \cdot 10^{-3}$	1	0,1508	0,1427
SO_2	$< 10^{-13}$	$< 10^{-13}$	1	$< 10^{-13}$	$< 10^{-13}$
SO_3	$< 10^{-13}$	$< 10^{-13}$	1	$< 10^{-13}$	$< 10^{-13}$
HCl	0	0	1	$1{,}045 \cdot 10^{-11}$	$9{,}894 \cdot 10^{-12}$
HF	$1{,}446 \cdot 10^{-11}$	$1{,}678 \cdot 10^{-7}$	1	$6{,}013 \cdot 10^{-11}$	$5{,}692 \cdot 10^{-11}$
Hg	$< 10^{-13}$	$6{,}177 \cdot 10^{-11}$	1	$1{,}900 \cdot 10^{-9}$	$1{,}800 \cdot 10^{-9}$
$HgCl_2$	$1{,}658 \cdot 10^{-13}$	$1{,}924 \cdot 10^{-9}$	1	$< 10^{-13}$	$< 10^{-13}$
H^+	$1{,}808 \cdot 10^{-10}$	$2{,}097 \cdot 10^{-6}$	0,697		
OH^-	$8{,}290 \cdot 10^{-12}$	$9{,}619 \cdot 10^{-8}$	0,365		
HCO_3^-	$7{,}258 \cdot 10^{-8}$	$8{,}421 \cdot 10^{-4}$	1,060		
CO_3^{2-}	$1{,}409 \cdot 10^{-10}$	$1{,}635 \cdot 10^{-5}$	0,028		
HSO_3^-	$< 10^{-13}$	$< 10^{-13}$	1,074		
SO_3^{2-}	$< 10^{-13}$	$< 10^{-13}$	0,034		
$S_2O_5^{2-}$	$< 10^{-13}$	$< 10^{-13}$	0,052		
SO_2Cl^-	$< 10^{-13}$	$< 10^{-13}$	0,365		
HSO_4^-	$4{,}082 \cdot 10^{-11}$	$4{,}737 \cdot 10^{-7}$	0,365		
SO_4^{2-}	$9{,}105 \cdot 10^{-7}$	$1{,}056 \cdot 10^{-2}$	0,053		
Cl^-	$1{,}200 \cdot 10^{-4}$	1,392	0,870		
F^-	$1{,}221 \cdot 10^{-8}$	$1{,}417 \cdot 10^{-4}$	0,365		
HF_2^-	$< 10^{-13}$	$7{,}309 \cdot 10^{-11}$	0,365		
$HgCl_3^-$	$5{,}256 \cdot 10^{-12}$	$6{,}099 \cdot 10^{-8}$	0,365		
$HgCl_4^{2-}$	$4{,}145 \cdot 10^{-10}$	$4{,}809 \cdot 10^{-6}$	0,018		
Ca^{2+}	$6{,}095 \cdot 10^{-5}$	0,7072	0,100		

$CaCO_3(s)$	$2{,}986 \cdot 10^{-5}$ mol	
$CaSO_4 \cdot 2H_2O(s)$	$7{,}047 \cdot 10^{-4}$ mol	
$CaF_2(s)$	$4{,}494 \cdot 10^{-6}$ mol	

Stoffmenge Gas:	1,056 mol
Stoffmenge Flüssigkeit:	$4{,}966 \cdot 10^{-3}$ mol
Ionenstärke:	2,132 mol kg^{-1}

pH-Wert: 5,835

Die Ergebnisse in Tabelle B6.7 zeigen, dass unter Zusatz des alkalisch dissoziierenden Kalksteins alle sauren Schadstoffe im Gleichgewicht vollständig absorbiert werden. Die Schwefeloxide werden dabei quantitativ in Gips umgesetzt, Fluorwasserstoff fällt als Calciumfluorid aus. Das absorbierte HCl ist als vollständig dissoziiertes Calciumchlorid in der Suspension gelöst. Das Quecksilber(II)chlorid findet sich in den Ionenkomplexen $HgCl_3^-$ und $HgCl_4^{2-}$ wieder, während das elementare Quecksilber unverändert in der Gasphase verbleibt.

Das mit Hilfe von Gleichgewichtsrechnungen unter Einbeziehung reaktionskinetischen a-priori Wissens berechnete Absorptionsverhalten der Rauchgasinhaltsstoffe steht in guter qualitativer Übereinstimmung mit Messdaten aus realen Rauchgasentschwefelungsanlagen (Luckas et al. 1994). Unter zusätzlicher Berücksichtigung des Stofftransportes zwischen dem Gas und der Flüssigkeit, sowie zwischen Flüssigkeit und Feststoff gelingt mit Hilfe des vorgestellten Gleichgewichtsmodells auch eine gute quantitative Beschreibung technischer Absorptionsprozesse (Eden u. Luckas 1998; Luckas u. Heiting 2000).

Bei der Berechnung des Gleichgewichts für den Kalksteinwäscher erweist sich die Anwendung des in Abschn. 6.2 beschriebenen Stabilitätskriteriums zur Untersuchung der Bildung weiterer reiner Phasen als äußerst hilfreich. Als potenzielle reine Feststoffe kommen im Kalksteinwäscher $CaCO_3(s)$, $CaSO_4 \cdot 2H_2O(s)$, $CaSO_3 \cdot \frac{1}{2}H_2O(s)$, $Ca(OH)_2(s)$, $CaO(s)$, $CaF_2(s)$, $CaCl_2(s)$ und $HgCl_2(s)$ in Betracht. Darüber hinaus ist die mögliche Bildung von reinem flüssigen Quecksilber, $Hg(l)$, zu berücksichtigen. Die Einbeziehung all dieser Phasen führt in der Gibbs-Minimierung zu erheblichen Konvergenzschwierigkeiten. Es empfiehlt sich daher eine schrittweise Einführung der zusätzlichen Phasen. Die Reihenfolge wird dabei durch den nach Gl. (6.2.35) zu berechnenden dimensionslosen Gradienten, der ein Maß für das Bildungspotenzial einer reinen Phase darstellt, bestimmt. Negative Gradienten weisen entsprechend den Ausführungen in Abschn. 6.2 auf eine Übersättigung der Suspension hin. Die Ergebnisse der systematischen Stabilitätsuntersuchung sind in Tabelle B6.8 zusammengefasst.

Eine erste Rechnung ohne Feststoffe zeigt, dass die Suspension sowohl an Kalkstein als auch an Calciumfluorid und Gips übersättigt ist. Für alle anderen Phasen ergeben sich positive Gradienten. Die Hinzunahme von Kalkstein als feste Phase führt im folgenden Schritt erwartungsgemäß zu einer Verringerung der freien Enthalpie des Gesamtsystems. Es wird weiterhin entsprechend der negativen Gradienten eine Übersättigung an Calciumfluorid und Gips angezeigt. Die sukzessive Berücksichtigung dieser Phasen führt in den folgenden beiden Gleichgewichtsrechnungen zu einer weiteren Abnahme der freien Enthalpie und dem Verschwinden aller negativen Gradienten. Damit sind alle Übersättigungen abgebaut und das System ist im stabilen thermodynamischen Gleichgewicht. Die Nichtberücksichtigung einer oder mehrerer der gebildeten festen Phasen führt, wie am Beispiel des in Tabelle B6.8 angegebenen pH-Wertes deutlich wird, zu nicht vernachlässigbaren Fehlern in der Zusammensetzung der Flüssigphase.

Tabelle B6.8. Ergebnisse der Stabilitätsuntersuchung (Gradienten nach Gl. (6.2.35))

	1. Rechnung: ohne feste Phasen	2. Rechnung: mit $CaCO_3(s)$	3. Rechnung: zusätzlich mit $CaF_2(s)$	4. Rechnung: zusätzlich mit $CaSO_4 \cdot 2H_2O(s)$
Gradient $CaCO_3(s)$	-10,41	0	0	0
Gradient $CaF_2(s)$	-10,33	-10,37	0	0
Gradient $CaSO_4 \cdot 2H_2O(s)$	-5,06	-5,07	-5,08	0
Gradient $Ca(OH)_2(s)$	13,70	24,10	24,10	24,04
Gradient $CaCl_2(s)$	26,72	26,74	26,73	27,01
Gradient $CaO(s)$	34,69	45,10	45,10	45,09
Gradient $CaSO_3 \cdot \frac{1}{2}H_2O(s)$	82,35	82,35	82,34	87,50
Gradient $Hg(l)$	9,20	9,20	9,20	9,21
Gradient $HgCl_2(s)$	20,55	20,50	20,49	17,38
G/RT	-34,72205	-34,72233	-34,72237	-34,72553
pH-Wert	8,04	5,78	5,78	5,835

Anhang

Tabelle A1. Kalorische Standarddaten, T^0 = 298,15 K, p^0 = 100 kPa ([1] Wagman et al. (1982); [2] Bard et al. (1985); [3] Reid et al. (1987); [4] Goldberg und Parker (1985); [5] Hepler und Olofsson (1975); [6] Krissmann (1999); [7] Knacke et al. (1991))

Substanz	Referenz-zustand	$\Delta_f H^0$ [kJ mol^{-1}]	$\Delta_f G^0$ [kJ mol^{-1}]	C_p^0 [J mol^{-1} K^{-1}]	Quelle
N_2(g)	ig	0	0	Polynom [3]	Definition
O_2(g)	ig	0	0	Polynom [3]	Definition
H_2O(g)	ig	-241,818	-228,572	Polynom [3]	[1]
CO_2(g)	ig	-393,509	-394,359	Polynom [3]	[1]
SO_2(g)	ig	-296,81	-300,09	Polynom [3]	[4]
SO_3(g)	ig	-395,72	-371,06	Polynom [3]	[1]
H_2SO_4(g)	ig	-743,9	-662,91	---	[1]
H_2S(g)	ig	-20,63	-33,56	Polynom [3]	[1]
HCl(g)	ig	-92,307	-95,299	Polynom [3]	[1]
HF(g)	ig	-271,1	-273,2	Polynom [3]	[1]
NH_3(g)	ig	-46,11	-16,45	Polynom [3]	[1]
NO_2(g)	ig	33,18	51,31	Polynom [3]	[1]
NO(g)	ig	90,25	86,55	Polynom [3]	[1]
N_2O(g)	ig	82,05	104,20	Polynom [3]	[1]
Hg(g)	ig	61,317	31,820	20,80 [3]	[5]
HgCl(g)	ig	84,1	62,7	36,32	[1]
$HgCl_2$(g)	ig	-143,1	-141,8	Polynom [7]	[2]
HgF(g)	ig	4,2	-17,2	34,56	[1]
H_2O(l)	0,1	-285,830	-237,129	75,291	[1]
Hg(l)	0,1	0	0	27,983	[1]
CO_2(aq)	*,m	-413,800	-385,980	---	[1]
SO_2(aq)	*,m	-323,16	-300,503	194,8	[6]
H_2S(aq)	*,m	-39,7	-27,83	---	[1]
HF(aq)	*,m	-320,08	-296,82	---	[1]
NH_3(aq)	*,m	-80,29	-26,50	---	[1]
Hg(aq)	*,m	21,776	37,244	154,2	[6]

Substanz	Referenz-zustand	$\Delta_f H^0$ [kJ mol⁻¹]	$\Delta_f G^0$ [kJ mol⁻¹]	C_p^0 [J mol⁻¹ K⁻¹]	Quelle
$Hg(OH)_2(aq)$	$*,m$	-359,8	-274,5	---	[2]
$HgCl_2(aq)$	$*,m$	-217,1	-172,8	151 [6]	[2]
H^+	$*,m$	0	0	0	Konvention
Ca^{2+}	$*,m$	-542,83	-553,58	---	[1]
K^+	$*,m$	-252,38	-283,27	21,8	[1]
Na^+	$*,m$	-240,12	-261,905	46,4	[1]
NH_4^+	$*,m$	-132,51	-79,31	79,9	[1]
Cu^{2+}	$*,m$	65,78	65,7	---	[2]
Zn^{2+}	$*,m$	-152,84	-147,16	---	[2]
Hg^{2+}	$*,m$	170,16	164,703	---	[2]
Hg_2^{2+}	$*,m$	166,82	153,607	---	[2]
$HgOH^+$	$*,m$	-84,5	-52,01	---	[2]
$HgCl^+$	$*,m$	-19,7	-5,0	---	[2]
$HgCl_3^-$	$*,m$	-383,76	-309,57	29	[6]
$HgCl_4^{2-}$	$*,m$	-560,76	-444,47	-169	[6]
HgF^+	$*,m$	-158,2	-123,4	---	[1]
OH^-	$*,m$	-229,994	-157,244	-148,8	[1]
Cl^-	$*,m$	-167,159	-131,228	-136,4	[1]
F^-	$*,m$	-332,63	-278,79	-106,7	[1]
HF_2^-	$*,m$	-649,94	-578,08	---	[1]
HCO_3^-	$*m$	-691,99	-586,77	---	[1]
CO_3^{2-}	$*,m$	-677,14	-527,81	---	[1]
HSO_3^-	$*,m$	-626,790	-527,032	-1,9	[6]
SO_3^{2-}	$*,m$	-630,440	-486,092	-263,9	[6]
HSO_4^-	$*,m$	-887,34	-755,91	-84	[1]
SO_4^{2-}	$*,m$	-909,27	-744,53	-293	[1]
$S_2O_5^{2-}$	$*,m$	-972,35	-808,405	-100	[6]
SO_2Cl^-	$*,m$	-490,320	-426,991	58,40	[6]
HS^-	$*,m$	-17,6	12,08	---	[1]
S^{2-}	$*,m$	33,1	85,8	---	[1]
NO_2^-	$*,m$	-104,6	-32,2	-97,5	[1]
NO_3^-	$*,m$	-205,0	-108,74	-86,6	[1]
$Cu(s)$	$0,s$	0	0	24,435	[1]
$Ag(s)$	$0,s$	0	0	25,351	[1]
$AgCl(s)$	$0,s$	-127,068	-109,789	50,79	[1]
$Zn(s)$	$0,s$	0	0	25,40	[1]
$NaCl(s)$	$0,s$	-411,153	-384,138	50,50	[1]

Substanz	Referenz-zustand	$\Delta_f H^0$ [kJ mol^{-1}]	$\Delta_f G^0$ [kJ mol^{-1}]	C_p^0 [J mol^{-1} K^{-1}]	Quelle
NaOH(s)	0,s	-425,609	-379,494	59,54	[1]
CaO(s)	0,s	-635,09	-604,03	42,80	[1]
Ca(OH)$_2$(s)	0,s	-986,09	-898,49	87,49	[1]
CaCO$_3$(s)	0,s	-1206,92	-1128,79	81,88	[1]
CaSO$_3$·0,5H$_2$O(s)	0,s	-1311,7	-1199,23	---	[1]
CaSO$_4$·2H$_2$O(s)	0,s	-2022,63	-1797,28	186,02	[1]
CaF$_2$(s)	0,s	-1219,6	-1167,3	67,03	[1]
CaCl$_2$(s)	0,s	-795,8	-748,1	72,59	[1]
HgCl$_2$(s)	0,s	-225,9	-180,3	73,93 [7]	[2]

Literatur

Abrams DS, Prausnitz JM (1975) Statistical Thermodynamics of Liquid Mixtures. A new Expression for the Excess Gibbs Energy of Partly or Completely Miscible Systems. AIChE J. 21: 116–128

Achard C, Dussap CG, Gros JB (1994) Representation of Vapor-Liquid Equilibria in Water-Alcohol-Electrolyte Mixtures with a Modified UNIFAC Group-Contribution Method. Fluid Phase Equilibria 98: 71–89

Atkins PW (1996) Physikalische Chemie. VCH-Verlag, Weinheim

Austgen DM (1989) A Model of Vapor-Liquid Equilibria for Acid Gas-Alkanolamine-Water Systems. Dissertation, University of Texas at Austin

Austgen DM, Rochelle GT, Peng X, Chen CC (1989) Model of Vapor-Liquid Equilibria for Aqueous Acid Gas-Alkanolamine Systems Using the Electrolyte-NRTL Equation. Ind. Eng. Chem. Res. 28: 1060–1073

Austgen DM, Rochelle GT, Chen CC (1991) Model of Vapor-Liquid Equilibria for Aqueous Acid Gas-Alkanolamine Systems. 2. Representation of H_2S and CO_2 Solubility in Aqueous MDEA and CO_2 Solubility in Mixtures with MEA or DEA. Ind. Eng. Chem. Res. 30: 543–555

Bard AJ, Parsons A, Jordan, J (1985) Standard Potentials in Aqueous Solution. Marcel Dekker, New York

Barthel J, Gores H, Schmeer G, Wachter R (1983) Non-Aqueous Electrolyte Solutions in Chemistry and Modern Technology. Topics of Current Chemistry, Vol. 111, Springer, Berlin Heidelberg New York

Bishnoi S, Rochelle GT (2000) Physical and Chemical Solubility of Carbon Dioxide in Aqueous Methyldiethanolamine. Fluid Phase Equilibria 168: 241–258

Bosen A, Engels H (1988) Description of the Phase Equilibrium of Sulfuric Acid with the NRTL Equation and a Solvation Model in a Wide Concentration and Temperature Range. Fluid Phase Equilibria 43: 213–230

Bosen A (1992) Solvatationsmodelle zur thermodynamischen Beschreibung von Elektrolytlösungen. Shaker-Verlag, Aachen.

Boublik T, Fries V, Hala, E (1973) The Vapor Pressure of Pure Substances. Elsevier, New York

Bourne DWA, Higuchi T, Pitman IH (1974) Chemical Equilibria in Solutions of Bisulfite Salts. J. Pharm. Sci. 63: 865–868

Brandani V, Del Re G, Di Giacomo G (1985) Vapour-Liquid Equilibrium of Water-Calcium Chloride and Ethanol-Calcium Chloride from 30 to 95°C. La Chimica e l'Industria 67: 392–399

Bratsch SG (1989) Standard Electrode Potentials and Temperature Coefficients in Water at 298.15 K. J. Phys. Chem. Ref. Data 18: 1–21

Brelvi SW, O'Connell JP (1972) Corresponding States Correlation for Liquid Compressibility and Partial Molal Volumes at Infinite Dilution in Liquids. AIChE J. 18: 1239–1243.

Bromley LA (1972) Approximate Individual Ion Values of β (or B) in Extended Debye-Hückel theory for Uni-univalent Aqueous Solutions at 298.15 K. J. Chem. Thermodynamics 4: 669–673

Bromley LA (1973) Thermodynamic Properties of Strong Electrolytes in Aqueous Solutions. AIChE J. 19: 313–320

Chen CC, Britt HI, Boston JF, Evans LB (1982) Local Composition Model for the Excess Gibbs Energy of Electrolyte Systems. AIChE J. 28: 588–596

Chen CC, Evans LB (1986) A Local Composition Model for the Excess Gibbs Energy of Aqueous Electrolyte Systems. AIChE J. 32: 444–454

Criss CM, Cobble JW (1964) The Thermodynamic Properties of High Temperature Aqueous Solutions. IV. Entropies of the Ions up to 200°C and the Correspondence Principle. J. Am. Chem. Soc. 86: 5385–5390

Criss CM, Cobble JW (1964) The Thermodynamic Properties of High Temperatures Aqueous Solutions. V. The Calculation of Ionic Heat Capacities above 200°. J. Am. Chem. Soc. 86: 5390–5393

Davies CW (1938) The Extent of Dissociation of Salts in Water. Part VIII. An Equation for the Mean Ionic Activitiy Coefficient of an Electrolyte in Water, and a Revision of the Dissociation Constants of Some Sulphates. J. Chem. Soc.: 2093–2098

Davies CW (1962) Ion Association. Butterworths Scientific Publications, London

Debye P, Hückel E (1923a) Zur Theorie der Elektrolyte. Phys. Zeitschrift 24: 185–206

Debye P, Hückel E (1923b) Zur Theorie der Elektrolyte II. Phys. Zeitschrift 24: 305–325

Denbigh K (1974) Prinzipien des chemischen Gleichgewichts. Steinkopff-Verlag, Darmstadt

Dickons AG, Wesolowski DJ, Palmer DA, Mesmer RE (1990) Dissociation Constant of Bisulfate Ion in Aqueous Sodium Chloride Solutions to 250°C. J. Phys. Chem. 94: 7978–7985

Eden D, Luckas M (1998) Ein Wärme- und Stofftransportmodell zur Simulation der Rauchgasreinigung nach dem Kalksteinwaschverfahren. Chemie Ingenieur Technik 70: 160–165

Edwards TJ, Maurer G, Newman J, Prausnitz JM (1978) Vapor-Liquid Equilibria in Multicomponent Aqueous Solutions of Volatile Weak Electrolytes. AIChE J. 24: 966–976

Engels H (1985) Anwendung des Modells der lokalen Zusammensetzung auf Elektrolytlösungen. Dissertation, RWTH Aachen

Engels H (1990) Phase Equilibria and Phase Diagrams of Electrolytes. DECHEMA Chemistry Data Series, Vol. XI, Part 1, DECHEMA, Frankfurt.

Fritz JJ, Fuget CR (1956) Vapor Pressure of Aqueous Hydrogen Chloride Solutions, 0° to 50 °C. Chemical and Engineering Data Series 1: 10–12

Gautam R, Seider WD (1979a) Computation of Phase and Chemical Equilibrium. Part I. Local and Constrained Minima in Gibbs Free Energy. AIChE J. 25: 991–999

Gautam R, Seider WD (1979b) Computation of Phase and Chemical Equilibrium. Part II. Phase-splitting. AIChE J. 25: 999–1006

Gautam R, Seider WD (1979c) Computation of Phase and Chemical Equilibrium. Part III. Electrolytic Solutions. AIChE J. 25: 1006–1015

Gmehling J, Kolbe B (1992) Thermodynamik. VCH, Weinheim

Gmehling J, Onken U, Arlt W, Grenzheuser P, Weidlich U, Kolbe B (ab 1977) Vapor-Liquid Equilibrium Data Collection, DECHEMA Chemistry Data Series, Vol. I, 13 Bände, DECHEMA, Frankfurt

Gmehling J, Tiegs D, Medina A, Soares M, Bastos J, Alessi P, Kicic I, Schiller M, Menke J (1986, 1994) Activity Coefficients at Infinite Dilution, DECHEMA Chemistry Data Series, 4 Bände, DECHEMA, Frankfurt

Goldberg RN, Nuttall RL (1978) Evaluated Activity and Osmotic Coefficients for Aqueous Solutions: The Alkaline Earth Metal Halides. J. Phys. Chem. Ref. Data 7: 263–310

Goldberg RN, Parker VB (1985) Thermodynamics of Solution of $SO_2(g)$ in Water and of Aqueous Sulfur Dioxide Solutions. J. Res. Natl. Bur. Stand. 90: 341–358

Haghtalab A, Vera JH (1988) A Nonrandom Factor Model for the Excess Gibbs Energy of Electrolyte Solutions. AIChE J. 34: 803–813

Haghtalab A, Vera JH (1991) Nonrandom Factor Model for Electrolyte Solutions. AIChE J. 37: 147–149

Hamann CH, Vielstich W (1998) Elektrochemie. Wiley-VCH, Weinheim

Hamer WJ, Wu YC (1972) Osmotic Coefficients and Mean Activity Coefficients Uni-Univalent Electrolytes in Water at 25°C. J. Phys. Chem. Ref. Data 1: 1047–1099

Harned HS, Ehlers RW (1932) The Dissociation Constant of Acetic Acid from 0 to 35° Centigrade. J. Am. Chem. Soc. 54: 1350–1357

Harned HS, Ehlers RW (1933) The Thermodynamics of Aqueous Hydrochloric Acid Solutions from Electromotive Force Measurements. J. Am. Chem. Soc. 55: 2179–2193

Harned HS, Owen BB (1958) The Physical Chemistry of Electrolytic Solutions. ACS, New-York

Hasse H (1996) Anwendungen der Spektroskopie in thermodynamischen Untersuchungen fluider Mischungen. Fortschritt-Berichte, Verfahrenstechnik, Nr. 458, VDI-Verlag, Düsseldorf

Hepler LG, Olofsson G (1975) Mercury: Thermodynamic Properties, Chemical Equilibria, and Standard Potentials. Chem. Rev. 75: 585–602

Iliuta MC, Thyrion FC (1996) Salts effects on Vapour-Liquid Equilibrium of Acetone-Methanol System. Fluid Phase Equilibria 121: 235–252

Johnson AI, Furter WF (1960) Salt Effect in Vapor-Liquid Equilibrium, Part II. Can. J. Chem. Eng.: 78–87

Kikic I, Fermeglia M, Rasmussen P (1991) UNIFAC Prediction of Vapor-Liquid Equilibria in Mixed Solvent-Salt Systems. Chem. Eng. Sci. 46: 2775–2780

Knacke O, Kubaschewski O, Hesselmann K (1991) Thermochemical Properties of Inorganic Substances. Springer, Berlin Heidelberg New York

Krissmann J (1999) Komplexe Gleichgewichte bei der nassen Rauchgasreinigung. Fortschritt-Berichte, Verfahrenstechnik, Nr. 598, VDI-Verlag, Düsseldorf

Krissmann J, Siddiqi MA, Lucas K (1997) Absorption of Sulfur Dioxide into Aqueous Solutions of Sulfuric and Hydrochloric Acid. Fluid Phase Equilibria 141: 221–233

Krissmann J, Siddiqi MA, Peters-Gerth P, Ripke M, Lucas K (1998) A Study of the Thermodynamic Behavior of Mercury in a Wet Flue Gas Cleaning Process. Ind. Eng. Chem. Res. 37: 3288–3294

Krissmann J, Siddiqi MA, Lucas K (2000) Improved Thermochemical Data for Computation of Phase and Chemical Equilibria in Flue-Gas/Water Systems. Fluid Phase Equilibria 169: 223–236

Landolt-Börnstein (1977) Zahlenwerte und Funktionen aus Naturwissenschaft und Technik. Teil IV Bd. 1b, Springer, Berlin Heidelberg New York

Li J, Polka HM, Gmehling J (1994) A g^E-model for single and mixed solvent electrolyte systems. I. Model and results for strong electrolytes. Fluid Phase Equilibria 94: 89–114

Lichtfers U, Rumpf B (2000) Infrarotspektroskopische Untersuchungen zur Ermittlung von Spezieskonzentrationen in wässerigen Lösungen, die Ammoniak und Kohlendioxid enthalten. Chemie Ingenieur Technik, 72: 1526–1530

Lide DR (ed) (1996) CRC Handbook of Chemistry and Physics, 77th edition. CRC Press, London

Linke WF, Seidell A (1965) Solubilities of Inorganic and Metal-Organic Compounds, Vol II. American Chemical Society, Washington

Liu Y, Harvey AH, Prausnitz JM (1989) Thermodynamics of Concentrated Electrolyte Solutions. Chem. Eng. Comm. 77: 43–66

Liu Y, Wimbey M, Grén U (1989) An Activity-Coefficient Model for Electrolyte Systems. Computers Chem. Engng. 13: 405–410

Liu Y, Grén U (1991) Simultaneous Correlation of Activity Coefficients for 55 Aqueous Electrolytes using a Model with Ion Specific Parameters. Chem. Eng. Sci. 46: 1815–1821

Liu Y, Watanasiri S (1996) Representation of Liquid-Liquid Equilibrium of Mixed-Solvent Electrolyte Systems Using the Extended Electrolyte NRTL-Model. Fluid Phase Equilibria 116: 193–200

Lu XH, Maurer G (1993) Model for Describing Activity Coefficients in Mixed Electrolyte Aqueous Solutions. AIChE J. 39: 1527–1538

Lucas K (1991) Applied Statistical Thermodynamics. Springer, Berlin Heidelberg New York

Luckas M (1996) Berechnung und Modellierung komplexer Phasen- und Reaktionsgleichgewichte in wäßrigen Elektrolytlösungen. Chemie-Ingenieur-Technik 68: 390–398

Luckas M, Eden D (1995) Improved Representation of the Vapor-Liquid Equilibrium of HCl-H_2O. AIChE J. 41: 1041–1043

Luckas M, Heiting B (2000) Simulation der Rauchgasentschwefelung für REA-Wäscher in Kraftwerken. PowerPlant Chemistry 2: 123–128

Luckas M, Lucas K, Roth H (1994) Computation of Phase and Chemical Equilibria in Flue-Gas/Water Systems. AIChE J. 40: 1892–1900

Macedo EA, Skovborg P, Rasmussen P (1990) Calculation of Phase Equilibria for Solutions of Strong Electrolytes in Solvent-Water Mixtures. Chem. Eng. Sci. 45: 875–882

Marshall WL, Franck EU (1981) Ion Product of Water Substance, 0-1000 °C,1-10,000 Bars. New International Formulation and its Background. J. Phys. Chem. Ref. Data 10: 295–304

Maurer G (1980) On the Solubility of Volatile Weak Electrolytes in Aqueous Solutions. In: Thermodynamics of Aqueous Systems with Industrial Applications. ACS, New York: 139–172

Meissner HP, Peppas NA (1973) Activity Coefficients - Aqueous Solutions of Polybasic Acids and Their Salts. AIChE J. 19: 806–809

Mock B, Evans LB, Chen, CC (1986) Thermodynamic Representation of Phase Equilibria of Mixed-Solvent Electrolyte Systems. AIChE J. 32: 1655–1664

Pasel Ch (2000) persönliche Mitteilung

Pitzer KS (1973) Thermodynamics of Electrolytes. I. Theoretical Basis and General Equations. J. Phys. Chem. 77: 268–277

Pitzer KS (1980) Electrolytes. From Dilute Solutions to Fused Salts. J. Am. Chem. Soc. 102: 2902–2906

Pitzer KS (1991) Activity Coefficients in Electrolyte Solutions. CRC, Boca Raton

Pitzer KS, Mayorga G (1973) Thermodynamics of Electrolytes. II. Activity and Osmotic Coefficients for Strong Electrolytes with One or Both Ions Univalent. J. Phys. Chem. 77: 2300–2308

Pitzer KS, Kim JJ (1974) Thermodynamics of Electrolytes. IV. Activity and Osmotic Coefficients for Mixed Electrolytes. J. Phys. Chem. 78: 5701–5706

Pitzer KS, Mayorga G (1974) Thermodynamics of Electrolytes. III. Activity and Osmotic Coefficients for 2-2 Electrolytes. J. Sol. Chem. 3: 539–546

Pitzer KS, Roy RN, Silvester LF (1977) Thermodynamics of Electrolytes. 7. Sulfuric Acid. J. Am. Chem. Soc. 99: 4930–4936

Posey MI, Rochelle GT (1997) A Thermodynamic Model of Methyldiethanolamine-CO_2-H_2S-Water. Ind. Eng. Chem. Res. 36: 3944–3953

Polka HM, Li J, Gmehling J (1994) A g^E-Model for Single and Mixed Solvent Electrolyte Systems. 2. Results and Comparison with other Models. Fluid Phase Equilibria 94: 115–127

Rastogi A, Tassios D (1980) Estimation of Thermodynamic Properties of Binary Aqueous Electrolytic Solutions in the Range 25–100 °C

Reid RC, Prausnitz JM, Poling BE (1987) The Properties of Gases and Liquids. McGraw-Hill, New York

Renard JA, Heichelheim HR (1968) Ternary Systems. Water-Acetonitrile-Salts. J. Chem. Eng. Data 13, 485–488

Renon H, Prausnitz JM (1968) Local Compositions in Thermodynamic Excess Functions for Liquid Mixtures. AIChE J. 14: 135–144

Robinson RA, Stokes RH (1970) Electrolyte Solutions. Butterworths, London

Rogers PSZ, Pitzer KS (1982) Volumetric Properties of Aqueous Sodium Chloride Solutions. J. Phys. Chem Ref. Data 11: 15–81

Rosenblatt GM (1981) Estimation of Activity Coefficients in Concentrated Sulfite-Sulfate Solutions. AIChE J. 27: 619–626

Rütten P, Kim SH, Roth M (1998) Measurements of the Heats of Dilution and Description of the System $H_2O/H_2SO_4/HCl$ with Solvation Model. Fluid Phase Equilibria 153: 317–340

Rütten P (1997) Solvatationsmodelle für Elektrolytsysteme. Dissertation, Shaker-Verlag, Aachen

Rumpf B, Maurer G (1992) Solubilities of Hydrogen Cyanide and Sulfur Dioxide in Water at Temperatures from 293.15 to 413.15 K and Pressures up to 2.5 MPa. Fluid Phase Equilibria 81: 241–260

Rumpf B, Xia J, Maurer G (1997) An Experimental Investigation on the Solubility of Carbon Dioxide in Aqueous Solutions Containing Sodium Nitrate at Temperatures from 313 to 433 K. J. Chem. Thermodyn 29: 1101–1111

Sander B, Fredenslund A, Rasmussen P (1986) Calculation of Vapor-Liquid Equilibria in Mixed/Solvent-Salt Systems Using an Extended UNIQUAC Equation. Chem. Eng. Sci. 41: 1171–1183

Sako T, Hakuta T, Yoshitome H (1985) Vapor Pressures of Binary (H_2O-HCl, -$MgCl_2$, and -$CaCl_2$) and Ternary (H_2O-$MgCl_2$-$CaCl_2$) Aqueous Solutions. J. Chem. Eng. Data 30: 224–228

Seider WD, Widagdo S (1996) Multiphase Equilibria of Reactive Systems. Fluid Phase Equilibria 123: 283–303

Shock EL, Helgeson HC (1988) Calculation of the Thermodynamic and Transport Properties of Aqueous Species at High Pressures and Temperatures: Correlation Algorithms for Ionic Species and Equation of State Predictions to 5 kb and 1000°C. Geochimica et Cosmochimica Acta 52: 2009–2036

Shock EL, Helgeson HC, Sverjensky DA (1988) Calculation of the Thermodynamic and Transport Properties of Aqueous Species at High Pressures and Temperatures: Standard Partial Molal Properties of Inorganic Neutral Species. Geochimica et Cosmochimica Acta 53: 2157–2183

Silvester LF, Pitzer KS (1977) Thermodynamics of Electrolytes. 8. High-Temperature Properties, including Enthalpy and Heat Capacity, with Application to Sodium Chloride. J. Phys. Chem. 81: 1822–1828

Sing R (1998) Untersuchungen zur Löslichkeit von Ammoniak und sauren Gasen in Wasser und wäßrigen Lösungen starker Elektrolyte. Dissertation, Universität Kaiserslautern

Sing R, Rumpf B, Maurer G (1999) Solubility of Ammonia in Aqueous Solutions of Single Electrolytes Sodium Chloride, Sodium Nitrate, Sodium Acetate, and Sodium Hydroxide. Ind. Eng. Chem. Res. 38: 2098–2109

Smith WR, Missen RM (1982) Chemical Reaction Equilibrium Analysis. John Wiley & Sons, New-York

Song W, Larson MA (1990) Activity Coefficient Model of Concentrated Electrolyte Solutions. AIChE J. 36: 1896–1900

Staples BR (1981) Activity and Osmotic Coefficients of Aqueous Sulfuric Acid at 298.15 K. J. Phys. Chem. Ref. Data 10: 779–798

Stephenson RM, Malanowski S (1987) Handbook of the Thermodynamics of Organic Compounds. Elsevier, New-York

Stiebels S (1998) Bestimmung des Dissoziationsverhaltens der Nitriersäure mittels Raman-Spektroskopie. Fortschritt-Berichte, Verfahrenstechnik, Nr. 567, VDI-Verlag, Düsseldorf

Stull DR, Westrum EF, Sinke GC (1969) The Chemical Thermodynamics of Organic Compounds. John Wiley & Sons, New York

Tanger JC, Helgeson HC (1988) Calculation of the Thermodynamic and Transport Properties of Aqueous Species at High Pressures and Temperatures: Revised Equation of State for the Partial Molal Properties of Ions and Electrolytes. Am. J. Sci. 288: 19–98

Tiegs D, Gmehling J, Medina A, Soares M, Baston J, Alessi P, Kikic I (1986) Activity Coefficients at Infinite Dilution, DECHEMA Chemistry Data Series, Vol. IX, 2 Bände, DECHEMA, Frankfurt

VDI (2000) VDI-Wärmeatlas. Springer-Verlag, Berlin Heidelberg New York

Wagman DD, Evans WH, Parker VB, Schumm RH, Halow I, Bailey SM, Churney KL, Nuttals RL (1982) The NBS Tables of Chemical Thermodynamic Properties. J. Phys. Chem. Ref. Data 11, Suppl. 2

Wasylkiewicz SK, Sridhar LN, Doherty MF, Malone MF (1996) Global Stability Analysis and Calculation of Liquid-Liquid Equilibrium in Multicomponent Mixtures. Ind. Eng. Chem. Res. 35: 1395–1408

White CW, Seider WD (1981) Computation of Phase and Chemical Equilibrium. Part IV: Approach to Chemical Equilibrium. AIChE J. 27: 466–151

Wilson GM (1964) A new Expression for the Excess Free Energy of Mixtures. J. Am. Chem. Soc. 86: 127–130

Xia J, Perez-Salado Kamps A, Rumpf B, Maurer G (2000) Solubility of H_2S in (H_2O + CH_3COONa) and (H_2O + CH_3COONH_4) from 313 to 393 K and at Pressures up to 10 Mpa. J. Chem. Eng. Data 45: 194–201

Yan W, Rose C, Zhu M, Gmehling J (1998) Measurement and Correlation of Isothermal Vapor-Liquid Equilibrium Data for the System Acetone + Methanol + Lithium Bromide. J. Chem. Eng. Data 43: 585–589

Yan W, Topphoff M, Rose C, Gmehling J (1999) Prediction of Vapor-Liquid Equilibria in Mixed-Solvent Electrolyte Systems using the Group Contribution Concept. Fluid Phase Equilibria 162: 97–113

Yao J, Li H, Han S (1999) Vapor-Liquid Equilibrium Data for Methanol-Water-NaCl at 45°C. Fluid Phase Equilibria 162: 253–260

Zemaitis JF, Clark DM, Rafal M, Scrivner NC (1986) Handbook of Aqueous Electrolyte Thermodynamics. AIChE, New-York

Zerres H, Prausnitz JM (1994) Thermodynamics of Phase Equilibria in Aqueous-Organic Systems with Salt. AIChE J. 40: 676–691

Sachverzeichnis

Druck (Computer to Film): Saladruck, Berlin
Verarbeitung: H. Stürtz AG, Würzburg

FSC
www.fsc.org
MIX
Papier aus verantwortungsvollen Quellen
Paper from responsible sources
FSC® C105338